JN273474

日本史を学ぶための〈古代の暦〉入門

細井浩志

吉川弘文館

はじめに

　日本史研究，特に古代をはじめ前近代の歴史を学ぶ上においては，暦の知識があったほうが何かと便利です。古記録学・古代学制史の大家であった桃裕行氏は，歴史学における暦研究の必要性を，次のように力説しています。

　　近代史を別としますと，日本史研究者が対象とする時代は旧暦が行われた時代です。歴史が時間に沿って継起する人文事実を対象とする以上，時間の目盛り（これも人間の所産）である暦の研究は欠くべからざるものといえましょう。（「暦の知識はなぜ必要か」暦の会1999）

　そこで本書は，読者に，日本古代の暦の歴史を知ってもらうことを目的とします。中国的な暦の受容や展開，貴族や在地の社会で暦が持った意味を叙述しました。また本書は，これらについて，私自身の現時点での見通しを，ラフスケッチしたものでもあります。

　本書の構成は次の通りです。「Ⅰ　暦とは何か」では，古代の暦の理解に必要と思われる，暦の一般的知識を述べます。「Ⅱ　古代日本の暦史」では，暦の歴史について，時代順に述べます。なおその「第3章　暦道賀茂氏の成立」では，毎年の暦を造る陰陽寮の暦部門（暦道）の展開について，あらためて7世紀から11世紀までを概観します。これは律令国家の成立期からその変質期までに当たります。「Ⅲ　暦をめぐる習慣」では，年中行事や暦注といった，暦の文化・思想面について述べます。最後の「おわりに」では，古代日本の政治・社会にとって暦とは何だったのかについて，本書の叙述をまとめてみました。

　本書が，日本史に関わる方々に暦への，天文学に関わる方々に日本史への関心をかき立てることができれば，嬉しいことです。また，暦の研究が歴史研究の単なる補助学ではなく，それ自体が歴史学のテーマだという点を読者にご理解いただければ，本書の目的は完全に達成されたことになります。

　なお筆者は日本古代史を専門としているので，特に天文学や中国史・民俗学などの異分野の記述箇所には，至らない点が多々あると思います。ご海容をお願いすると同時に，ご批正を賜れば有難く存じています。

目　　　次

は じ め に

Ⅰ　暦とは何か …………………………………………………………… 1

第 1 章　人間にとっての暦 ………………………………………… 2

　1　暦はなぜ必要か　2

　2　自然暦―暦の誕生―　4

　　（1）太陽による季節の変化に気づく　4

　　　　コラム　農事暦　5

　　（2）月齢と朔望月―月による自然の変化と日次のカウント―　6

　　　　コラム　藤原広嗣と五島列島の水手　10

第 2 章　太陽暦と太陰暦 ……………………………………………13

　1　太　陽　暦　13

　　（1）エジプト暦　13

　　　　コラム　黄道・太陽の運動と天球　15

　　　　コラム　二十四節気と年初　18

　　　　コラム　赤　道　21

　　　　コラム　季節・土用と陰陽五行説　22

　　（2）ユリウス暦　23

　　（3）グレゴリオ暦　26

　2　太　陰　暦　29

　　　　コラム　イスラム暦　32

　3　太陰太陽暦―いわゆる「旧暦」―　34

　　（1）太陰太陽暦の仕組み　34

　　　　コラム　暦月の命名を別の観点より　38

　　　　コラム　定気と平気　41

（2）太陽と月の関係―メトン周期・カリポス周期・ヒッパルコス周期― 43
　　　　コラム　観象授時　45
　　　　コラム　中国の星座―十二次と二十八宿―　46
　　　　コラム　暦と占星術と記録　50

Ⅱ　古代日本の暦史 …………………………………………53

第1章　日本列島における暦の始まり …………………………54
　1　邪馬台国時代の暦―自然暦時代―　54
　　　　コラム　倭国の天体信仰　55
　2　元嘉暦の導入　58
　　（1）中国暦法の導入　58
　　　　コラム　「月の顔見るは，忌むこと」　63
　　（2）倭国時代の暦の普及率　66
　　　　コラム　農民の生活と暦　67
　　（3）推古天皇時代の暦の普及　69
　　（4）頒暦の開始と律令国家の形成　72
　　　　コラム　頒暦はいつ始まったか　77
　　　　コラム　正倉院文書暦と漆紙文書暦　79
　　（5）元嘉暦による具注暦　82
　　　　コラム　木簡具注暦　83
　　　　コラム　暦の断簡の年次比定法　87

第2章　律令国家と暦 ……………………………………90
　1　律令国家と儀鳳暦の採用　90
　　（1）文書行政と暦　90
　　（2）儀鳳暦の特徴―特に平朔法と定朔法―　92
　　　　コラム　定朔計算法の概略と大余・小余　95
　　（3）告朔と儀鳳暦　99
　　　　コラム　歳　差　107
　　　　コラム　進朔はいつ始まったか　111
　2　大衍暦の輸入と採用　113

（1）大衍暦の特徴　113
　　　　　コラム　日食と視差　115
　　（2）大衍暦への改定がなぜ遅れたか　117
　　（3）大衍暦の採用　120
　　（4）『大唐陰陽書』　123
　3　五紀暦の併用　124
　4　宣明暦の採用　127
　　　　　コラム　最後の遣唐使と宣明暦　130
　5　符天暦の導入　132
　　（1）符天暦の特徴　132
　　（2）符天暦と宣明暦　133
　　（3）宿曜道と宿曜師　136

第3章　暦道賀茂氏の成立―造暦組織の形成― ……………… 140
　1　律令国家の成立と暦部門　140
　2　律令国家における暦部門の制度　142
　3　律令国家における暦専門家の養成　146
　4　暦道賀茂氏の台頭　150
　5　頒暦制度の衰退　158

Ⅲ　暦をめぐる習慣 …………………………………… 163

第1章　貴族と暦 ……………………………………… 164
　1　時令思想と年中行事―季節と政治―　164
　2　暦注と貴族　167
　　（1）『御堂関白記』の暦注　167
　　（2）暦注と生活　172

第2章　暦注の種類 …………………………………… 180
　1　干支と大歳　180
　　　　　コラム　庚寅年銘大刀　185
　　　　　コラム　衰　日　186

2　月　建　187
　　　3　納　音　189
　　　4　十二直　190
　　　5　七十二候・六十卦　192
　　　6　没日・滅日　196
　　　7　坎　日　197
　　　8　大歳位・前・対・後と小歳位・前・対・後　197
　　　9　凶会日　198
　　　10　その他の暦注　199

第3章　都城と方違えと陰陽道 ……………………………… 201
　　　コラム　暦と禁忌　208

第4章　暦と天体現象 ………………………………………… 210
　　　1　日食・月食　210
　　　（1）日　食　210
　　　（2）月　食　216
　　　（3）日月食論争　219
　　　2　朔旦冬至　220
　　　　　コラム　冬至の観測　223
　　　　　コラム　織田信長と暦　225

おわりに―古代の暦の特徴― ………………………………… 229

　あとがき　235
　主な参考文献　237
　索　引　244

図表目次

図1　太陽・月と潮の干満　7
図2　月の起潮力　7
図3　大　潮　8
図4　小　潮　9
図5　日潮不等　10
図6　エジプト地図　13
図7　夏至後の朝のシリウス　14
図8　地球の公転と太陽の位置　15
図9　見かけの太陽の年周運動　16
図10　地球の自転　16
図11　太陽の年周運動と日周運動　17
図12　太陽の日周運動　17
図13　赤道と黄道の交点　21
図14　週日の考え方　25
図15　朔望月の略図　30
図16　月の位相　31
図17　太陽暦の1年と12太陰月の関係　35
図18　閏月の例　37
図19　太陰太陽暦の3月の月と太陽（見かけ）の動き　38
図20　黄道上の太陽の位置と日周運動　39
図21　太陰太陽暦の閏2月の月と太陽（見かけ）の動き　40
図22　太陰太陽暦の8月の月と地球の実際の動き　40
図23　『晋書』天文志における十二次，二十八宿と分野　47
図24　赤道の傾きと黄道　48
図25　二十八宿と黄道十二星座　49
図26　渾天説　57
図27　稲荷山古墳出土鉄剣　59
図28　倭五王関係図　61
図29　中国の南北朝時代　62
図30　福岡県珍敷塚古墳奥壁の壁画復元図　65
図31　巻暦の使用例　73

図32	宝亀11年漆紙文書具注暦	74
図33	屋代遺跡出土46号木簡	78
図34	天平18年具注暦	80
図35	延暦22年漆紙文書具注暦	80
図36	具注暦木簡	82
図37	城山遺跡出土の神亀6年木簡具注暦の推定仕様図	85
図38	支干六十字六角柱図	86
図39	巻物の軸の小口と題簽軸	91
図40	ケプラーの第2法則	94
図41	嘉元3年(1305)見行草の模式図	98
図42	7世紀前半の中国と朝鮮	102
図43	現在の地球の公転	107
図44	地球のすり鉢運動	108
図45	1万3000年後の地球の公転	108
図46	天の北極星の位置	109
図47	虞喜らの歳差の考え方	109
図48	歳差による北極星の変化	110
図49	儀鳳暦・大衍暦の太陽速度の変化	114
図50	月の視差	116
図51	第2次蓋天説	117
図52	天皇家系図	125
図53	五代十国時代の東アジア	134
図54	『宿曜運命勘録』のホロスコープ	138
図55	宿曜師(『十二番職人歌合』)	139
図56	明応3年七曜暦	145
図57	8世紀における暦算教育制度の変遷	150
図58	賀茂氏略系図	156
図59	長徳4年7月具注暦(『御堂関白記』)	170
図60	長徳4年7月具注暦(『御堂関白記』)	171
図61	藤原京跡右京九条四坊出土木簡	173
図62	大歳の運行	181
図63	北斗七星	185
図64	前近代の方位の名称	187
図65	11月日暮れ時の北斗七星	188
図66	12月日暮れ前の北斗七星	188
図67	12月日暮れ時の北斗七星	188

図68　方位への十二支配当　202
図69　方違え1　203
図70　方違え2　205
図71　方違え3　205
図72　方違え4　207
図73　日食の仕組み　211
図74　月食の仕組み　217
図75　圭表による冬至の計測　223
図76　冬至時刻の求め方　223
図77　京暦と尾張暦　227

表1　二十四節気　18
表2　イスラム暦　33
表3　古代ギリシャにおける太陰太陽暦　44
表4　出土具注暦一覧　81
表5　往亡日　88
表6　血忌日　89
表7　帰忌日　89
表8　日本における行用暦一覧　93
表9　『日本書紀』に見える日食　100
表10　元嘉・儀鳳暦併用期の月朔干支　104
表11　大衍暦施行期の進朔限の変遷　113
表12　三暦法の用語の違いの例　119
表13　黄道十二宮　137
表14　大宝期の勅命還俗　142
表15　日本の律令が規定する陰陽寮の職員　143
表16　唐の天文台職員　143
表17　十干十二支　180
表18　行年衰日　186
表19　月　建　187
表20　納　音　190
表21　十二直　191
表22　坎　日　197
表23　大歳神・小歳神の位置　198
表24　凶会日　199
表25　暦日につく暦注の例　200

表26　歳徳神の方位　　　202
表27　八将神の所在方位　　202
表28　大将軍の遊行日　　202
表29　記録に現れる日食の実現率　213
表30　主な中国暦法の基本定数　225

I
暦とは何か

I部では，日本古代の暦を理解するために必要と思われる事項について，簡単に説明することにします。

第1章　人間にとっての暦

1　暦はなぜ必要か

　暦とは，カレンダーのことです。カレンダーという言葉は，ローマの暦に起源があります。今，たまたま手元にあった，田中秀央編『羅和辞典』（1966年増訂新版，研究社）を引くと，calendaeは，「1（ローマ古暦の）朔日（ついたち）　2（歴）月」，calendāriumは「1（支払の）計算簿，覚書，財産　2 暦　3 年鑑」とされています。

　辞書を引くと，暦（こよみ）の定義はいろいろですが，時の流れを1日を単位に，年・月・週などによって区切り，数えるようにした体系という説明が，『日本国語大辞典　第二版』（小学館）にありました。この説明は，一般の人がもつ暦のイメージに，合っているような気がします。

　暦は，音読みでは「レキ」，訓読みでは「こよみ」です。なぜ「こよみ」というのか，定説はありません。日を読むから，「かよみ」だという考え方があります。10日のことを，「とうか」とよぶように，日のことを「か」ともいいます。また細（こま）かく読むから，「こよみ」だという説もあります。語源は，このくらいにしておきましょう。

　では暦は，なぜ人間にとって必要なのでしょうか。それは，暦がなければ，複雑な約束ができないからです。

　「今年の大学の授業は，4月8日から始まる」とか，「歴史の授業は，4月15日月曜日から始まる」という話は，暦がなければ決められません。なぜなら，4月も15日も月曜日も，暦によって決められたからこそ，存在するのです。学生が教室に来ても，教員が今日は「4月15日」だということを知らなければ，

来るはずがありません。大学も始まらないし，休講も補講もありません。またデートの約束も，もちろんできません。貸したお金を，1ヶ月後に返すという約束もできなければ，給料日になってもお金は振り込まれません。暦がなければ，私たちの社会生活は，全部崩壊してしまいます。

　また，女性に年齢を聞くのは，失礼なこととされています。逆に，女性の年齢を実年齢より若く言うと，喜ばれることがあります。実はこのごろは，男性でも同じです。インターネットニュースを見ると，ひところ，化粧品やサプリメントの広告で，女性がにっこり笑っていて，「彼女は42歳に見えない」などという文字が副えられていました。最近では，男性モデルも笑顔で，「オジサン体型だった俺が」などと言っています。男女問わず，若いことに価値が置かれる傾向が強まっている証拠です。

　けれども，なぜ「彼女」(「彼」)は42歳なのでしょうか。これは暦があって，「彼女」「彼」が生まれてから，42回の誕生日を迎えたからです。しかし，そもそも暦がなければ「1年」はなく，誕生日もありません。ある人が生まれてから365日たつと，第1回目の誕生日を迎えるのは，365日を「1年」とする暦があるからです。

　要するに，暦がなければ社会生活が不便なだけではなく，われわれの価値観そのものが，成り立たなくなるのです。

　人間の先祖が人類に進化する以前から，今日のような暦を持っていたとは言えません。ゴリラやチンパンジーは，「今日が4月15日」だとは思っていないはずです。もちろん動物や植物は，それぞれの生息地の季節の変化にあわせて，進化を遂げてきました。これは暦にあらわれる時間のサイクルと，無関係ではありません。また人類にとっても，食料として重要な稲や麦という植物が，一年草であることが，暦という1年サイクルで時間を区切る発想を，われわれの先祖にもたらしたと言えるでしょう。

　だから人間が季節の変化を自覚することで，暦が誕生したというのが恐らく正確なのでしょう。また暦の発達とともに，約束事を厳密に「何月何日までに」とか「何月何日からする」とか，決めることができるようになったのです。暦の誕生前の人類は，時間についての複雑な約束事をせずに暮らしていたわけです。

暦が誕生して，われわれの社会生活は，確実で便利になりました。また誕生日を祝ったり，命日に法事を行って故人を偲ぶのも，暦があればこそです。しかし，暦が誕生したお陰で，われわれは，面倒な約束を守る必要が生まれました。暦がなければ，決められた日までに仕事を完了したり，原稿を提出したりする必要もなかったはずです。ミヒャエル=エンデの『モモ』には，人びとを時間から時間に追われる生活に追い込む，「時間どろぼう」が登場します。暦の登場は文明の進歩であると同時に，文明の影であることも忘れてはいけません。

　日本古代の暦を理解するには，暦についての多少の知識が必要です。たいした知識ではありませんが，日本で明治の初めまで使われた暦は，一般に「旧暦」とよばれる太陰太陽暦です。これは現代のわれわれが使う太陽暦とは違います。旧暦のことを「太陰暦」とよぶこともありますが，旧暦はムスリム（イスラム教徒）が使っている本物の太陰暦とも違います。この点を押さえないと，この本の話がわからなくなります。

　そこで第2節以下では，暦の基礎知識について説明したいと思います。

2　自然暦─暦の誕生─

（1）太陽による季節の変化に気づく

　人類最初の暦が生まれた瞬間の記録は，当然ながら残っていません。しかし，農業の発生とともに，暦の原型が発達したのではないかと考えられます。

　農業では，季節ごとに必要な農作業があります。春は田を耕して代掻きをし，一方で種籾から苗代で稲を育てます。そして，現在の暦の5〜6月ころに，育てた苗で，水をはった田に田植えをします。そして雑草を抜いたり虫を追ったりと手入れをしつつ，秋になると田の水を抜いて，稲刈りをします。それから，寒い季節が過ぎると，また春がやってきます。こうした作物の成長は，太陽の位置の違いに基づく，日照時間の差で起こるものです。この季節ごとの温度や，気象の違いを利用して，農業を営む地域には，1年というサイクルと，季節という区分が生まれます。

とはいえ，太陽の位置の変化は毎日少しずつです。また気温の差は，必ずしも太陽の位置だけで決まるわけではありません。エルニーニョ現象のような海水温などの影響もあります。このため，毎年，同じ4月でも暖かかったり寒かったり，雨がよく降ったり乾燥したりします。そこで，農民は何か季節の変化を教えてくれる，わかりやすい目印を使って，それを合図に農作業を行いました。

長野県と富山県の県境にある白馬岳(しろうまだけ)では，雪が溶けて馬の形になったら春だという習俗が有名です。これはある気温になると，雪山の雪が溶けてちょうど山肌に馬型が現れるわけです。こうした自然の目印を利用して，季節の変化を知る方法を自然暦と言います。

とはいえ，昼と夜あるいは1日という感覚は，人類がホモ・サピエンスに進化した段階でも恐らく存在したでしょう。また人類が農業を始める前の，動物の狩猟や木の実の採集で主な食料を得ていた採集経済段階にも，自然暦の感覚はありました。動物の肉が美味い時期や，動物が増える時期，または木の実がよく採れる秋とかいう1年サイクルの季節の変化が，人間に知られており，それに応じた狩猟や採集を行っていたはずです。日本列島で縄文時代の貝塚から，食べかすとして様々な季節の動植物の残骸が出土するのはそのためです。ここから考古学者は，「縄文のカレンダー」を復原しています。

また，木の葉が紅くなって秋を知り，その葉が茶色く枯れて落ちるのを見て，「冬が来たんだ」と感じることも，自然暦と言えるでしょう。ただし人間が，自分で作物を作る農業の場合は，計画的に農作業を行う必要があります。その点より自然暦の発達は，社会が採集経済より生産経済に変わった段階で，大いに進んだと想定することも可能です。こうして自然暦は，農作業の目安である「農事暦」として発展するのです。

*　　　　*　　　　*

コラム

農事暦

農民の間では，気温・天候などの季節にあわせた農作業を，暦に組み込んで様々な年中行事が生まれ，それが食生活にも影響しました。

二毛作では，梅雨時（前）に田植えをして秋に稲を収穫し，その後に冬麦をまいて田植えの前に収穫しました。旧暦4・5月（現在の5～6月ころ）は，農業労働のピークを迎えます。暦に記載される七十二候の4月中小満末候（現在の6月1日ころ）は，江戸時代は「麦秋至（むぎのときいたる）」と記され，麦の収穫期でした（宣明暦（せんみょうれき）時代は「小暑至（しょうしょいたる）」）。その後，田植えをします。これが終わった6月（現在の7月ころ）は，野良仕事が少なくなるので，夜なべ仕事として麦搗（むぎつき）をしました。収穫した麦の脱穀調整です。その後の7月七夕，盂蘭盆（うらぼん）（いずれも現在の8月ころ）に，この麦で作った素麺（そうめん）や冷麦を食べます（長島1991）。素麺や冷麦が日本の夏の食べ物なのは，ここからきているのです。なお『宇多天皇日記』寛平2年（890）2月30日条を見ると，俗間歳事として，7月7日の索麺があったことがわかります。

　古代の農民生活は史料上の制約で未解明の点も多いのですが，近世の農事暦は，歴史学や民俗学の研究により，わかっていることも少なからずあります。近世の農事暦は，中国流の太陰太陽暦（旧暦）を前提としており，かなり文明化したものです。しかしこうした文明的な暦法が庶民に浸透する前の，自然暦時代の生活を推測する手がかりとなるはずです。

＊　　　　＊　　　　＊

（2）月齢と朔望月―月による自然の変化と日次のカウント―

　朔望月（さくぼうげつ）とは毎日の月の満ち欠け（位相）のことで，月齢とは，新月の時を0とした日数のことです。

　農民にとっては，季節を左右する日照時間が重要です。しかし，海で生活をする漁民にとっては，もう一つの天体である月も重要でした。なぜなら，月は，海の満ち潮・引き潮と関係するからです。

　『日本書紀』（巻1神代第5段一書第6）の神話にも，こうした考え方が見えます。それによると，大八洲国（おおやしま）（＝日本列島）を造ったイザナキ尊（のみこと）が，黄泉の国からの帰り，筑紫の日向（ひむか）の小戸（おど）橘（たちばな）の檍原（あはきはら）で右眼を洗うと，月読尊（つくよみのみこと）が生まれます。そこで，「滄海原（あをうなばら）の潮の八百重（やほえ）」を治めるように命じたとあります。『書紀』ができた8世紀初めに，月が大海原を支配しているとの信仰があったわけです（なお『古事記』では，月は夜を治めるよう命じられています）。

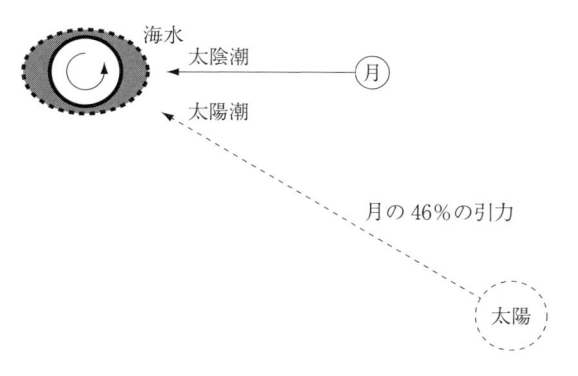

図1　太陽・月と潮の干満

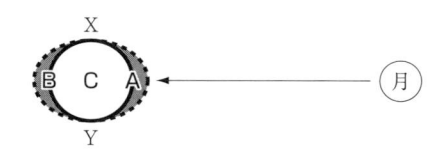

図2　月の起潮力

　満潮と干潮，つまり潮の満ち引きは，月と太陽の引力が海水を引っ張ることで起こる現象です。この海水を引く力を起潮力といい，月の引力で起こる満ち潮を太陰潮，太陽の引力で起こる満ち潮を太陽潮といいます（図1）。
　実際はこの両者が組み合わさって，起潮力として働きます。太陽は質量が大きいものの，遠くにあるので，月の46％の力でしか海水を引きません。そこで起潮力は太陰潮を基本に考え，太陽潮はそれに±するものと理解すればよいとされます。
　また，月や太陽のある反対側の海水も，同じだけ起潮力が働きます。月だけに注目して，図2で説明しましょう。地球のA地点では，月に近いために地球の重心（C）よりも月の引力が大きいので，満潮となります。逆にB地点は月から遠いため，月の引力が弱いので，海水がC方向に強く引っ張られずに満潮になります。一方満潮の地点から90度のところは，両側に海水が取られて少なくなります。つまり干潮です。
　読者のあなたが地球上のA地点に立ったとき，月が真南の空に来ると（南

大潮（新月の時）

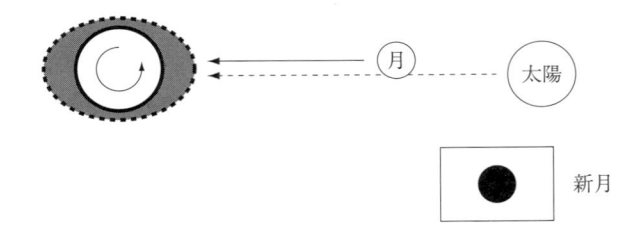

新月

大潮（満月の時）

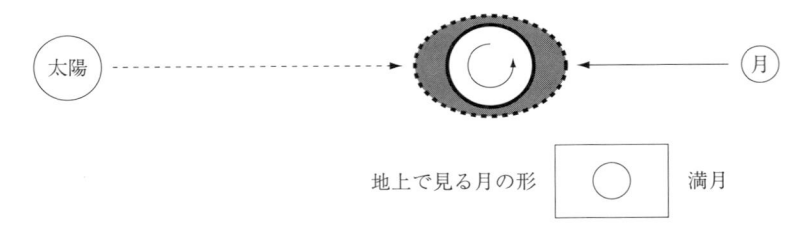

地上で見る月の形　満月

図3　大潮

中)，Aにかかる月の引力が最大となります。そこで海水がAに集まってきて，その1時間後に満潮となります。この時，地球のちょうど裏側のB地点でも，満潮となっているのです。

ところで，地球は自転して，24時間ほどで1回転します。そこで満潮となったA地点は，地球が4分の1回転した約6時間後に，月とは90度の方向Xを向き，干潮となります。非常に大雑把に言うと，地球で月が一番高く見えているところと，その裏側が満潮，そこから90度離れた場所が，干潮と理解できます。

さて，実際には太陽もあります。そこで月と太陽が同じ方向にある新月（朔）の時と，地球を挟んで相対している満月の時に，月と太陽による起潮力が最大となります。これが大潮です（図3）。

一方，月と太陽の位置が90度の関係にある，上弦の月と下弦の月の時は，太陽が月の起潮力を少し打ち消すため，干満の差が小さくなります。これが小潮

8　I　暦とは何か

小潮（上弦の月の時）

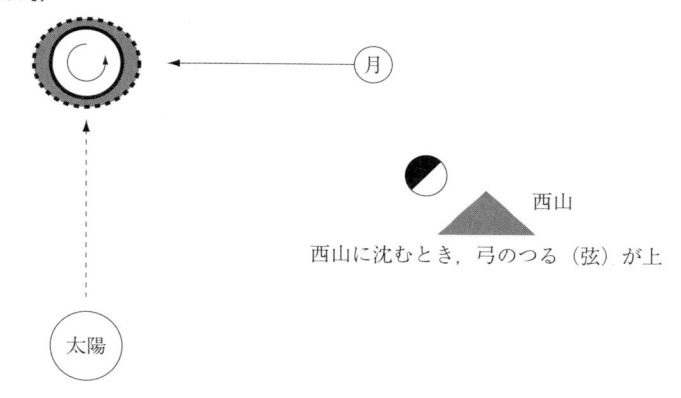

西山に沈むとき，弓のつる（弦）が上

小潮（下弦の月の時）

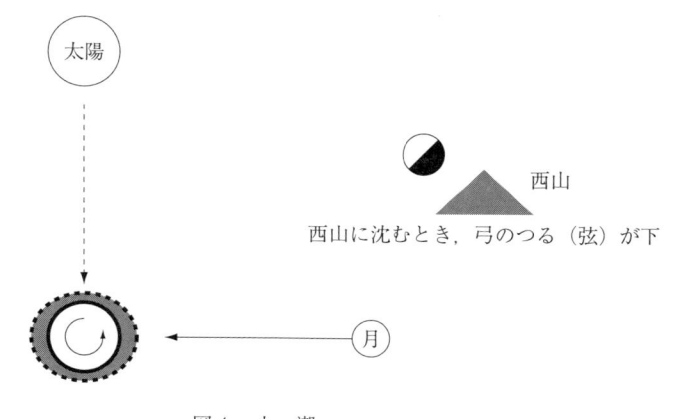

西山に沈むとき，弓のつる（弦）が下

図4　小　潮

です（図4）。

　たとえば，筆者が現在住んでいる長崎の場合，大潮差（大潮の時の干満の差）が2.4m，小潮差0.9mとされます（『理科年表2001版』）。大潮の時は，干満の差が大きいことがわかります。

　なお「上弦」「下弦」というよび名は，西の山に月が沈むとき，弓に見立てた月の弦が，上にあるか下にあるかの違いによります。

　船を出すには，この潮の干満が大事です。そこで月の満ち欠け，つまり月齢を読むという習慣が，漁民には生まれました。そして月の位相は，空が晴れて

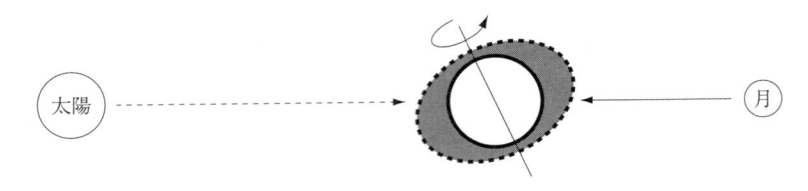

図5　日潮不等

さえいればわかります。これによって、「あと何日後に満月だ」とか、「あと3日で新月だ」「今日は三日月だ」とかいう感覚が生まれるのです。これこそが、「今日は4月15日だ」という感覚の原型です。今の日本の暦月（＝カレンダーの1ヶ月）は、実際の天空の月の満ち欠けとは関係がなくなっています。しかしカレンダーの1ヶ月が約30日なのは、月の満ち欠けの周期が、おおよそ30日であることに由来します。

　古代日本の貴族官人が使った太陰太陽暦は、このような月と太陽の運動を理論化・精密化したものです。月と太陽両方の時間の物差しがなければ、古代の人びとには、不便だったのです。

　なお理屈からいうと潮の干満は、1日に二度ずつ起こるはずです。しかし、地球は自転軸が起潮力に対して傾いているため、緯度により高潮・低潮の高さが違っていたり、干満が、1日に一度しか起こらないこともあります。これを日潮不等といいます（図5）。

　だから実際の潮の満ち引きを知るには、現代なら気象庁の予報が、昔ならその海域についての土地勘が必要になります。理論的な潮の干満に加えて、その地域特有の海底の地形や気候が、関わってくるからでもあります。海民たちの活動は、陸の理屈では推し量れない面があったことを、歴史を研究するうえでは、知っておくことが必要でしょう。

＊　　　＊　　　＊

コラム

藤原広嗣と五島列島の水手

　天平文化が栄えた聖武天皇の時代、大宰少弐の地位にあった藤原広嗣が反乱を起こして、天皇を狼狽させました。広嗣は、つい数年前まで政治の実権を

握っていた，藤原四兄弟の１人，宇合(うまかい)の長男でした。また大宰府は，九州を統括する最も重要な地方官衙で，広嗣は現地の最高責任者という立場でした。

この反乱は政府軍と広嗣軍との間での激戦の末，結局は鎮圧されました。ところで興味深いのは，敗走後の広嗣の足取りです。『続日本紀』天平12年（740）11月戊子条には，次のように記されています。

> 戊子。大将軍東人(あずまひと)等いわく，「今月一日をもって，肥前国松浦郡において，広嗣・綱手(つなで)を斬ることすでにおわる。菅成(すがなり)以下の従人已上(以上)，及び僧二人は，正身を禁じて大宰府に置く。その歴名（＝名簿）は別のごとし。また今月三日をもって，軍曹海犬養(うみのいぬかいの)五百依(いほえ)を差して発遣し，逆人広嗣の従，三田兄人ら二十余人を迎えしむ」と。申していわく，「広嗣の船，知賀(ち か)島（＝五島列島）より発して，東風を得て往くこと四箇日，行きて島を見る。船上の人いわく，『これ耽(たん)羅島(ジュド)（＝韓国済州島）なり』と。時に東風なお扇(あふ)くも，船，海中に留まり進み行くを肯ぜず。漂蕩することすでに一日一夜をへたり。しかして西風卒(にわか)に起き，更に船を吹き還す。ここにおいて広嗣，みずから駅鈴一口を捧げていわく，『我れこれ大忠臣なり。神霊われを棄つるか。乞う，神力を頼み，風波暫らく静まれ』と。鈴をもって海に投ぐ。しかるになお風波いよいよ甚し。遂に等保知賀島(とほちかしま)の色都島(しこつじま)に着く」と。広嗣は式部卿馬養の第一子なり。

広嗣は，現在の長崎県五島列島より船で逃亡し，東風を受けて済州島（当時は耽羅国）の近辺までやってきました。ところが当の島影を見ながら，船が前に進まず，海中を漂っているうちに西風に変わります。広嗣は自ら海神に祈り，駅鈴を投げ込みます。駅鈴とは，律令国家が整備した交通施設である駅の使用を，天皇が許可したことを証明する鈴です。鈴を海神に示して，済州島に向かって進もうとしたのです。しかしその甲斐もなく，広嗣は，五島に吹き戻されてしまいました。

問題は，島影が見えるところまで来ながら，なぜ済州島にたどり着けなかったかです。研究者の中には，広嗣を乗せた五島の海民が，広嗣を密かに裏切って船を返したのではないか想像する人もいます。しかし現在の五島の人の話によると，ある島に着岸できるかどうかは，風向きや船の種類で違っているそうです。するといくら島影が見えようと，着岸不可能であることが，この海域に

第１章　人間にとっての暦　　11

詳しい古代の五島の海民にはわかっていたのでしょう。

　外洋に乗り出した古代の海民の，天体や風向きに関する知識は，史料が乏しいためなかなかわからないのですが，恐らく大潮・小潮に関してもよく通じていたものと想像されます。

＊　　　　＊　　　　＊

第2章　太陽暦と太陰暦

1　太　陽　暦

　太陽暦とは，簡単に言うと，地球が太陽の周りを1周する時間（だいたい365.2422日）を1年とする暦です。太陽の運行により季節は移り変わり，それを身のまわりの自然現象で理解するのが，自然暦でした。だから太陽暦は，自然暦を理論化したものと言えるでしょう。

　そこで次に，われわれ日本人が，普段当たり前のように使っている太陽暦の発達について，概略の説明をしたいと思います。

（1）エジプト暦

　世界で使用されたことが明確な最初の太陽暦は，エジプトの暦です。遅くとも紀元前3千年紀に，太陽暦が発明されていたようです。

　エジプトは，西のリビア砂漠，東は紅海沿いのガララギブリヤ山地に囲まれ，乾燥した地域です（図6）。ただし，ナイル川流域は湿潤で農業が発達しており，麦類が豊富に収穫されました。いわゆる世界四大文明のひとつ，エジプト文明が生まれたのも，このナイル川のお陰です。古代ギリシャの歴史家で，「歴史の父」とよばれるヘロドトス（B.C.484ころ～430以後）は，次のように述べています。（『歴史』2巻14節　松平千秋訳　岩波文庫）

　　実際現在のところは，この地域（＝メンフィスより下手の地域）の住民

図6　エジプト地図

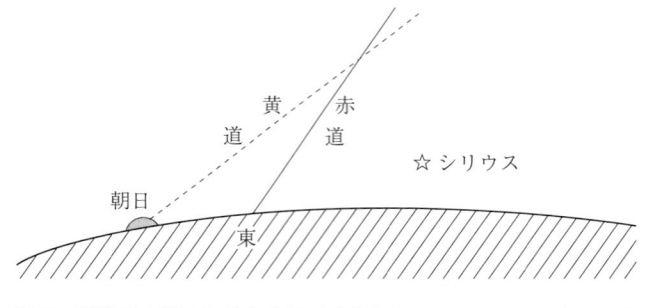

図7　夏至後の朝のシリウス(紀元前数千年のメンフィスでのイメージ)

は，あらゆる他の民族やこの地域以外に住むエジプト人に比して，確かに最も労少なくして農作物の収穫をあげているのである．鋤で畦を起したり，鍬を用いたり，そのほか一般の農民が収穫をあげるために払うような労力は一切払うことなく，河がひとりでに入ってきて彼らの耕地を灌漑してまた引いてゆくと，各自種子をまいて畑に豚を入れ，豚に種子を踏みつけさせると，あとは収穫を待つばかり．それから豚を使って穀物を脱穀し，かくて収穫を終えるのである．

　ところで，古代エジプトでは，1年で昼間が一番長い夏至（現在6月22日ころ）を過ぎてしばらくたつと，それまで一時期，見えなかったおおいぬ座のシリウスが，日の出の太陽に先立って東から空に昇るようになります（図7）．
　すると洪水が，ナイル流域を襲います．この洪水が，上流の肥沃な土壌をエジプトにもたらすのです．洪水が引いたあと，その土壌に種をまき，穀物を栽培することができるようになります．
　そこでエジプト人は，シリウスが東の空に輝き始める周期に基づき，365日を1年と決めました．そして季節を「アケト（洪水）」「ペロイェト（芽生え）」「ショム（欠乏）」の三期に分けます．また，1ヶ月を30日，各季節を4ヶ月と決め，年のはじめに付加日5日を，祭日としてもうけたそうです．
　シリウスがある期間は見えなくなるのは，太陽の位置が黄道を毎日約1度ずつ，西から東に動いているからです．太陽が，夏至までは，おおいぬ座の近辺にあるため，その光でシリウスは見えません．その後，太陽が少しずつ東に進んでおおいぬ座から離れると，ようやくシリウスも見えるようになるわけで

す。だから、エジプト暦は、実質的には太陽の位置によって決まる太陽暦なのです。

エジプト暦は、1ヶ月という単位で1年を12の時期にわけているので、エジプト人も、もとは太陰暦か太陰太陽暦を使っていたはずです。しかし太陽暦を採用した段階で、暦の1ヶ月（暦月）と実際の月齢（月の朔望(さくぼう)の状況）とは、直接の関係がなくなりました。現在、われわれの使う暦月が、月の満ち欠けとまったく関係ないのはこのためです。

また、このエジプト暦は、1年を365日としましたが、実際の1年は365.2422日なので、4年で約1日のずれが生じ、長い年月がたつと、季節とも食い違ってしまうので調整が必要でした。

エジプト王国は、紀元前30年、プトレマイオス朝のクレオパトラの時代に、ローマ帝国に征服されました。その後は、ローマの暦を強制されます。ただしエジプト暦も、紀元後3世紀までは、民間暦として使用されたということです。

＊　　　＊　　　＊

コラム

黄道・太陽の運動と天球

「黄道」という言葉が出てきましたが、これは地上からみた、天空の太陽の通り道です。地球は、太陽の周囲を公転しています。ところが、公転で地球の位置が変わると、これに応じて地球から見た太陽の、天における位置も変わるのです。このことは、図8を見れば理解できると思います。

洋の東西を問わず、この大地が太陽の周りを飛んでいるという想像しにくい

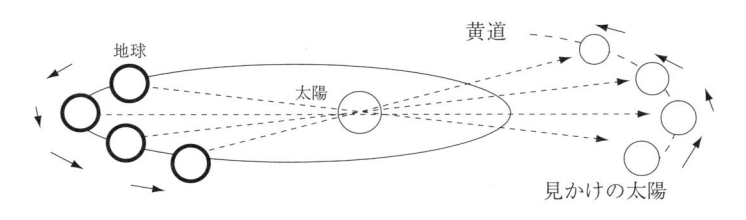

図8　地球の公転と太陽の位置

話（つまり地動説）を信じる人は，昔は多くはありませんでした。大多数はむしろ，太陽や月や星といった，見かけ上「小さな」天体が，空を廻っていると考えました（天動説）。そこで天動説に基づいて，太陽の運動を地上からの見かけで表すと，図9のようになります。点線で示した黄道を，1年かけて1周するわけです（年周運動）。1周は360度なので，地上に出ているときの太陽を見ると，1日あたり，360度÷365.2422日＝1度弱，西から東に向かって進むのです。

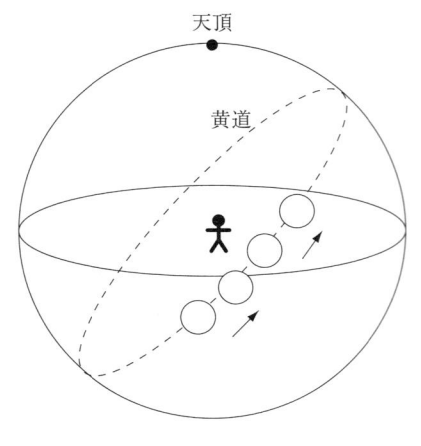

図9　見かけの太陽の年周運動

「太陽の運動」というと，毎朝，東の空に日が昇り，夕方，西の地平に日が沈むことと勘違いする人がかなりいます。そこで授業で，「太陽が西から東に進む」と学生に話すと，ますます混乱します。なにしろ「もし太陽が西から昇ったとしても，君への僕の愛は変わらない」と言われるぐらい，ありえないことの代表だと信じ切っているからです。しかし，太陽が毎日東から昇るのは，地球の自転によるものです。図10を見ればわかります。

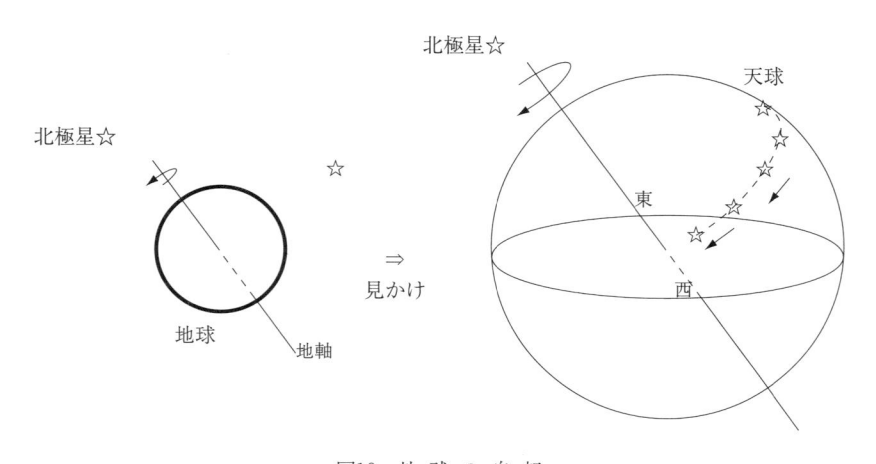

図10　地球の自転

見かけ上，天は透明な球であり，星はこのガラス玉のような球に貼り付いていると，過去のヨーロッパとイスラム世界では考えられていました。これを天球と言います。天球が回転することで，星は東より西に動くと信じられていたのです（日周運動）。

　地球の自転と公転とが組み合わさった，太陽の見かけの運動を図にすると，図11のようになります。太陽が黄道の0度（春分点）をスタートして，90度にくると夏至です。180度にくると秋分，270度にくると冬至です。

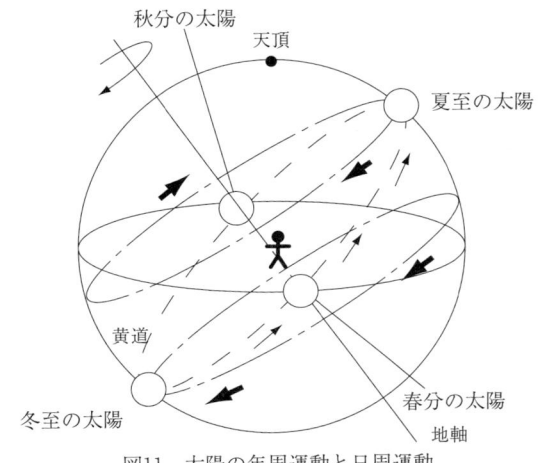

図11　太陽の年周運動と日周運動

　この図では少し見にくい読者のために，黄道を外すと，図12のようになります。つまり，太陽が黄道を西から東に動いて夏至点に達すると，太陽は自転による天球の回転で，毎朝，東北の地平線から昇り，昼に南の空に高く舞い上がり（南中），夕方，西北の地平線に沈みます。また昼間の時間が長くなるので，空気は暖められて，この季節は暑くなります。

　一方，冬至になると，太陽は南東の地平線から昇り，昼に南の空低く南中し，夕方，南西の地平線に沈みます。昼間が短いので，寒くなるのです。

　これを天文学的に言うと，黄道は春分点を黄経0度として，目盛りの数が増えていくことになります。天球に固定

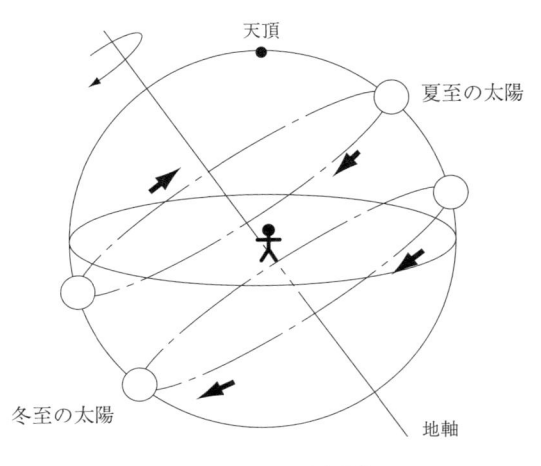

図12　太陽の日周運動

第2章　太陽暦と太陰暦　　17

されない月や惑星もこの黄道の周辺にあり，おおむね春分点→夏至点→秋分点→冬至点という方向に動いています。この動きを，順行と言います。惑星は，ときには反対方向に動いていることがあり，これを逆行と言います。そして順行が「東に進む」，逆行が「西に進む」ことなのです。東とか西とかは，天球が動いていないと仮定して，観察者が北を背に，南の空の日月惑星の動きを見ているという視点での話です。

二十四節気と年初

春夏秋冬は，暑さ寒さで決まります。それは主として，日照時間によります。だからおおまかには，太陽の黄道上の位置で季節が決まると言えます。

そこで古代の中国天文学では，二十四節気というものを定めました。これは，太陽の黄道上の位置を示す用語です。その一覧表を，次に示します。（　）内は，各節気における太陽の黄道上の位置（黄経度数）と，現代のカレンダーでのおよその月日です。現在われわれが使う1年は365日であり，実際より約$\frac{1}{4}$日短いため，4年で約1日ずれてしまいます。このため，4年ごとに1日多い閏年を置いて調整しています。よってこの4年のあいだには，節気の日が変わることがあるわけです。また，二十四節気表を見ると，クリスマスがもとは

表1　二十四節気（定気）

季	節月	節	（平気）	中　　　気	（平気）
春	正月	立春（315度，2月4日頃）	2/6	雨水（330度，2月19日頃）	2/21
	2月	啓蟄（驚蟄　345度，3月6日頃）	3/8	春分（0度，3月21日頃）	3/23
	3月	清明（15度，4月5日頃）	4/8	穀雨（30度，4月20日頃）	4/23
夏	4月	立夏（45度，5月5日頃）	5/8	小満（60度，5月21日頃）	5/23
	5月	芒種（75度，6月6日頃）	6/8	夏至（90度，6月22日頃）	6/23
	6月	小暑（105度，7月7日頃）	7/8	大暑（120度，7月22日頃）	7/23
秋	7月	立秋（135度，8月7日頃）	8/7	処暑（150度，8月23日頃）	8/23
	8月	白露（165度，9月7日頃）	9/7	秋分（180度，9月23日頃）	9/22
	9月	寒露（195度，10月8日頃）	10/7	霜降（210度，10月23日頃）	10/22
冬	10月	立冬（225度，11月7日頃）	11/7	小雪（240度，11月22日頃）	11/22
	11月	大雪（255度，12月7日頃）	12/7	冬至（270度，12月22日頃）	12/22
	12月	小寒（285度，1月6日頃）	1/6	大寒（300度，1月21日頃）	1/22

冬至祭だったことが，日付の近さから想像できます。冬至はこれから昼間が長くなり，春へと向かうときなので，祝祭が行われたわけです。

なおこの表には，「定気」「平気」という言葉が出てきますが，ここではまずは，基本の考え方を説明します。よって定気と平気の違いについて知らない読者は，今は無視していてください。

なお，現代の黄経度は，春分点を0度とし，西から南，東へと，1度，2度，3度と増えていきます（中国暦法では，伝統的に冬至が基準です）。春分点（黄経0度）・秋分点（黄経180度）は，太陽が黄道上を天の南半球から北半球へ，北半球から南半球へと移る，ちょうど通過点にあたるわけです。これを言い換えると，黄道と赤道の交わる点でもあります。

テレビのアナウンサーが，「寒さが厳しいものの，こよみの上ではもう春です」とよく言いますが，これは太陽が立春点を過ぎたことを意味します。立春・立夏・立秋・立冬（四立）の日が，四季の最初の日になります。

よく考えてみるとこの二十四節気は，日々の生活の中から，自ずと生まれてくるものではありません。誰かが太陽の黄道上の位置を観測して，定めなければならないからです。黄道は目には見えませんが，古代中国の天文学者は，冬至などの観測によりこれを見つけました。冬至観測については，またあとで触れます。

なお，非常に古い時代を除く中国と，朝鮮・日本の太陰太陽暦では，暦月（カレンダーの月＝month）の名前を，十二中気によってつけます。つまりある暦月のあいだに，太陽が正月中気点（黄道上330度）を通過すれば（正確に言うと通過したとされる時刻が含まれれば），その暦月を「正月」と名付けます。

一方，十二節のどれかの日から次の節の前日までを，節月と言います。暦の概念になじみのない人には紛らわしいのですが，節月の正月と日常使われる正月とは，期間がずれます。つまり旧暦の暦月1日（新月の日）から，次の暦月1日の前日までの間に，太陽が正月中気の雨水点（黄経330度）を通過したら，この暦月が「正月」です。しかし，太陽が正月節である立春点（黄経315度）を通過するのは，正月中気の15日ほど前です。仮に正月中雨水が正月3日にあれば，正月節は12月17日ころです。よって節月の正月は，この日から，2月節啓蟄（驚蟄）の前日（暦月の正月17日ころ）までとなります。この結果，有名な

第2章　太陽暦と太陰暦　19

在原元方(ありわらのもとかた)の歌,

　　年のうちに　春はきにけり　ひとゝせを　去年とやいはむ　今年とやいはむ
　　　　　　　　　　　　　　　　　　　　　　　　　　　　　（『古今和歌集』）

という事態が起こるわけです。中国・朝鮮・日本の旧暦では，暦月の正月から3月までを春の月とします。そこで，この正月（暦月）の最初の日の朝（元旦）に朝廷などでは新春を祝いますが，暦の上での正月節（＝立春）は，しばしば前の年の最終月（12月もしくは閏12月）に訪れたわけです。要するに旧暦では，1ヶ月や季節の始まる基準が節月と暦月と2種類あったので，元方はそのズレを面白がって歌に詠んだのです。

　一方の節月は，日照時間と結びついているので，旧暦が定着すると農作業の目安にされました。江戸時代の会津の農書によると，17世紀の会津では，2月の彼岸初日（現在の3月18日ころ）に，里田にまく稲の種を水に浸し，中日（21日ころ）に山田の種を水に浸すことになっていました。また3月土用の5日目（4月21日ころ）に，「種子あげ」をし，10日もやして種まきをし，苗を育てます。そして5月節（6月6日ころ）に里田に，5月中（21日ころ）に山田に田植えをしました。山田が遅れるのは，山間部の気温がやや低いからでしょう。そして里田の早稲(わせ)は7月中（8月23日ころ），糯稲(もち)は8月節（9月8日ころ）に，晩稲(おくて)は8月中（9月23日ころ）に実るものとされています（長島1991）。

　なお節月は，暦注(れきちゅう)や陰陽道の占法である式占(しきせん)でも利用されます。暦注とは，暦の年・月・日に注記される諸情報のことですが，特に日ごとの吉凶過福・禁忌など，「迷信」に関する諸事項をさすこともあります。木簡で暦の断片が発見された場合，そこに書かれた暦注から何年かを割り出すなら，この節月のことを念頭に置かなければなりません。節月により決まる暦注が多いからです。節月ごとに暦注を決めることを「節切り」と言います。

　それから，この二十四節気の名称は，時代によって多少の入れ替わりがありました。能田忠亮氏によると，漢代以前は正月中が啓蟄，2月節が雨水です。これは正月に蟄虫が初めて動き出し，2月に初めて雨が降るという考え方によります。また穀雨(こくう)を3月節，清明(せいめい)を3月中としていました。これが漢代の四分暦から，現在のような順序になります。日本で使った暦法のうち，儀鳳暦(ぎほうれき)が一時的に「正月中啓蟄」を採用したのは，古い伝統を復活させたものです。

また漢の景帝（劉啓）の諱（いみな）を避けて，2月節が「驚蟄（蟄を驚かす）」となります。古代・中世の日本の暦で，「驚蟄」が使われたのは，このためです。ただし，儀鳳暦時代は「啓蟄（蟄啓（ひら）く）」が使われています。

　なお大気が暖まったり冷えたりするのには時間がかかるので，1日の日照時間がそのままイコール気温ではありません。鍋の水が熱くなるのは，より長くコンロで暖めたあとです。1日の日照時間が一番長い夏至のころより，その後の時期のほうが暑く（「小暑」「大暑」），一番短い冬至のころより，その後の方が寒い（「小寒」「大寒」）わけです。日本では気温が一番高いのはだいたい立秋ころ，一番低いのは立春ころとされます。これから涼しくなるのが立秋，これから暖かくなるのが立春なのです。

　今の日本で使われているカレンダーは西暦に基づきますが，冬至祭に由来するクリスマスの1週間後を年初（1月1日）とするので，冬至を基準とする暦と言えます。一方旧暦は，立春の約15日後の雨水を含む暦月（正月）をその年の最初の月としています。両方とも，年初が自然に対応しているとは言えるわけです。

赤　　道

　黄道と赤道は，天文学で重要な座標となります。天の赤道は天の北極と南極を結んだ天球の回転軸に垂直に，天球を二つに切った大円です。黄道は赤道に対して，現在は23.5度傾いています。中国天文学の歴史では，赤道が最初に天の座標として重視されました。太陽や月の位置を示すために設けられた二十八宿も，赤道ぞいの星が選ばれています。太陽の通り道である黄道や，月の通り道である白道は，のちに発見されたものです。

　赤道と黄道の交点が，春分点（黄経，赤経0度）と秋分点（黄経，赤経180度）

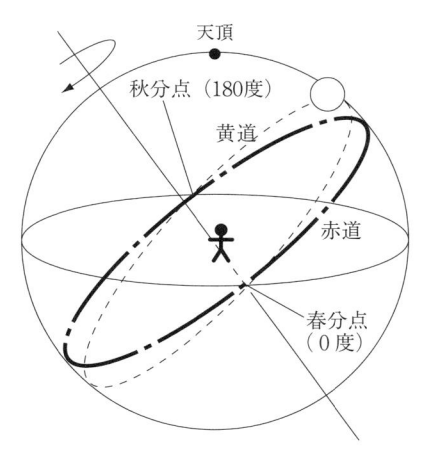

図13　赤道と黄道の交点

第2章　太陽暦と太陰暦　　21

です。太陽がだいたいこの分点のあたりにあるのが，春分の日と秋分の日で，昼と夜の時間がほぼ一緒になります。赤道のことも，またあとでふれたいと思います。

季節・土用と陰陽五行説

二十四節気の話をしたので，土用についても簡単に触れておきます。その前に，陰陽五行説の説明をしなければなりません。

陰陽五行説は，諸子百家の陰陽家が唱えた陰陽説と，五行説とが合体した，自然哲学です。世界は陰・陽の気が展開したものであり，また五行とよばれる5要素の組み合わせでできていると考えました。中国で生まれ，朝鮮・日本でも長く信じられた自然観です。

人間に男女，気温に寒暖，空間に天地があるように，世界は二項対立的な二つのものでできている，その二つの根源が陽気と陰気である，というのが陰陽説です。水を沸かすと，熱気が昇っていくように，陽気は軽くて上に昇ります。逆に冷えて凍れば，堅くて動かない氷となります。だから連想として，大地は重くて下に向かいます。陽気が強い天に対しては，大地は陰気が強いと言えます。陰気と陽気は，しかし対立するばかりではありません。恐らく男女の間に子どもが生まれることからの連想で，陰陽が交わって万物が生まれると考えました。万物には陰陽の気が，それぞれの割合で混じりあっていると言うこともできます。

これに対して，日用に必要な木・火・土・金・水の5要素で万物ができているという考え方が五行説です。確かにいろいろなものには水分が含まれているし，火で熱してできたものには火の成分が混じっていると解釈することができます。これが五行相克説（五行相勝説），ついで五行相生説に展開します。

五行相克説（五行相勝説）は，水は火に勝ち（水は火を消す），火は金に勝ち（火は金属を溶かす），金は木に勝ち（金属製の斧は木を伐る），木は土に勝ち（土を破って木が生える），土は水に勝つ（土の堤防は水をせき止める），と考えます。五行相生説は，木は火を生じ（木が燃える，時には自然発火する），火は土を生じ（燃えると灰ができる），土は金を生じ（土中から銅などの金属が産出する），金は水を生じ（金属の表面に結露がつく，また融解して液体となる），水は木を生ず

る（水をやると植物が生える），と考えます。五行相克・相生説は，王朝の交替を始め，万物の循環を説明する原理とされました。

　陰陽説も五行説も，自然や人事を説明する原理として優れていたため，合体して陰陽五行説となったわけです。暦に載る天体現象や吉凶も，この陰陽五行説に基づくものが非常に多くあります。

　季節もそのひとつで，春―木（植物が生え始める），夏―火（気温が高い），秋―金（金属製の鎌などで刈り入れをする），冬―水（水のように冷たい）と配当されます。ちなみに，冬の暖かい部屋の北側の壁には結露が生じますが，北は水が配当される方角です。

　ところで土は，配当する季節がありません。方角では中央に配当されます。そこで暦では，季節と季節の変わり目に土を配当することになりました。これが「土用（土旺）」です。

　新しい季節となる四立（立春・立夏・立秋・立冬）の，18日前より前日（節分）までが土用です。現代は，夏にウナギを食べる「土用丑の日」（土用期間中の干支が丑の日）だけが有名ですが，実際は四季とも土用があります。この18日間に，没日（196頁を参照）があればこの日を除くため，19日前が土用入りとなります。

＊　　　　＊　　　　＊

（2）ユリウス暦

　イタリア半島の1都市国家だったローマ市は，紀元を跨いで地中海沿岸の征服事業を進め，ローマ帝国へと成長しました。そのB.C.46年に独裁官としてローマ市の最高権力者となったのが，ユリウス=カエサルです。彼は，ローマの暦法改革に乗り出しました。

　それまでのローマの暦は，太陰太陽暦でした。しかし暦を決定する神官たちの恣意的操作で，季節と暦日が3ヶ月もずれていました。カエサルは，自分の命令が広大な支配領域全体で，速やかに実行されることが必要だと考えました。そのためには，わかりやすく正確な暦日が，領域すべてに共有される必要がありました。

　そこで彼はこの年，エジプトの都市アレクサンドリアの数学者であったソシ

ゲネスの助言により，1年を365と$\frac{1}{4}$日としました。つまり平年を365日として，従来のローマ暦の最終月である2月に，4年に一度の閏年ごとに1日を追加して，平均が365.25日となるようにしたのです。さらに，ヤヌスの月（今の1月）を，新年最初の月に改訂しました。

このユリウス暦の1年は，かなり正確であるうえ，仕組みも覚えやすい暦法です。ユリウス暦は，現代の暦とほとんど同じです。われわれは現に，2・4・6・9・11月（西向く士）が小の月で30日（平年2月は28日・閏年は29日），それ以外の月は31日ということをちゃんと記憶しています。そこでユリウス暦は，ローマ帝国の正式の暦として，ヨーロッパから西アジア・北アフリカに広まりました。また4世紀に，キリスト教がローマ帝国の国教となると，イエス=キリストが誕生したとされた年が，紀元1年となりました。

その際，キリスト教徒は，週日（1週間）の観念を暦に持ち込みました。これは，キリスト教の聖典である，『旧約聖書』の創世記に見える考え方です。神は1週間かけて，天地を創造したことになっています。またキリスト教徒は，キリストが金曜日に十字架にかけられて死に，3日目の日曜日に復活したとします。そこで，日曜日に教会に集まって礼拝をしました。これらをふまえて，ユリウス暦は1週間の制度を備えるようになり，日曜日はローマ帝国の国定休日となります。

なお，キリスト教と同じく，ユダヤ教の影響のもとに誕生したイスラム教では，開祖ムハンマドが弾圧を避けてメッカからメディナに逃れた時（西暦622年7月16日）を起点に，イスラム暦を創始しました。またその日は金曜日でした。日本でもムスリムの留学生は，金曜日に礼拝をしています。

ちなみに，週日の7日という数は，1朔望月＝約29.5日のおよそ$\frac{1}{4}$が起源だとされます。約7日ごとに，新月・上弦・満月・下弦となるからです。これに基づいて，古代バビロニアでは，暦月の7，14，21，28日を休日としました。その習慣が，バビロニアに捕虜として連行されたユダヤ人に伝わり，結果としてユダヤ教では，7日目の土曜日が休みになったとされます。それを，ユダヤ教から分かれたキリスト教が，キリストの復活した日曜日を休みに変えたわけです。

また「曜日」という観念は，古代ローマの占星術に起源があるとされます。

1日目																								2日目	
1	2	3	4	5	6	7	8	9	10	11	12	13	14	15	16	17	18	19	20	21	22	23	24	1	2
土	木	火	日	金	水	月	土	木	火	日	金	水	月	土	木	火	日	金	水	月	土	木	火	日	金

																						3日目			
3	4	5	6	7	8	9	10	11	12	13	14	15	16	17	18	19	20	21	22	23	24	1	2	3	4
水	月	土	木	火	日	金	水	月	土	木	火	日	金	水	月	土	木	火	日	金	水	月	土	木	火

図14　週日の考え方

　曜日の「曜」とは，星のことです。ローマ社会でも宇宙については天動説がとられており，太陽・月・惑星が，地球の周りを廻っていると考えました。またこれらの天体は，遠い順から土星―木星―火星―太陽―金星―水星―月という具合に並んでいると信じられました。

　一方，ローマでは，1日を24時間としており，その1時間ずつを，これら七つの星が順番に支配しているとしました。すると図14のようになります。

　つまり，1日目の第1時間目を土星が支配し（土曜日），2日目の第1時間目は太陽が支配し（日曜日），3日目は月が……といった具合です。これが曜日です。なおこの通りなら，週の最初の日は土曜日になるはずです。実はもとは土曜日が，週の最初でした。しかしユダヤ教での土曜日は，神が天地を創造し終わって休まれた7日目であり，主なる神ヤハウェに捧げられた特別な日とされました。この結果，ユダヤ教では日曜日が，週の最初の日となります。キリスト教はこれを受け継いだので，やはり日曜日が週日の最初でした。

　こうした曜日の観念は，ユダヤ教・キリスト教，さらにはこれらとゾロアスター教の影響のもと，ペルシャで成立したマニ教によって，中央アジアに伝播します。そして密教（秘密仏教）の占星術の書である『宿曜経』に取り込まれます。

　この『宿曜経』は，弘法大師空海ら密教僧よって，9世紀に唐から日本へと伝えられました。その後，日本の具注暦（暦注が記された当時の常用暦）にも，曜日は記入されるようになります。だから曜日の観念は，日本でも平安時代からあったわけです。特に日曜日は重視され，「蜜」という字が，しばしば朱で具注暦に記されています。「蜜」とは，マニ教信者であった中央アジアの貿易商人ソグド人の言葉で，太陽をあらわす「mīr」に漢字音をあてたものです。

第2章　太陽暦と太陰暦　　25

なおマニ教では，光を重視しました。こうした曜日による星占いは，その後，日本の民間にも広がっていきました。

たとえば，江戸時代の占いの書物である『増補暦略註』(文化13年〔1816〕)には，月曜日について，「此日は万よし，但しふしんじんの輩は火難・水難にあふことあり。つつしむべし。又鼻，口中，腹中をわずらふ事ある日なり。気をつくべし，婚いん出行に悪し」とあるそうです(内田1986)。

(3) グレゴリオ暦

ユリウス暦は1年＝365.25日ですが，実際の1年は，365.2422日なので，毎年約0.0078日（11分14秒）ずつ，齟齬が生じます。つまり，128年たてば，0.9984日（＝約1日），ずれてしまいます。

ところで，中世ヨーロッパのキリスト教会（今のカトリック教会）では，キリストの誕生したクリスマスや，殉教した諸聖人などの記念日が決められ，カレンダーにのっとって，教会や村では祭りが実施されました。特に大事な祭が復活祭です。

キリスト教では，イエス＝キリストが人類の罪を背負って，十字架にかかり死んでくれたとします。お陰で，人類は救われたというわけです。特にキリストは死んだあと，3日目に蘇ったことが大事でした。そのキリストが処刑されたのは，ユダヤ教の過越祭(すぎこしのまつり)の際の金曜日でした。そこで，春分の日の次の満月のあとの，最初の日曜日が，キリスト復活の日だと決められました。だからキリスト教では，毎年の復活日を決めるために，春分の日を確定することが，非常に重要になりました。

ローマ帝国統治下のA.D.325年に，ローマ皇帝コンスタンティヌス1世の主導で，帝国内にある全キリスト教会の代表者が今はトルコ領のニケアに集まり，ニケア公会議が開催されます。コンスタンティヌスは，ローマ帝国最初のクリスチャン皇帝です。この会議で春分の日が，3月21日と定められました。ところがそれから1200年たった，16世紀初頭になると，ユリウス暦の誤差が溜まってきました。3月21日は，実際の春分の起こる3月11日より，10日もずれてしまいます。

そこで，当時のカトリックの最高指導者である，ローマ教皇グレゴリオ13世

は，1582年（日本では本能寺の変が起こった年）に，暦法改革を断行しました。日本からローマに派遣された，天正遣欧少年使節を歓待した教皇です。この改革で，まず10月4日木曜日の翌日が15日金曜日となり，10日間が省かれてしまいました。またキリストが割礼を受けたとされる1月1日が，元日とされました。

　そして，ユリウス暦に改良を加え，4年に1回の閏年のうち，400年に3回を省略することにします。ユリウス暦での閏年は，キリストが生まれたとされた年――今日ではこれは間違いとされます――を，紀元1年とするいわゆる西暦年のうち，4で割り切れる年と決められていました。最近なら，2000年，2004年，2008年，2012年です。

　これをグレゴリオ暦では，100の倍数に当たる年のうち，400の倍数でない年は平年とするのです。つまり，1600年は閏年ですが，1700年と1800年，1900年は400で割り切れないので，平年とします。次の2000年は閏年です。平均すると，1年＝365.2425日となります。グレゴリオ暦で閏年を省くルールは，まったく便宜的で，わかりやすいという以外の根拠はないようです。しかし実際の1年は，365.2422日なので，グレゴリオ暦は，約3300年でわずか1日しかずれない精確な暦法です。その上ルールがわかりやすいので，今日では世界中で使われています。

　もっともそれまでのヨーロッパでは，長年ユリウス暦を使っており，また各地でも地域独特の新年を祝う習慣がありました。だからグレゴリオ暦は，最初はずいぶん反発を受けました。その上，宗教改革の問題が絡まってきました。

　この半世紀ほど前の1520年前後に，ドイツでマルティン=ルターが始めた宗教改革によって，大勢のキリスト教徒がプロテスタントとして，カトリックから離れたのです。ここにカトリックとプロテスタントの間で，激しい宗派対立が起こりました。そのプロテスタント信者が大勢殺されたのが，1572年のフランスで起きた，聖バルテルミーの虐殺です。これを，カトリックの復権を目指す対抗宗教改革に熱心だったグレゴリオ教皇は，支持したと非難されています。このためプロテスタント諸教会は，グレゴリオ暦ではなく，ユリウス暦を18世紀まで使い続けました。さらに，古くにカトリックと袂を分かった東方正教会の国々，つまりロシアなどの東ヨーロッパ諸国は，ようやく20世紀になっ

て，ユリウス暦からグレゴリオ暦に変更する有様でした．

　日本が太陽暦を採用したのは，明治5年（1872）です．実は翌明治6年は，当時の日本で使われていた太陰太陽暦の天保暦で，閏月（閏6月）のある年でした．閏月というのは，あとで話す太陰太陽暦において，年月の調整のためにときどき挿入される暦月です．

　閏月の入った年は，13ヶ月となります．ただでさえ財政が苦しかった当時の明治政府は，役人に払う給料が1ヶ月増えることに困りました．また，近代化を進める改革の一環として，欧米と同じ太陽暦を採用することは，悪いことではありません．そこで，政府は大隈重信の主導で，太陽暦を採用すると同時に，明治5年12月2日の翌日を，明治6年1月1日としたのです．これにより政府は，明治6年閏6月の1ヶ月分の給料をまず節約し，また5年12月の2日分は役人たちにただ働きをさせ，計2ヶ月分を浮かせたわけです．すでに，販売用の翌年の暦は旧暦でできあがっていたので，暦問屋は大損をしました．

　ところで明治政府は，この時，太陽暦をひとまず採用したものの，ユリウス暦かグレゴリオ暦かは明確にしていません．なおロシアでは，まだユリウス暦を使っていました．とすると，100の倍数年で400の倍数年ではない，明治33年（1900）を閏年にするかどうかが問題となります．このため，明治31年5月11日に明治天皇の勅令第90号（閏年に関する件）が出されて，これが正式にグレゴリオ暦であることがようやく表明されます．勅令は，次の通りです（原文は旧かな遣いによるカタカナ表記）．

　　神武天皇即位紀元数の四を以て整除し得べき年を閏年とす．但し紀元年数
　　より六百六十を減じて百を以て整除し得べきものの中，更に四を以てその
　　商を整除し得ざる年は平年とす．

　「神武天皇即位紀元」（皇紀）の神武天皇とは，古代の記紀神話に登場する，伝説上の初代天皇です．歴史学者は実在はしないと考えていますが，明治政府は，この伝説の神武天皇が即位した年を，西暦紀元前660年と決めました（『日本書紀』に記される即位日の辛酉年正月1日をグレゴリオ暦に換算したのが，現在の2月11日の建国記念日）．660年も4で割り切れるので，西暦も皇紀も，通常の閏年は同じです．さらに皇紀から660を引けば西暦になるので，この勅令にあるように，「100で割り切れる年のうち，割った数（商）をさらに4で割り切

れない場合は閏年としない」とすれば，グレゴリオ暦とまったく同じ閏年となるわけです。

　なにしろ西暦は，キリスト教の開祖の生まれた（とされる）年を，起点にしています。一方，明治政府は欧米に対抗して，天皇を至高の存在とする国家神道を宣揚し，神道を国教にしようともしました。当然，西暦を採用するわけにはいきません。しかし明治政府は近代化を進めるために，欧米諸国との積極的な交流を必要としていました。その際に，欧米諸国とカレンダーの日付が違うのでは，不便です。そこでこの勅令では，文面に「グレゴリオ暦」とか「西暦」とかいう言葉を出さない，回りくどい表現が使われたのです。

2　太　陰　暦

　太陰暦とは，月の満ち欠け（朔望）で1ヶ月を決める暦です。

　月は地球の周囲を，27日余りで1周します。この際，地球から見ると，月は太陽の光を反射して，満ち欠けします。つまり地球から見て，太陽と月とが同じ方向にあるときは，月はまったく光って見えないため，新月（朔）です。そして，新月から3日目くらいの夕方，太陽が西の山に沈んだころ，西の空には細い三日月が現れます。

　なお朔や朔の日，つまり旧暦の暦月の第1日目を，日本では「ついたち」と言いますが，これは「月立ち」の意味です。岡田芳朗氏は，太古の昔は，三日月の出現を月立ちとしたのではないかと考えています。世界には初月を暦月の始まりとする地域があるので，そうなのかもしれません。

　一方，平安時代には「ついたち六日は」「ついたち三，四日のほとに」（『栄花物語』21・25）などの言葉が見えることから，つきたちは，元々は上旬の意味だという解釈も昔からありました。望（もち）は満月の意味です。月末は晦日（つごもり＝月籠もり）です。月末を「みそか」（12月末日は「おおみそか」）ともいうのは，三十日の訓読みです。奈良時代の正倉院文書などを見ると，小月で29日の場合も，月末日を「三十日」と記す場合があるのは，「みそか」＝月末日という心なのでしょう。なお「月生○日」という表現も，朔日から数えて○日目（暦月○日）の意味で，使われています（東野1977）。

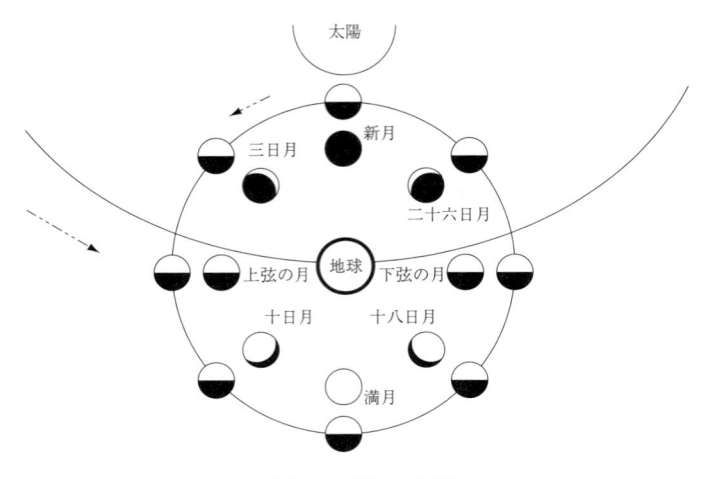

図15　朔望月の略図

　地上から見ると，太陽は毎日西から東へ，約1度弱進みますが（365.2422日で天周360度を1周），月はもっと速く，1日に13度ほど，西から東に進みます。よって3日目になると，太陽から離れた月は，西側（南を向く人からすると右側）に，太陽の光を浴びて輝き始めるのです。

　その後，月は太陽から離れるに従って，大きく輝き始め，弦を張った弓のような上弦の月となります。よく，「上弦の月と下弦の月，どっちがどっちだっけ？」という声を聞きますが，西の山に沈むとき，弦が上向きなのが上弦の月，下向きなのが下弦の月です。

　地球をはさんで，月と太陽が相対したときが，満月（望）です。平安時代に，絶頂期の藤原道長が，

　　この世をば　我が世とぞ思ふ　望月の　かけたることも　なしと思へば

　　　　　　　　　　　　　　　（『小右記』寛仁2年〔1018〕10月16日条）

と歌ったのは，まさにこの満月のときです。

　その後，月は徐々に欠けていきます。これは，1日1度弱しか東に進まない太陽に，1日13度強も進む月が追いついてきたからです。ちょうど，競技場のトラックを走る陸上選手が，もたもた走る別の選手の背中に，猛スピードで迫ってくるのに似ています。満月を過ぎると，日の出の太陽が昇ったとき，月

30　Ⅰ　暦とは何か

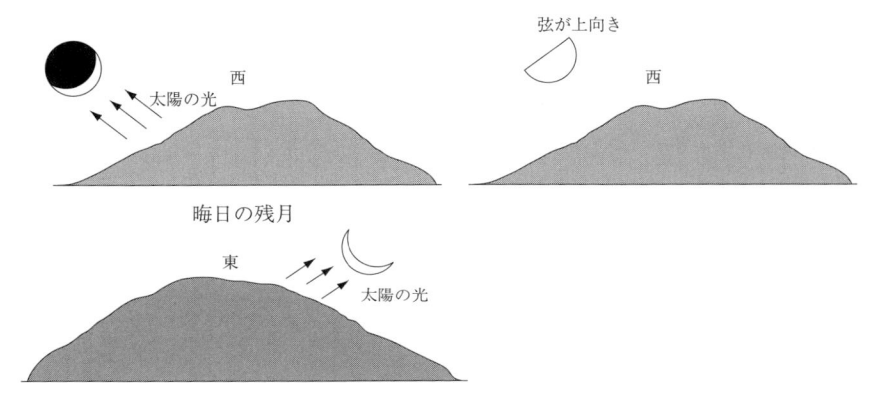

図16　月の位相（三日月・上弦の月・晦日の残月）

はまだ西の山に沈んでいません。

　　郭公 なきつる方を眺むれば　ただ有明の月ぞのこれる

(『千載集』夏・161)

　後徳大寺左大臣藤原実定の詠んだ，百人一首でも有名なこの歌は，理屈で言えば太陰暦もしくは太陰太陽暦の，暦月の下旬に歌われたものです。

　その後，下弦の月を経て，新月から29日くらいたった朝，東の空から日の出に先立って，細い残月が昇ります（図16）。

　このあと，月は完全に太陽に追いついて，再び新月（朔）となり，見えなくなるのです。

　ところで，月が地球を1周するのに要する時間（＝恒星月）は，先にも述べたように約27.32日で，朔望月の平均29.5日とは長さが違います。恒星月とは，正確に言うと，軌道上で，恒星など動かない点を基準とした周期を言います。

　朔望月と恒星月の差は，地球の公転によって，見かけ上の太陽が天球上を，1日に約1度弱進むからです。月が1日平均13.18度の速度で，27.32日かけて地球を1周したとき，太陽はすでに27度ほど先（＝東）に進んでいます。ここから2日たつと，月はさらに26.36度ほど進みますが，太陽も2度ほど先に進んでいます。これに月が追いついて，ようやく朔となるわけです（だから「朔望月の略図」は朔望月＝恒星月としているので実は不正確です。もう少し正確な図

第2章　太陽暦と太陰暦　　31

を，コラム「暦月の命名を別の観点より」〔38頁〕で掲げます）。

　さて，いよいよ，「太陰暦」の本題です。このような月の朔望の1回を，太陰暦では，1ヶ月（暦月）とします。29日の暦月と30日の暦月を交互に組み合わせることで，暦月の「ついたち」（朔）の日に，実際の新月（朔）が起こるように操作します。これが太陰暦です。ただし太陰暦は，太陽の黄道運動に基づく年間の季節の変化を，完全に無視しています。

　歴史上，存在が確認されている純粋の太陰暦は，イスラム暦だけです。この他にも，たとえば，「エジプトでは，もとは太陰暦を使っていたに違いない」，などと言われることはあります。しかしはっきり，太陰暦を使っていたという記録はないようです。

　太陰暦だと，1暦月＝平均約29.5日なので，1年を12ヶ月とすると，1年＝354日にしかなりません。だから1年＝365.2422日との差の約11日が，積もり積もって，何年か後には，季節と暦月とがまったくずれてしまいます。つまり正月が早まって秋になり，次いで夏，そして春となります。一方，季節に全く関係なく生活する社会は，地球上あまり多くはありません。だから，純粋太陰暦の使用例は少ないのです。

　　　　　　　　＊　　　　　　＊　　　　　　＊

コラム

イスラム暦

　歴史上，使用が確認されている唯一の太陰暦は，イスラム暦です。これはイスラム教の開祖ムハンマドが，メッカから逃れた西暦622年を暦元とするもので，ムハンマドの死の前後に，カリフのウマル1世が制定したとされます。

　イスラム帝国で栄えたアラビア文明は，ギリシャ・ローマの学術とインドの学術の伝統が融合して，ヨーロッパ近代科学の基礎となりました。だからイスラム暦は，太陰暦とは言っても遅れた暦ではなく，非常に精密です。具体的に言えば，30864太陰月，または2572太陰年（＝2400太陽年）に1日の誤差しか生じません。今や日本にも，ムスリム（＝イスラム教徒）は増えています。そこで，日本古代の暦ではありませんが，イスラム暦を説明しておきましょう。

　イスラム暦は30年周期で，まず平年は354日で19回，閏年は355日で11回あり

ます。毎年奇数月（1，2，5……11月）が大月30日，偶数月が小月29日です。そして約3年に1度，年末に閏日を入れます。

表2　イスラム暦

1月	ムハッラム	30日	2月	サーファール	29日
3月	ラビア（1）	30日	4月	ラビア（2）	29日
5月	ジョマダ（1）	30日	6月	ジョマダ（2）	29日
7月	ラジャブ	30日	8月	シャーバン	29日
9月	ラマダン（断食月）	30日	10月	シャウワル	29日
11月	ドゥルカーダ	30日	12月	ドゥルヘジア	29日（閏年は30日）

　イスラム暦で30年は，$12 \times 30 = 360$ヶ月です。そして日数では$354 \times 19 + 355 \times 11 = 10631$日。$10631 \div 360 = 29.530555$日。これに対して，実際の平均1朔望月は，29.53059日です。つまり1朔望月の誤差は，0.000035日だけなので，あとで説明する，ギリシャのヒッパルコス法には及ばないものの，カリポス法よりは精度が良いのです。

　ただし太陰暦なので，暦月と季節はずれていきます。わかりやすいのは，ラマダン（断食月）です。このラマダンを観察していると，昔は春だったはずなのに，今年は冬だということが起こっています。実際のラマダンは，「8月」末日の夕方に初月（三日月）を観察して，その翌日を開始日とします（よって担当者による初月の見落としが，時々問題になります）。ラマダンのとき，ムスリムは，日出から日没まで，飲まず食わずの生活を送ります。ただし，1ヶ月間完全に断食しては生きていけないので，日没とともに飲み食いを始めます。

　さて，アラビア半島の沙漠での生活なら，季節はあまり関係ないでしょう。しかしムハンマドの死後，イスラム帝国は急速に領土を拡大していきました。結局，東ローマ帝国を圧倒して，地中海沿岸のうち，その後もキリスト教世界（カトリック・ギリシャ正教）として続く北岸以外を支配下に収めます。征服地には大勢の農民が住んでいましたが，こうなると，支配者の宗教の方が何かと有利です。ムスリムに改宗する農民が増えていきました。

　しかし農民にとって，太陰暦では困ります。農業は気候に基づき，気候は太陽の運動に基づきます。季節がどんどんずれるようでは，農業に適したカレンダーとは言えません。

そこで，11世紀のイスラム王朝であるセルジューク朝では，マリク゠シャーが，西暦1079年に，ジャラリー暦を制定しました。これは，春分を新年とするもので，年の前半は1ヶ月が31日，後半は30日。最後の暦月を，平年は29日，閏年（128年に31回）を30日とするものです。このジャラリー暦は，現在も，イランやアフガニスタンで使われているそうです。そしてイスラム教の宗教行事は，イスラム暦を使うわけです。高度経済成長期以前の日本で，公式には西暦を使いながら，節句などは旧暦を使っていたのと少し似ています。

なお現在，世界のムスリムは，日常生活は西暦を使い，宗教行事ではイスラム暦を使う人が多いとのことです。

＊　　　　＊　　　　＊

3　太陰太陽暦—いわゆる「旧暦」—

（1）太陰太陽暦の仕組み

太陰暦には，便利なところもあります。太陰暦は月の位相を見ることで，今日が何日かが，だいたいわかります。手元にカレンダーがなくても，約束をする時，「次の満月の日まで」などと決めれば確実です。識字率が高くなく，また人工的なカレンダーも普及していない前近代社会では，月の満ち欠けは重要な自然のカレンダーでした。また海に乗り出す漁師は，月齢に対応して起こる潮の干満差を知るために，太陰暦が必要です。

しかし，農作業を行う農民には，季節の変化がわかる太陽暦こそが必要です。そこで太陰暦と太陽暦を調整した，太陰太陽暦（通称陰陽暦）が世界の古代文明に生まれました。一般に「旧暦」とか「太陰暦」と言われるのは，太陰太陽暦のことです。

中国でも太陰太陽暦が古くから発達しており，中国の文化を輸入した日本も，古代より明治6年（1873）に太陽暦を施行するまで，ずっと太陰太陽暦を使い続けました。

太陰太陽暦（旧暦）のポイントは，暦日と月齢が合うだけではなく，暦月の名称が，毎年，同じ季節を表す仕組みだということです。現在の太陽暦（グレ

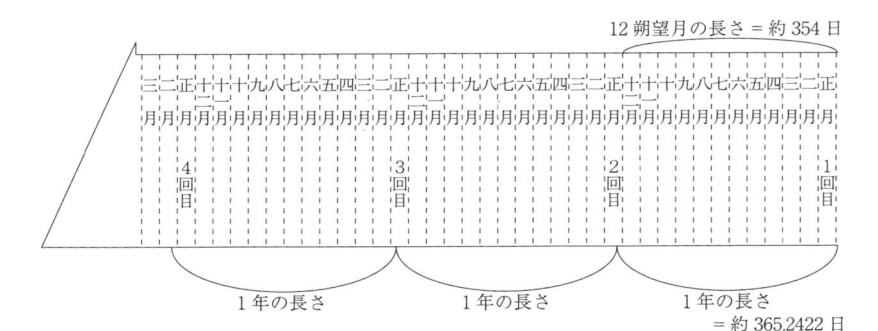

```
                                           12朔望月の長さ＝約354日
           ┌──────────────────────────────┐
          三二正十十九八七六五四三二正十十九八七六五四三二正十十九八七六五四三二正
          月月月一二月月月月月月月月月月一二月月月月月月月月月月月月一二月月月月月月月月月月月
              月月                月月                月月                月月
          ┌─┐              ┌─┐              ┌─┐              ┌─┐
          │4│              │3│              │2│              │1│
          │回│              │回│              │回│              │回│
          │目│              │目│              │目│              │目│
          └─┘              └─┘              └─┘              └─┘
          └──1年の長さ──┘└──1年の長さ──┘└──1年の長さ──┘
                                                    ＝約365.2422日
```

（4回目の正月は，1年目の12月ころの気候となる）

図17　太陽暦の1年と12太陰月の関係

ゴリオ暦）なら，7月は毎年夏で，7月7日ころに太陽は黄経105度（小暑点）にあり，22日ころに120度（大暑点）を通過します（二十四節気表参照―18頁）。同じように中国の太陰太陽暦でも，太陽が黄道の大暑点を通過する暦月を，「六月」と名づけるわけです。

　太陰太陽暦は，太陰暦と同じく暦月の日数が大の月は30日，小の月は29日ですが，大月と小月の順番は，イスラム暦やグレゴリオ暦のようには定まっていません。つまり正月にしろ2月にしろ，大月になるか小月になるかは，毎年違うわけです。それにときどき，閏月という余分の暦月があって，その年（閏年）は1年が13ヶ月になります。

　私がいる長崎は，華僑が大勢住んでいるので，春節を祝うランタンフェスティバルという祭典が行われます。厳寒の中で，ランタンが道ばたや店・公園に飾られて，夜になると美しい光を放ちます。この場合の「春節」というのは，太陰太陽暦の正月1日（元日）を指しています。

　さて太陰太陽暦では，太陰暦と同じく，1ヶ月の最初の日（ついたち）は，原則として新月（朔）が起こる日です。その後，三日月，上弦，満月，下弦，残月（晦月）となって，翌月のついたちにまた新月となります。

　ところで，前に述べたように太陰暦の弱点は，12太陰月が1太陽年に11日ほど足りないことです。このため暦月と季節が，どんどんずれてしまいました。この時間差の関係を，図17で確かめてください。

第2章　太陽暦と太陰暦

要するに，3年たつと，1太陽年と1太陰年では，だいたい1ヶ月（33日ほど）のずれが生ずるわけです。逆に言えば，3年間に約1ヶ月を余分に入れれば，帳尻が合います。この特別な1ヶ月を，太陰太陽暦では閏月（うるうづき）とよびます。
　この閏月の置き方は，時代や地域によって若干の違いがあります。年末に置いたり，くじ引きで決めるところもありました。しかし，一般には，前に述べた二十四節気を使って閏月を決め，暦月と季節のずれを補正しました。
　太陽は1年をかけて，天球の黄道を1周します。この黄道を24等分したのが，先に触れた，二十四節気です。二十四節気は太陽の位置を示すので，ほぼ季節に対応しています。そこで中国暦法では，二十四節気のうちの12中気点を，暦月の名前を決める目安としました。つまり，ある暦月の間に，正月中である雨水の時刻（この時，太陽が黄経330度を通過）があれば，その月を「正月」，2月中春分の時刻があれば「二月」とするのです。こうすれば，各暦月の気候は―多少前後に揺れるとしても―だいたい季節と対応します。なぜなら「正月」の29日間もしくは30日間に，必ず太陽は黄道の黄経330度を，「五月」ならこの間に，必ず黄経90度を通過するからです。だから毎年，暦の正月は正月，5月は5月の気候とだいたい一致します。これをふまえて，旧暦では，暦月の正月・2月・3月は春の月，4・5・6月は夏，7・8・9月は秋，10・11・12月は冬と決めることができたのです。なおこの各季節の3ヶ月を，それぞれ孟月（もうげつ）・仲月（ちゅうげつ）・季月（きげつ）といいました。たとえば孟夏（もうか）といえば4月の異名，仲夏（ちゅうか）は5月，季夏（きか）は6月の異名です。
　都合がよいことに，中気と中気の間隔は，平均で約30.44日あり，1朔望月（平均29.5日）に基づく暦月の1ヶ月（29日または30日）より，少し長いわけです。そこで，3年に1回くらいの割合で，中気と中気の合間にすっぽり入ってしまう，中気のない1ヶ月が自ずと現れます（中気が前月晦日と翌月1日にあるときなど）。これを「閏月」とするのです。この暦月は中気がないので，月名がつけられません。そこで便宜的に，前の暦月の名称を流用して，たとえば6月の次に閏月があれば，「閏六月」とよびます。こうすれば，その他の暦月は中気を含むので，暦月と季節とは対応し続けます（図18）。
　大事なのは，二十四節気のうちの十二節は，暦月の名前とは関係がない点です。たとえば1ヶ月の間に，12月中の大寒と正月節立春があったとき，この暦

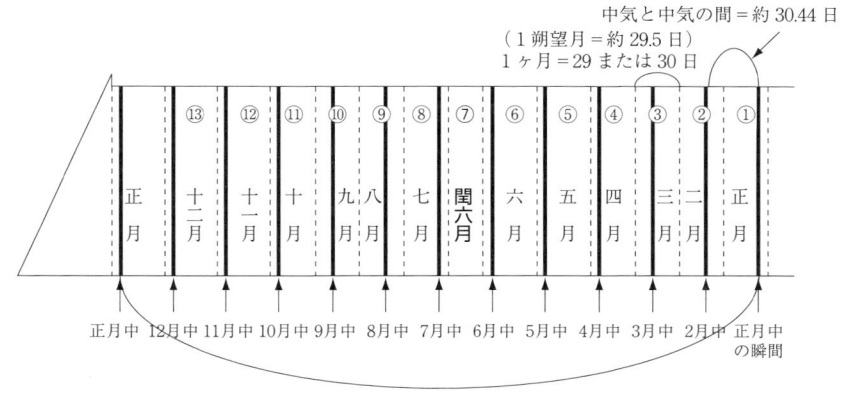

```
                            中気と中気の間＝約30.44日
                      （1朔望月＝約29.5日）
                      1ヶ月＝29または30日
   ⑬  ⑫  ⑪  ⑩  ⑨  ⑧  ⑦  ⑥  ⑤  ④  ③  ②  ①
   正  十  十  十  九  八  閏  六  五  四  三  二  正
   月  二  一  月  月  月  六  月  月  月  月  月  月
       月  月           月
   ↑   ↑  ↑  ↑  ↑  ↑  ↑  ↑  ↑  ↑  ↑  ↑  ↑
  正月中 12月中 11月中 10月中 9月中 8月中 7月中 6月中 5月中 4月中 3月中 2月中 正月中
                                                        の瞬間
                  1年の長さ
     （7番目の朔望月は中気時刻を含まないので閏月となる）
              図18　閏　月　の　例
```

月は12月なので，正月節は無視して下さい．正月節だけで中気がなければ閏12月です．だからこそ，「年の内に春（＝立春）はきにけり」という歌が詠まれるわけです．

　近世初期の会津では，早生(わせ)大豆は7月中〜8月節に，芋は8月節以後，だんだんと収穫されました．そこで八月十五夜の月を豆名月，九月十三夜の月を芋名月と称して，それぞれ大豆や芋などを月に供えました（長島1991）．これらは収穫儀礼なのですが，8月は29日（30日）間のどこかに8月中が，9月には9月中が含まれます．8月30日に8月中があった場合，8月節は15.22日前なので十五夜と同じころ，つまり大豆の収穫が終わったころになります．また九月十三夜は8月節の―最短でも―約28日後なので，芋の収穫も，ほぼ終わっていたものと思われます．つまり，節月と暦月（朔望月）をうまく組み合わせて，畑作物の収穫を行い，収穫祭を秋の名月の時にする民俗行事だということになるのでしょう．

　話はそれますが一般には，豆名月と芋名月は，ここで掲げた例とは逆（九月十三夜が豆名月）とされます．また十三夜の明月を観賞する習慣は，9世紀末の，宇多天皇時代に遡るとされています．『中右記』保延元年（1135）9月13日条には，

第2章　太陽暦と太陰暦　　37

今夜，雲浄く月明し。これ寛平法皇，今夜の明月無双の由，仰せ出さるとうんぬん。よって我が朝，九月十三日の夜をもって，明月の夜となすなり。

とあります。

　　　　　　　　　　＊　　　　　＊　　　　　＊

コラム

暦月の命名を別の観点より

　本書を我慢して読んできたものの，天文学が苦手な人は，このへんで中気点ならぬ限界点に達してはいないでしょうか。「中気で暦月の名前を決める」とは，どういうことか。なぜ暦月と季節が，これで合うのか。この「矢印みたいな」図は何だ？（中気と太陽年と暦月・朔望月の時間の長さの関係を図にしたものなのですが）

　そこで，別の観点からの図を示したいと思います（図19）。

　この図で，最初の朔から月が1周して，元の位置にきたのが1恒星月です。地球から見たとき，月は，前と同じ恒星が見える方向にあるからです。しかし

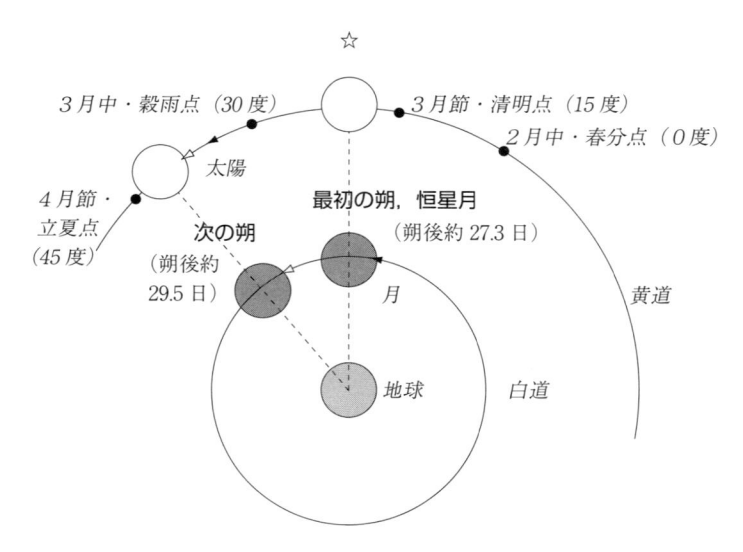

図19　太陰太陽暦の3月の月と太陽（見かけ）の動き

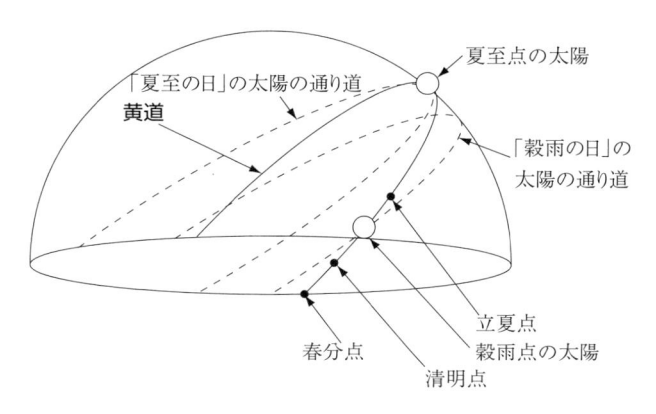

図20　黄道上の太陽の位置と日周運動

そのとき，太陽は黄道上をすでに先に進んでいるので，朔にはなりません。さらに2日余りたって，月が太陽に追いつき，次の朔となります。最初の朔と次の朔の間に，この図では，太陽が3月中気の穀雨点（黄経30度）を通過しているので，この朔望月に基づく暦の1ヶ月（暦月）を，「三月」とします。これが太陰太陽暦です。

　季節ごとの気候は，見かけの太陽の黄道上の位置により決まります。黄道の位置によって，昼の時間の長さ（つまり日照時間）が決まるからです。要するに3月という暦月は，必ず太陽が穀雨点（黄経30度）にいる時刻とその前後の期間なので，旧暦での毎年の3月の気候は，だいたい同じになるのです。（なお，太陽は1日の間にも常に動いているので，図20に示した「穀雨の日」の太陽の通り道は近似的なものです）

　ところで，1太陽年の日数と，1太陰年（＝1朔望月×12）の日数が合わないので，太陽年と朔望月の周期は，だんだんずれていきます。それである年には，図21（次頁）のような朔望月が起こります。

　この場合の朔望月は，太陽が2月中気点を通過した後に始まり，3月中気点を通過する前に終わっています。よってこの朔望月に基づく暦月は，この間に，太陽がいかなる中気点をも通過していないので，閏月（閏2月）となります。前後の朔望月に基づく暦月は，その間に太陽が，2月中気点と3月中気点とを通過するので，2月と3月とになります。

第2章　太陽暦と太陰暦

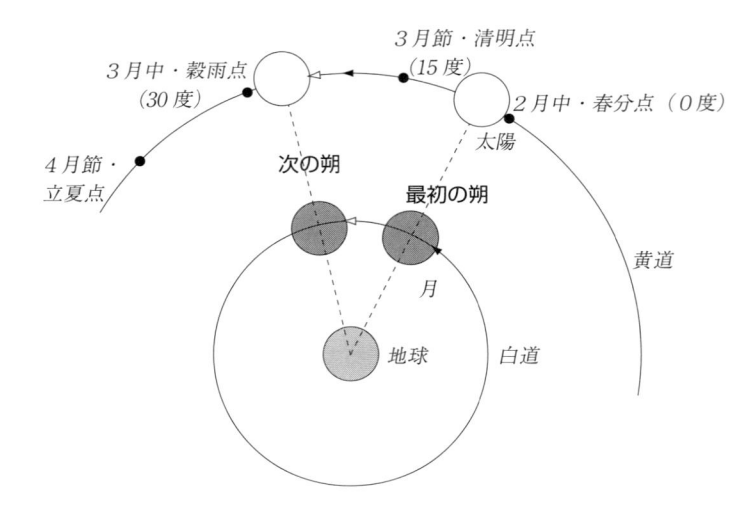

図21　太陰太陽暦の閏2月の月と太陽（見かけ）の動き

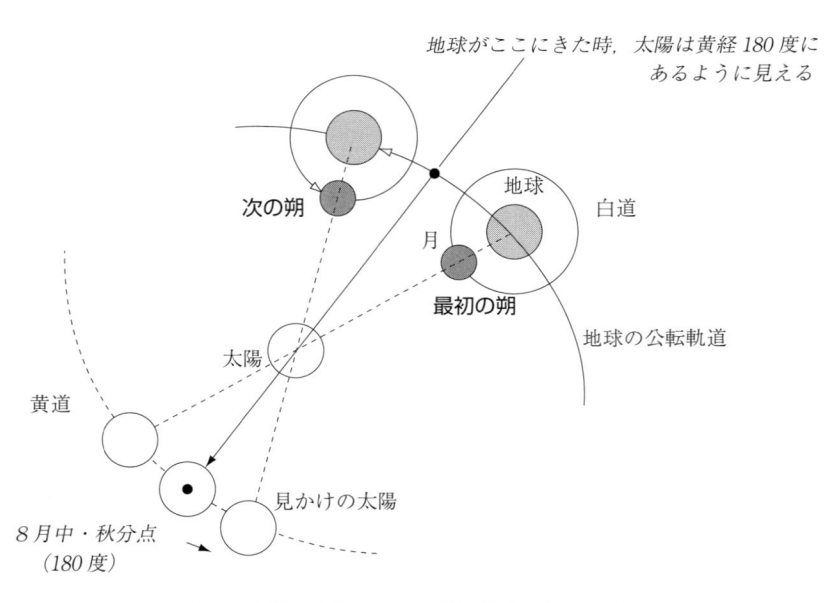

図22　太陰太陽暦の8月の月と地球の実際の動き

なお，これも天動説的な見かけの運動による説明だったので，実際にはどのような運動が起こっているのかが，気になる人もいるでしょう。そこで図22で示します。要するに，1朔望月が完了するまでの間に，太陽の周りを公転する地球が，軌道上のある点（この図では地球からは太陽が秋分点＝黄経180度にあるように見えるところ）を通過していれば，この朔望月に基づく暦月は，対応する月名（8月）なのです。なお恒星は非常に遠くにあるため，地球の位置が異なっていても，視差（年周視差）がほとんどありません。
　ここに掲げた図が，太陰太陽暦の太陽暦部分と太陰暦部分との関係を理解する一助となれば幸いです。

定気と平気

　太陰太陽暦の基本は，以上の説明で終わりです。ところがさらに面倒なことに，地球は実際には太陽の周りを，円軌道ではなく，楕円軌道で回っています。このため，見かけの太陽の運動は，季節によって速さが違います。よって，中気から次の中気までの期間の長さも，本当は同じではありません。二十四節気の冬至（11月中気）ころは，太陽の節気点→節気点の移動が速いので，各節気の期間が短くなります。このため1ヶ月に二つ中気があったり，逆に中気がない暦月が1年に2回あることもまま起こるのです。
　本書の二十四節気表（18頁）に載せた黄経度数に，太陽が本当に到達した時をもって，その節気になったと見なすのが定気です。たとえば黄経0度に太陽が来ると，「春分だ」とするのが，定気です。
　これに対して，太陽は黄道上を，常に同じ速度で動いていると考えていた昔は，冬至から次の冬至までの1年の長さを24等分して，二十四節気の日時を決めていました。これが平気（常気，恒気），つまり平均二十四節気です。かつてはこの平気の時刻に，太陽が各節気点を，実際に通過すると思っていたわけです。ところが1年の起点となる冬至点以外は，実際には太陽は，これとは少しずれた時刻に通過していたわけです。二十四節気表（18頁）の各項の右に，「12/22」などと記しているのがこの平気の月日です。
　ところで北魏末〜北斉（6世紀）の人・張子信は，太陽が節気点から節気点に移動する速度が，実際には季節によって違うことを発見しました。要するに

節月の期間が，冬は短く夏は長いのです（二十四節気表を見ても，定気での節月12月は29日ですが，節月4月は32日になっています）。宣明暦の場合は，大雪→冬至が14日4235分5秒，芒種→夏至が15日7835分5秒と，1日半近く違っています。

しかし定気が発見された後も，具注暦に記す二十四節気には，ずっと平気が使われました。なぜかというと，定気を使うと，中気が二つある暦月があったり，逆に中気のない閏月が1年に2回登場するなど，月名を決めるのに不便な事態がままおこるからです。そのうえ，定気でも平気でも，数日のずれしかありません（二十四節気表を参照）。つまり平気で暦月を決めても，季節感は定気と大して変わりません。そこで主に閏月を置くための便宜のため，日本でも中国でも，多くの暦法ではこの平均的な節気を使ったのです。本書のテーマである，古代・中世の日本の常用暦は，平気が記載されています。ただし，日本最後の太陰太陽暦である天保暦は，一般に流通するカレンダー（常用暦）にも定気を記しました。これは一見，科学的ですが，閏月の置き方に先に見た不都合が生じます。

今でも旧暦は，占いや年中行事用に出回っていますが，この「旧暦」は，天保暦を少々変えたものです。このためある年（たとえば2033年）には，中気のない1ヶ月が，年に2回起こってしまいます。この場合，もはや国が定めるカレンダーではない旧暦の，どちらを閏月にするべきかを，日本政府や国立天文台は判断してくれません。このため，何種類かの旧暦のカレンダーが出回ることになるかもしれません。

このように，中国や日本の太陰太陽暦のカレンダーには，朔望月と対応する1ヶ月（暦月）と，節の日から次の節の前日までを指す節月との，2種類の1ヶ月が存在します。前者は太陰太陽暦の太陰暦の部分，後者は太陽暦の部分です。そして陰陽道の主要な占いである式占や，具注暦についている暦注のあるものは，この節月を使っています。前にも言いましたが，二つの1ヶ月には，使い分けがあるので，注意が必要です。

* * *

（2）太陽と月の関係—メトン周期・カリポス周期・ヒッパルコス周期—

　ここで，太陽と月の運動の周期について，基本的な関係を確認しておきましょう。

　世界の古代文明の多くでは，太陰太陽暦が発明されて，カレンダーが作られました。文明が発達すると社会も複雑になるので，様々な約束事を決めるための客観的な時間基準，つまり皆が納得する共通の日付が必要となったからです。世界の文明では，王や神官のような権威ある者が客観的な暦を定め，提供する役目を担いました。また彼らが，人びとを支配するためにも，こうした時間基準は必要でした。

　そこでは太陽による季節の変化と並んで，月齢も民衆生活には重要でした。そのためおのずと，太陰太陽暦が採択されるようになったと思われます。

　さて古代の天文学者たちは，暦を造るために天体観測を行って，1年の長さと1朔望月の長さを知ろうとしたはずです。次に，長さの合わない1年と12朔望月とを調整しようと，先に見た閏月が発明されました。太陰太陽暦の誕生です。

　ところで，3年に一度閏月を入れればよいとはいえ，それを毎年計算するのは面倒な話です。あらかじめ，大の月（＝30日）をいつ，閏月をいつ入れればよいかが決まっていれば，それに越したことはありません。そこで完全な暦を造ろうと，1太陽年と1朔望月と1日の，正確な比例関係を捜す試みが始まりました。

　早くから天文学が発展した古代ギリシャでは，B.C.432年にメトンが発見したとされる，メトン周期が誕生します。これは19年＝235朔望月＝6940日とするもので，19年に7個の閏月を入れれば，1年と1ヶ月が合うという考え方です。これは1周期で，実際よりも0.087日（2時間5分）程度しかずれない優れたものでした。中国では，この19年のことを「章」（1章）とよんでいます。中国でも漢代以前に，このメトン周期を採用していたとされます。

　次に，同じギリシャのカリポス（B.C.370ころの人物）は，もう少し精密に考えました。つまり1太陽年を365.25日として，19年＝6939.75日，これを4倍した76年＝27759日で，メトン周期の4倍より1日減ることになります。

第2章　太陽暦と太陰暦　43

表3 古代ギリシャにおける太陰太陽暦

暦　法	太　陽　年	平均朔望月	太陽年と朔望月の関係
メトン法	365.2632日	29.53191日	19年 ＝ 235月 ＝ 6940日
カリポス法	365.2500日	29.53085日	76年 ＝ 4×235月 ＝ 27759日
ヒッパルコス法	365.24671日	29.53059日	304年 ＝ 16×235月 ＝ 111035日
（実　際）	365.2422日	29.53059日	太陽年と朔望月は整数比で表せない？

青木1982による。

　また235月も4倍となり，940月＝27759日としました（1朔望月＝29.53085日）。この76太陽年＝940朔望月＝27759日のカリポス周期は，紀元前330年に採用され，中国でも漢代の四分暦で使われました。また中国では76年を「蔀(ほう)」とよびます（平安時代日本で，諸道の学者が盛んに論じた「蔀」との違いには注意してください）。

　ところが，ニケヤのヒッパルコス（B.C.190?〜B.C.120?）は，カリポス周期をさらに4倍して1日を引き，304年＝3760月＝111035日としました（ヒッパルコス周期）。これにより，1太陽年はおよそ365.24671日，1朔望月は，およそ29.530585日とされます。これは，日本での使用が確認される最初の中国暦法である元嘉暦(げんかれき)と，同じ周期です。

　しかしながら，1太陽年と1朔望月の整数倍を求めることには，無理があるようです。実際の1太陽年を1朔望月で割っても，どうやら割り切れないからです。だから，完璧な太陰太陽暦を造るのは難しく，その意味では太陽だけを基準とする太陽暦の方が，合理的だということになります。ちなみに1太陽年や平均朔望月の長さも年々変わっていて，厳密に定めることは難しいとの話も聞きます。

　ところで中国では，皇帝は天を観察して，民に正確な時間を教えてやらねばならないという，観象授時(かんしょうじゅじ)思想がありました。儒教の経典である『尚書(しょうしょ)』堯典(ぎょうてん)には，「すなわち義和に命じて欽(つつ)しんで日月星辰を歴象して，敬んで民に時を授けしむ」とあります。これにならって歴代の中国皇帝は，天文学者に正確な暦法を造るように命令しました。

　中国やその影響を受けた日本で，グレゴリオ暦採用までは何度も暦法改定が行われた理由も，ここにあったのです。

＊　　　＊　　　＊

|コラム|

観象授時

　観象授時(かんしょうじゅじ)とは，天象つまり天体現象を観察して，民に時間を授けるという意味です。もともと中国でも殷周時代の暦は，大雑把なものだったとされます。つまり，大まかに暦月・暦日を計算して，カレンダーを決めておき，天体観測でこれを是正するのが，「観象授時」でした。

　一方，農民の間では，赤くて目立つ大火（さそり座アンタレス）が，昏に南中すると暑さが退くとして，これを1歳の中央とする大火暦が使われていたという説もあります（島1971，成家2013）。

　その後，中国の暦法は発展して，太陽や月の位置を計算して暦日を決めるようになりました。さらに暦日にとどまらず，日月五惑星の位置や恒星などに関する天体現象を予測する，天体暦へと変貌しました。これらを踏まえて，1年の長さ，二十四節気の日時，朔の時刻なども，より精確に計算できるようになります。そしてこれらに基づいて造った毎年の暦を，王者が頒布することが，観象授時となったわけです。

　とはいえ実際のところ，人びとの生活に必要な暦は，そこまで精密である必要はありません。暦月初日が，実際の朔と1日くらいずれていても，特に農民にとっては生活上の問題は無かったはずです。いわんや朔の時刻が，数時間ずれている程度なら，新月の月は見えないので，誰も気がつきません。

　しかし中国では，皇帝（戦国時代以前は王）は天子，つまり天の子であり，天意に忠実であるべしという理念がありました。また，漢代より盛んとなった讖緯(しんい)思想（儒教に仮託した未来予言説）の影響もあって，天意を知ることと，暦法で正確に天象を予測できることとが結びつきます。

　すると暦法で予測される天体運動が，実際とは違うと，問題となってしまいます。たとえば，暦月最終日（晦日）の朝に，東の空にかすかに残月が見えると──これは必ずしも暦法の不備ではないのですが──「晦日に月が見えた！」と騒がれて，進朔(しんさく)の制度（＝暦月第1日目を朔の翌日に変更する）が生まれます。また，日食予報が外れると，予報した暦学者が譴責され，ひいては皇帝の権威

に傷がつくことになりました。そこで，より正確な暦法を目指して，暦法の改定が行われたわけです。

　もちろん，皇帝は暦の専門家ではないので，かなり恣意的な改定も行われました。王朝が替わったり，そうでなくとも皇帝の代替わりがあった場合は，「新皇帝がより良い時を授けるのだ」という宣伝のため，暦法が改められたのです。

　日本で貞観（じょうがん）4年（862）に，宣明暦（せんみょうれき）が施行された後も，中国では頻繁に暦法改定が行われます。一方，日本では江戸時代の貞享（じょうきょう）元年（1684）に貞享暦が採用されるまで，暦法の改定はありませんでした。その理由は種々推測できますが，ひとつには中国の暦法改定には，不要なものが多かったことがあげられます。

中国の星座―十二次と二十八宿―

　中国では，天文学が発達する過程で，さまざまな星座が生まれました。これを中国では，「星宿（せいしゅく）」とよんでいます。これらは，ほんらいは天体（主に太陽・月・五惑星）の，天における位置を示すためのものです。

　まず十二次は，木星の位置を示すための星座です。木星は歳星ともいわれ，約12年で天を1周します。よって年を表すのに，歳星が十二次のどこに宿っているのかで示す方法がありました。だから「歳」星なのです。

　図23は，南を向いて天頂を見上げたときの空と理解してください。

　惑星も，太陽や月と同様に，北を背に南を見ると，おおむね西から東に動いています。だから木星は，ほぼ年ごとに，星紀（せいき）→玄枵（げんきょう）→娵訾（しゅし）→降婁（こうろう）→大梁（たいりょう）→実沈（じっちん）→鶉首（じゅんしゅ）→鶉火（じゅんか）→鶉尾（じゅんび）→寿星（じゅせい）→大火（たいか）→析木（せきぼく）の順に，移動していきます（この説明を読んで「あれ？」と思った読者は，図の下の方に視点を置いてください。天は毎日，東から西つまり左から右に回転し，歳星はその天を西から東つまり右から左に移動します。なお図の上の方は地平線の下に隠れているので見えません。天が回転すると，星宿は東の地平線から昇ってきます）。

　また，『晋書』天文志によると，星紀は呉越，玄枵は斉といった具合に，十二次で起こる天変は，地上の中国の国々の異変に関わるとされています。

　その後，戦国時代になり，方位に十二支（子丑寅卯辰巳午未申酉戌亥（ねうしとらうたつみうまひつじさるとりいぬい））をあ

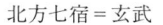

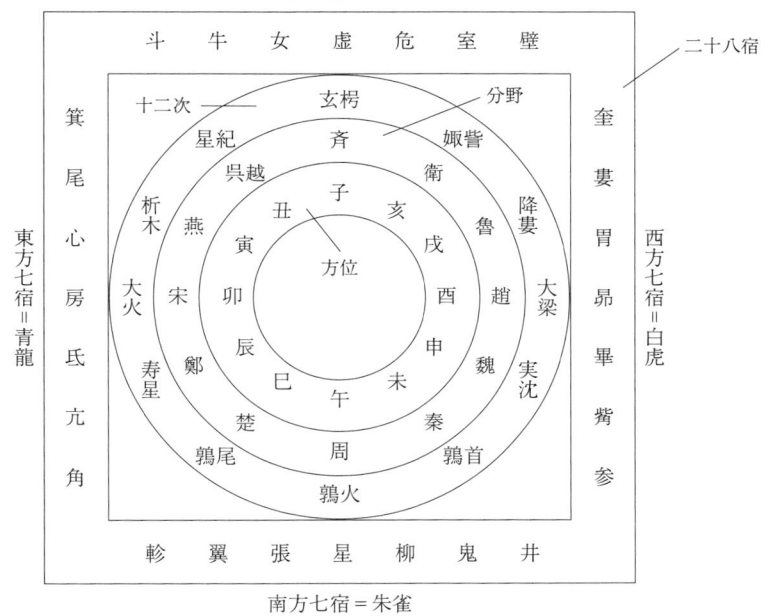

図23 『晋書』天文志における十二次，二十八宿と分野

て，さらに年にも，十二支をあてるようになります（いわゆる現在の「えと」）。すると歳星では，都合が悪くなりました。なぜなら十二支は，図23からもわかる通り，反時計回り，つまり北→東→南→西と，木星とは逆方向に進んでいくからです。

そこで，考案されたのが，大歳（たいさい）という仮想の天体です。これは暦注の吉凶判断では，大きな役割をもつ天体（神）です。この大歳が毎年，子→丑→寅→卯→辰→巳→午→未→申→酉→戌→亥の順に，毎年その方位を移動します。言い換えると，大歳が宿っている方角が，その年の「えと」になります。

また，毎日の月の位置を示すために，二十八宿が生まれました。二十八宿は，赤道周辺に見える星をまとめて星座としたものです。

赤道は地軸に垂直に，天球を切った切り口にあたります。赤道は地平線にくらべて，その地の緯度と，同じだけ傾いています。黄道とは春分点・秋分点で

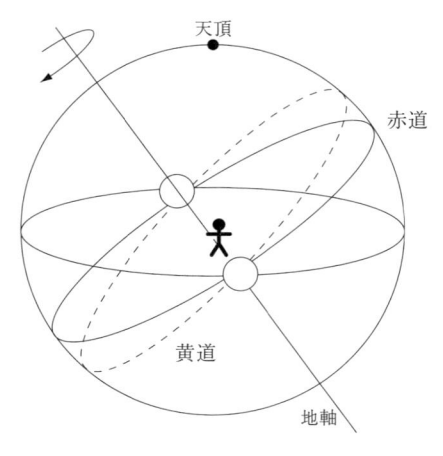

図24　赤道の傾きと黄道

交わっており，23.5度傾いています（白道はさらに5度傾く）。中国天文学では，天体の位置を示すのに，赤道座標を主に用いました。赤道の1周を365.25度としたのも，漢代に黄道が用いられるまでは，太陽が赤道座標で1日1度進むと考えられたからです。なお1中国度＝0.9856度となります。

二十八宿の28は，恒星月の27.32日とほぼ合います。朔望月は平均29.5日ですが，月が地球を1周するのに要する時間が恒星月です。よって月は，毎日だいたい1宿ずつ，西から東へ進むことになります。ちなみに古代・中世の日本の暦注では，牛宿を除く二十七宿を暦日にあて，ついたち（暦月第1日目）の宿を暦に記しました。

この二十八宿を，東西南北の四方向にまとめて，ひとつの星座と見なしたのが四神です。四神は，青龍（東）・朱雀（南）・白虎（西）・玄武（北）であり，それぞれの方位の守護神として，星座とは独立して信仰されるようになりました。風水術でも，四神は重視されています。

古代日本で，藤原京をはじめとする都城を建設するときは，この風水の四神が意識されました。たとえば，平城京（奈良）に都を移すときも，元明天皇の詔では，次のように述べられています。

　　まさに今，平城の地，四禽（しきん）（＝四神）は図に叶う。三山は鎮を作し，亀筮（きぜい）並びに従う。宜しく都邑を建つべし。

　　　　　　　　　　（『続日本紀』和銅元年〔708〕2月戊寅〔15日〕条）

ところで，図23や図25に示したような星宿は，北極を中心とする天の回転により，毎日1回転しています。すると，星宿は南にも西にも行くのだから，「北方宿」だの「東方宿」だの特定の方位があるのは，おかしいと感じる人もいるでしょう。

実は古代中国で，冬至のときに太陽が宿ったのが，二十八宿だと斗宿・牛宿，

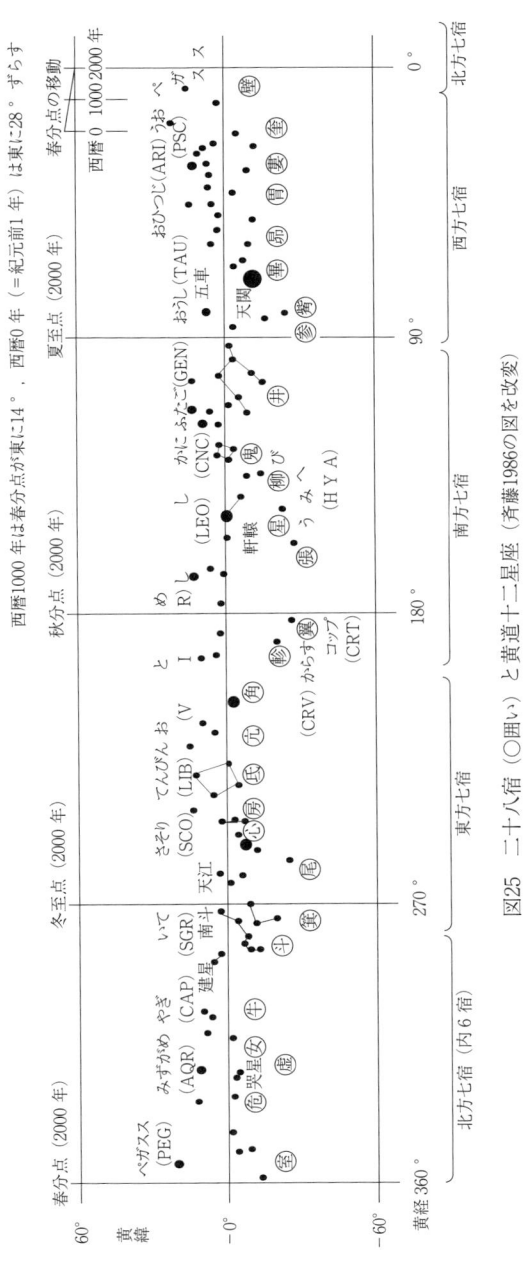

図25 二十八宿（○囲い）と黄道十二星座（斉藤1986の図を改変）

第2章 太陽暦と太陰暦　49

十二次だと星紀(歳星の出発点)なのです。冬至に太陽が宿る星座だから，そちらが「北」方になります。太陽が宿っている時には，その星座は見えませんが，その位置はわかります。なぜなら夜半(午前0時)に南中する星(星宿)を観察できれば，その反対側の星宿に，太陽が宿っているはずだからです。

なお子丑寅卯……の十二支は，時刻にも配当されます。定時法(1日を同じ長さの時刻で区分)では，子刻は23:00～1:00，丑刻は1:00～3:00といった具合に2時間ずつです。一方，不定時法では，昼と夜を区別してそれぞれを6等分するため，各時刻の長さは季節によって違っています。

ところでインドにも，二十七宿と二十八宿があります。そこで，中国の星宿の起源はインドという説，さらにはバビロニアという説もあります(成家2012)。文明の東西交流と関わる問題です。

暦と占星術と記録

ヘロドトスは，『歴史』のなかで，エジプト人についてこう述べています。
> さて次はエジプト人そのものについてであるが，エジプト人の中でも農耕地帯に住む者たちは，世界中のどの民族よりも過去の記録を丹念に保存しており，私が体験によって知っているどこの国の住民よりも故実に通じている。
> 　　　　　　　　　　　　　　　　　　　　　　(『歴史』巻2，77節)

各地の情報に精しかったであろうヘロドトスがこう言うからには，エジプト人は他と比べて，かなり多くの過去の記録を蓄えていたと思います。と同時にエジプトでは，占星術が発達していました。
> またエジプト人の発見にかかる予兆の種類は実に多数に上り，世界中の民族の発見したものを全部合わせたものよりも多い。エジプト人は天変地異が起こると，その結果を記録に留めておく。いつか後になってこれと似た現象が起これば，同じ結果が生ずると彼らは信じているのである。
> 　　　　　　　　　　　　　　　　　　　　　　(『歴史』巻2，82節)

暦(暦法)を造るためには，天体観測とその記録が必要です。そして暦ができたことで，あらゆる出来事について，「何年何月何日に起こったのか」を明らかにして，記録できるようになります。さらに日次とともに記録された，天体現象と地上の事件とを結びつければ，占星術が生まれます。

恐らく「シリウスがあらわれると，やがて洪水が起こる」といった事実を中核としながら，本来は関係ないはずの，天体現象と政治的事件などとの間に対応関係を見いだすことで，占星術が発達したものと想像されます。占星術と歴史記録が関係することは，一般的に言えることです。中国でも『史記』を書いた司馬遷は太史令という，国立天文台長の地位にありました。中国の太史局は，占星術も管轄する役所です。

＊　　　　＊　　　　＊

II
古代日本の暦史

第1章　日本列島における暦の始まり

　本章では，日本列島における暦の始まりについて話したいと思います。6世紀以前の暦についての情報はあまり多くないので，ふみこんだ推測も交えつつ，暦の使用の発達について述べるつもりです。

1　邪馬台国時代の暦—自然暦時代—

　日本でも，古くは自然暦，つまりその地域ごとの特徴的な自然現象の変化で，季節の移り変わりを把握していたはずです。たとえば，山の雪が溶け始めて，残雪で山に馬のような形が見えると，春が来たということで，農作業に入ることができます。この場合，毎年の気温の違いが多少はあるので，下手に市販のカレンダーに頼るより，自然暦で気温の上がり具合を確認するほうが理にかなっているとも言えます。

　邪馬台国の記述で有名な，『魏志』倭人伝が引用する『魏略（ぎりゃく）』という書物によると，

　　其の俗，正歳四節を知らず，但し春耕秋収を計りて年紀となす。

とあります。紀元前後より日本列島は，中国の皇帝や役人から，漠然と「倭国」とよばれていました。3世紀は倭国がある程度のまとまりをもった段階で，その中心が邪馬台国です。しかし倭人たちは，まだ中国暦法の正月や，春夏秋冬が始まる四立を知らなかったわけです。旧暦も現在の太陽暦も，1年は真冬に始まります（旧暦で「立春」などといっても，実際は非常に寒い）。しかし日本列島の農民にとっては，農作業を本格的に開始する春の方が，時間の区切りとしては適切でした。

　もっとも，春の耕作開始と秋の収穫を時間の区切りとして「計って」いた点は注目に値します。つまり3世紀の日本列島には，1年という時間単位と，春〜秋，その後の冬という時間区分が存在して，人びとに記憶または記録がされていたわけです。たとえば「10回前の春の種蒔きのあとに，魏の使者がやって

来た」とかいうように。ただし倭国では，権力者も含めて，まだ自然暦を使う段階に留まっていたことも，この史料からわかります。

　農業も漁業も，その地域の微妙な自然環境の違いに左右されます。したがって人びとは気候の変化を，集落や地域ごとに，目安となる自然現象の変化で読みとっていました。だから自然暦は，昔ながらの農業を続けているところでは後世まで用いられます。

　ところがこの方法では，社会の広域化と複雑化には対応できません。簡単な話で，邪馬台国女王の卑弥呼が「戦争をするから兵を出せ」と，服属する各国の王に命令しても，「何月何日までに必ず集合しなさい」とは言えないからです。卑弥呼は狗奴国（くなこく）との戦争中に亡くなりますが，もしかしたら援軍が到着する前に，狗奴国軍に攻撃されて殺されたのかもしれません。

　また，『魏志』倭人伝には，邪馬台国は人びとに「租賦を収」めさせたとあります。しかし卑弥呼が税を取ろうとしても，今の確定申告のように，一律に納入期限を定めることができません。物の貸し借りにしても，隣の集落と使っている自然暦が違えば，もう「1年後に返す」という，返済期限を決めることが難しくなります。

　だから卑弥呼が，魏から「親魏倭王」に冊封されても，彼女の倭国全体に対する支配力は，実は大して強くはなかったはずなのです。

　4世紀になると，ヤマト政権が，日本列島の広範囲を支配するようになります。しかし，ヤマト政権が列島支配を確立するためには，どうしても，どの地域でも通用する暦を用いる必要があったのです。

＊　　　＊　　　＊

コラム

倭国の天体信仰

　自然暦は別として，進んだ太陰太陽暦を発明するには，天体の運行への関心が必要です。日本の古代では，奈良県明日香村の高松塚古墳やキトラ古墳の石室に，見事な天体図が描かれていることが有名です。これは，こうした墳墓を造営できる7世紀末〜8世紀の貴族たちの間で，天体への関心が高まったことを意味するのでしょう。ただしこれらは，中国天文学に基づく天体知識であ

り，律令国家の成立期に海外より入ってきたものです。よって，倭国にもとからあった，天体への関心とは直接は結びつきません。

一方で『延喜式』で，神嘗祭(かんなめさい)の祝詞(のりと)をみると，「今年九月十七日朝日豊栄登(とよさかのぼ)りに天つ祝詞の太祝詞辞を称(たたえもうすこと) 申事を神主部・物忌ら諸聞食(もろもろきこしめせ)と宣(のる)」とあります。これは，日の出を拝んだものと思われます。また，荒祭宮(あらまつりのみや)・月読宮(つきよみのみや)にも，このように申せと命じています。『延喜式』は10世紀に編纂された，律令の施行細則集です。

ところで，記紀神話の舞台は天上（高天原）です。それなのに，記紀神話に出てくる神々，そして『延喜式』に載る神々や神社も，星辰神(せいしん)は多くありません。なぜか。

これは，律令国家の形成期に，『古事記』や『日本書紀』が編纂される過程で，様々な氏族・地域集団が祀っていた神々の伝承が体系化された結果だと思われます。記紀に見られるように，太陽神アマテラス（天照大神）を中心とする壮大な神話が創り上げられたため，もともとは天界とは関係なかった八百万(やおよろず)の神々が，太陽が輝く「高天原」に「連れてこられた」のです。

それから名前に「天」とついても，雨や鳥，雲や風など，天体以外の空の自然現象を神格化した神も多かったはずです。すると，星でない神々が高天原に集っても，異とするに足りないかもしれません。

『万葉集』には，夜の船出を詠んだ歌がいくつか収録されていますが，植野加代子氏によると，古代・中世の日本では，夜間航海は例外でした（植野2010）。それならば，東シナ海を数日かけて航行する可能性のある西九州人はともかく，日本列島の他の地域では，海民でさえ意外に天体の知識が少なかった疑いもあります。

もっとも『延喜式』を見ると，伊勢国の星川神社（天の川？），越中国の速星神社のような，星の神ととれる神々も散見します。日本列島でも地域によっては，星を祀る人びとがいたことが想像できます。こうした，8世紀前半以前の天体信仰を窺うことができるものに，『播磨国風土記』託賀郡条があります。

　　右，託加(たか)と名づくるゆえは，昔，大人ありて，常に勾(かが)まり行きき。南の海より北の海に到り，東より巡り行きし時，此の土に到来りて，云いしく，「他土は卑(ひく)ければ，つねに勾まり伏して行きき。此の土は高ければ，申(の)びて

行く。高きかも」といいき。
故(かれ)、託賀の郡という。其の蹤(あと)み
し迹処(あとどころ)は、数々、沼と成れり。

ここでは、天が（半）円球状をしており、端に行くほど低く、中央に行くほど高いイメージだと理解できます。これは天が球状で、平らな大地がその球の中の海に浮かんでいる、中国の渾天(こんてん)説です（図26）。また揖保(いぼ)郡条の阿豆(あつ)村の地名起源譚として、

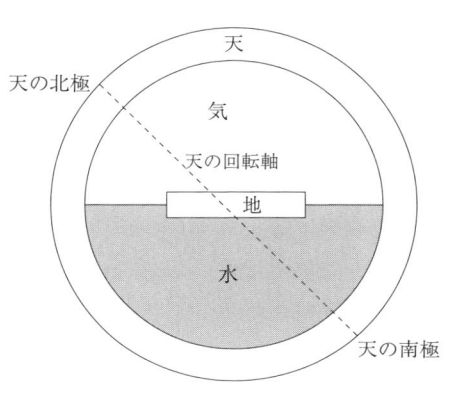

図26　渾天説

あるひといえらく、昔、天に二つの星あり。地に落ちて、石となりき。ここに、人衆集まり来て談論(あげつら)いき。故、阿豆と名づく。

と流星記事もあります。播磨国は、平安時代になると陰陽師を輩出する土地です。また、暦注に出てくる天一神も、早くから祀られていました（『日本文徳天皇実録』天安元年〔857〕8月庚辰条）。その背景として、渡来人が多く住む土地柄が考えられます（『風土記』）。よってこれらの伝承も、渡来人が持ち込んだ可能性が高いと思われます。

このほか、『丹後国風土記』逸文に見える「浦島子伝」にも、やはり星の説話が見えます。「浦島子伝」とは、浦島太郎の話のもととなった伝承です。

与謝(よさ)郡日置(ひおき)里筒川村に、日下部首(くさかべのおびと)らの先祖である筒川嶼子(つつかわのしまこ)という、容貌の美しい男性がいました。嶼子が小船に乗って海中で、3日3晩釣りをしていたところ、五色の亀をえて船に載せます。すると亀は美しい婦人となり、嶼子を蓬山（常世国）に連れて行きました。そこにある御殿で、嶼子たちを、まず7人の童子が、次に8人の童子が出迎えました。婦人（亀比売(かめひめ)）は、最初の7人は昴星（牡牛座のすばる）、次の8人は畢星（牡牛座のあめふらし）だと、説明してくれます。

ここに出てくる星の名前は、中国天文学の星座なのですが、そもそもなぜこの説話に、こうした星座が登場したのかが問題です。この説話は、日下部首氏の伝承だと考えられますが、嶼子の行動から伺えるように、彼らは日本海の海

上交通に携わっていたのでしょう。外洋を航海すれば，当然，陸の地形を目印にできない場合もあります。昼は太陽が目印になりますが，夜は星が目印となりました。そこで中国の天体に関する知識を，積極的に採り入れたのではないかと思われます。

この点で興味深いのは，『日本霊異記』下・第32「網を用いて漁る漁夫，海中の難に値いて妙見菩薩に憑願いて，命を全くすることを得る縁」です。延暦2年（783）8月19日の夜に，呉原忌寸妹丸が，紀伊国海部郡の海で漁に出たところ，大風にあって仲間8人が溺死します。しかし，彼は，妙見菩薩の加護で救われたというのが話の筋です。

妙見菩薩は，仏教で北斗七星（あるいは北極星）の化身とされます。この説話は，すでに8世紀末に，北斗七星が畿内周辺でも，航海時の目印として使われていたことを示すと思われます。

ところで，この呉原忌寸は，百済系の東漢氏の一族であり，妙見信仰と渡来人の関係を示すという指摘があります。また，豊前国宇佐宮の地主神は北辰社ですが，この地域は渡来人の集住地であり，宇佐神は外来神ではないかという意見もあります（金谷1994）。

　　　　　＊　　　　　＊　　　　　＊

2　元嘉暦の導入

（1）中国暦法の導入

元嘉暦とは，宋の何承天が作成した暦法で，445年（元嘉22）～509年（天監8）に，中国南朝の宋・斉・梁の各王朝で使われました。このころの中国は，異民族が支配する中原の北朝と，中原からの漢人亡命政権が江南を中心に支配する南朝が並び立つ，南北朝時代でした。

元嘉暦は，長期の観測を基にしての冬至日躔（冬至の太陽位置）の修正や，1朔望月の長さを決める工夫である調日法の創始などに，特徴がありました。ただし暦月は，正月朔に平均朔望月約29.53日を足して，次々と朔を定める，平朔法を使用しています。また章法（19太陽年＝235朔望月）とよばれる周期を

用いていました。

　遅くとも5世紀になると，倭国にも中国暦法が伝わりました。その確認される最初のものが元嘉暦です。『日本書紀』の記事に付けられた年月日は，巻13安康天皇元年（454）以降が，元嘉暦に基づいていることが，小川清彦氏の研究で明らかになっています。さらに埼玉県の稲荷山古墳からは，これに関わる鉄剣が発見されました（図27）。次に，これを書き下したものを掲げます。

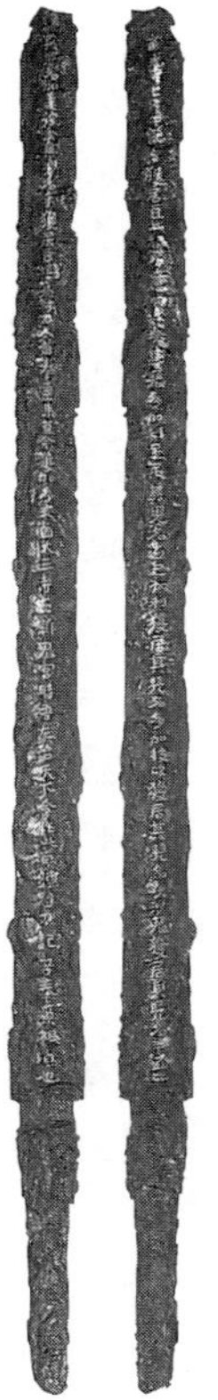

　　（表）辛亥年七月中に記す。乎獲居臣の上祖の名意富比垝，其児多加利足尼，其児の名弖已加利獲居，其児の名多加披次獲居，其児の名多沙鬼獲居，其児の名半弖比，
　　（裏）其児の名加差披余，其児の名乎獲居臣，世々杖刀人の首として，事え奉り来たり今に至る。獲加多支鹵大王寺（＝朝廷），斯鬼宮（＝磯城宮）に在る時，吾れ天下を左け治め，此の百練の利刀を作らしめ，吾が事え奉る根原を記すなり。

　辛亥年とは，西暦471年のこととされています。また「七月中」という言葉もあるので，紛れもなく，中国暦法による暦日を使っていたわけです。なお同じくワカタケル大王の名が記された，熊本県の江田船山古墳出土の大刀にも，「八月中」の表記があります。

　ワカタケル大王とは，『日本書紀』によれば，安康天皇の次の雄略天皇の名前（幼武）です。邪馬台国とヤマト政権との関係は，邪馬台国の所在地問題と関わって論争があります。しかし邪馬台国の存在した3世紀に，ヤマト（現在の奈良県や周辺の地域）を拠点とするヤマト政権が存在したことは考古学の研究により確かです。このヤマト政権が，のちに律令国家に発展しました。上に掲げた鉄剣銘や大刀銘から，ヤマト政権では元嘉暦で計算した暦を，5世紀後半には使っていたと推測できます。ヤマト政権のために毎年の暦を造っていたのは百済人です。

　ワカタケル大王は，宋についての歴史書『宋書』には，「倭王武」として出

図27　稲荷山古墳出土鉄剣（右）表，（左）裏（埼玉県立さきたま史跡の博物館所蔵）

第1章　日本列島における暦の始まり　　59

てきます。「武」とは，ワカタケルの「タケル」を意味する漢字です。次に，ワカタケルが宋の順帝に奉った外交文書，「倭王武の上表文」を掲げます。

> 興死して弟・武立つ。自ら，使持節都督倭・百済・新羅(しらぎ)・任那・加羅(みまな)・秦韓・慕韓七国諸軍事，安東大将軍，倭国王と称す。順帝の昇明二年（＝478），使を遣わして上表しいわく，
>> 封国は偏遠にして，藩を外に作す。昔より祖禰躬(そでいみずか)ら甲冑をつらぬき，山川を跋渉し，寧処(いとま)に遑あらず。東は毛人を征すること五十五国，西は衆夷を服すること六十六国，渡りて海北を平ぐること九十五国。王道融泰にして，土を廓(ひら)き，畿（＝皇帝の支配地）を遐(はるか)にするも，累葉朝宗（＝代々朝貢）して歳に愆(あやま)たず。臣，下愚なりといえども，忝なくも先緒を胤(つ)ぎ，統ぶる所を駆率(く)し，天極に帰崇し，道，百済を逕(へ)て，船舫を装治す。しかるに句驪(けんどん)（＝高句麗）無道にして，図りて見呑せんと欲し，辺隷を掠抄し，虔劉(けんりゅう)（＝殺(や)）して已まず。……
>
> 詔して武を，使持節都督倭・新羅・任那・加羅・秦韓・慕韓六国諸軍事，安東大将軍，倭王に除す。　　　　　　　　　　　（『宋書』倭国伝）

この武を最後とする，宋に朝貢使節を送った5人の倭王を，「倭五王」とよびます。この5人は，『古事記』『日本書紀』では，応神天皇～雄略天皇にあたります。武の上表文によれば，武の祖先は各地を転戦して──誇張があるかもしれませんが──東は毛人の国を55国，西は衆夷の国を66国，船で渡って朝鮮半島の95国を征服しました。倭五王の時代に，ヤマト政権は大きく発展し，日本列島と朝鮮半島の南部で盛んに軍事活動を行いました。

また倭五王は，400m級の超巨大古墳を，今の大阪府に造営しました。これは，ヤマト政権そして大王権力が，強大化したことを意味します。そのヤマト政権の支配を支えるもののひとつとして，中国式の暦の導入があったわけです。

巨大な古墳を造営するには，各地の豪族より労働力を動員して，何年間も働かせなければなりません。大林組の試算によると，大山(だいせん)古墳（伝仁徳天皇陵）の場合，ピーク時には1日2000人の作業員を必要として，15年8ヶ月もかかるとされます。この負担をあるていど公平に割り当て，しかも農作業にダメージを与えないためには，動員の時期や日数を決めなければなりません。また作業

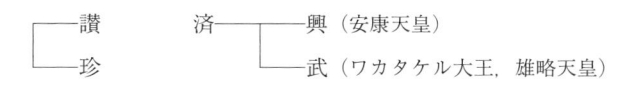

```
┌─讃    済──┬─興（安康天皇）
└─珍       └─武（ワカタケル大王，雄略天皇）
```

図28　倭五王関係図

員のための食糧や，宿泊用の仮小屋を造るための建設資材の準備のためにも，ある程度の期限を決めることが必要だったと思います。それには，暦が必要だったはずです。

　もっともその暦がどのような形態だったのか，詳しいことはわかりません。後世のように紙に書いて頒布することは，大量の紙や筆記用具，筆写する人材の確保，何より識字率などの点で，まだ難しかったはずです。岡田芳朗氏は，縄で結んで日付を表す暦があったのではないかと考えています。『隋書』倭国伝には，「文字なく，ただ木を刻み，縄を結ぶ」とあります。

　筆者は，月の位相を手がかりにしたおおまかな暦月を豪族たちが認識しており，その暦月に，元嘉暦法などの中国暦法で計算した暦月名（正月〜12月と閏月）で大王が命名して，それを豪族たちに布告していたのではないかと想像しています。このころの金石文（金属や石に記した文）には，「七月中」のような，暦月までしか書いていないものが多いのも，豪族が月の満ち欠けでの大まかな日付しか認識していなかったからではないでしょうか。

　また『日本書紀』の仁徳天皇38年7月条には，新月の日に佐伯部が鹿の肉を，贄として大王に献上する場面があります。後世の「告朔」のルーツとなる，ついたちの日に豪族が大王に対して，服属の意を示す儀礼が，すでに倭五王時代にはあったのかもしれません。

　また『日本書紀』によると，倭五王時代に多くの渡来人が，大陸から渡ってきました。ところで，律令国家時代に，こうした渡来人（漢人）の子孫が，正月16日に豊楽院において，天皇の前で歌舞を奏する踏歌（とうか，あらればしり）という儀式があります（『日本書紀』持統天皇7年〔693〕正月丙午条など）。この踏歌奏上に対して天皇は，次のような言葉をかけます。

　　今日は正月望日の豊楽聞食す日に在り。故れここにもちて踏歌を見，御酒食へえらき，退けと為てなも，御物給くと宣る。　　　　（『儀式』7）

つまり，正月の満月の宴に奏するのが，もともとの踏歌なのです。この儀式

も、もしかしたら倭五王時代まで遡るのかもしれません。

ところで、倭五王が朝貢していた宋と関係が深かったのが、朝鮮三国の百済です。百済は倭国とも関係が深く、仏教も百済の聖明王が伝えました（『日本書紀』欽明天皇13年〔552〕10月条）。これも実は、南朝で仏教が非常に盛んだったことと関係します。だから倭五王が南北朝のうちの南朝宋に朝貢したのも、この百済の手引きでした。

ところで宋では、元嘉暦に基づき、毎年の暦を造りました。そして百済でも、この元嘉暦が使われていたことが、『周書』や『隋書』で知られています。

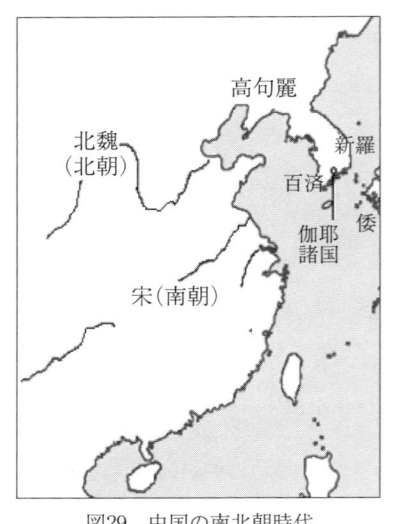

図29 中国の南北朝時代（5世紀ころの様子）

　……俗は騎射を尚び、書史を読み、吏事を能くす。また医薬、蓍亀、占相の術を知る。両手をもって地に拠り敬を為す。僧尼有り、寺塔多し。鼓角、……笛の楽、投壺……弄珠の戯有り。宋の元嘉暦を行い、建寅月（＝1月）を歳首と為す。……毎に四仲の月（＝2・5・8・11月）をもって、王は天及び五帝の神を祭り、其の始祖仇台の廟を国城に立てて歳に四たび之を祠る。……
　　　　　　　　　　　　　　　　　　　　　　　　　（『隋書』百済伝）

こうした点からも、ワカタケルの使った暦が、元嘉暦によって造られたものであったことは、まず間違いありません。倭五王は、百済への軍事援助の見返りに、宋の先進文明を百済より受容し、その一部分として暦を導入したと推測されます。

また倭五王は、宋皇帝から「倭王」に冊封されたので、支配に服した証として、皇帝が定めた暦を使うことが義務づけられたはずです。ちなみに南北朝時代の中国で、北朝と南朝とでは、違う暦法に基づいて造られた違う暦を、人びとは使っていました。

ところが、百済や倭といった遠方の朝貢国の場合、宋から毎年の頒暦（皇帝

が頒布する暦）を受けることはできません。そこで多くの場合，留学生を送って暦の計算の仕方を勉強させたり，暦法を記した書物を貰ってきて，国内で計算することになります。だから百済でも，王が暦博士に命じて，元嘉暦に基づく毎年の暦を計算させ，できたカレンダーを百済国内に配っていたと考えられます。

＊　　　＊　　　＊

コラム

「月の顔見るは，忌むこと」

9世紀に成立したとされる『竹取物語』に，この言葉が見えます。
> ……かぐや姫，月のおもしろく出たるを見て，常よりも，物思ひたるさま也。ある人の，「月の顔見るは，忌むこと」と制したれ共，ともすれば，人間にも月を見ては，いみじく泣き給ふ。

また『更級日記（さらしなにっき）』治安4年（1024）にも，
> 母などはみななくなりたる方にあるに，形見にとまりたるおさなき人々を，左右にふせたるに，荒れたる板屋のひまより月のもり来て，児の顔にあたりたるが，いとゆゆしくおぼゆれば，袖をうちおほひて，いまひとりをもかき寄せて，思ふぞいみじきや。

と，作者の姉の遺児の顔に月光があたることを忌んで，袖で覆う場面があります。

確かに記紀神話に出てくる，月の神である月読命（つくよみのみこと）は，猛々しい側面をもっています。『日本書紀』神代上・第5段一書第11には，次のような話が載っています。
> 既にして天照大神，天上にありていわく，「葦原中国に保食神（みけつかみ）ありと聞く。宜しくなんじ月夜見尊，就きてこれをみよ」と。月夜見尊，勅を受けて降り，すでに保食神の許に到る。保食神，すなわち首を廻らし国にむかい，則ち口より飯を出し，また海にむかい，則ち鰭（ひれ）広きもの，鰭狭きもの，また口より出す。また山にむかい，則ち毛麁（あら）きもの，毛柔きもの，また口より出す。その品物悉く備え，これを百机に貯えてこれを饗す。この時，月夜見尊，忿然として色をなしていわく，「穢（けがら）しきかな。鄙（いや）しきかな。いず

くんぞ口吐くの物をもって，敢えて我を養わんや」と。すなわち剣を抜き，撃ち殺す。然る後，復命して，具さにその事を言う。時に天照大神，怒ること甚しくていわく，「汝はこれ悪神なり。須く相見るべからず」と。乃ち月夜見尊と，一日一夜，隔て離れて住む。

　月読命は，保食神が口より吐いた食物でもてなそうとしたことに怒り，この神を殺したわけです。この月読の行為に，今度は姉である太陽神の天照大神は怒って「おまえは悪神だ」と罵り，顔を合わせなくなりました。この話は，だから昼と夜が分かれたのだという，昼夜の起源説話になっています。ここでの月読は，記紀神話の乱暴者スサノヲと，行動が重なっていることも指摘されています。月が，夜を支配する神だというこの考え方は，『古事記』上にも見えます。

　次に月読命に詔す。「汝命は，夜の食国を知らせ」と事よさしき（訓「食」は「をす」と云う）。

　記紀神話以外にも，月が夜の国を支配するという考え方はありました。6世紀の横穴式石室である，福岡県の珍敷塚古墳に描かれた壁絵では，死者が乗った船が，太陽のある場所からヒキガエルのいる場所に向かっています（図30）。このヒキガエルは当時の中国や高句麗では月の象徴で，この墓の被葬者は昼間の世界（この世）から，永遠の眠りの世界＝夜の世界（常夜国）へと旅だっているわけです。ここでは月と夜の世界と死者の国，さらには海原のイメージとが重なりあっています。

　このように見ると，月は死につながり，忌むべきものだという平安貴族の考え方も，理解できます。

　とすると，逆に月のない新月の日に，あとでふれる告朔をするのも，わかるような気がします。新月は暦月の始まりの「月立ち」だから重視されたのだという考え方は，中国流の暦が定着した律令国家時代には，正しい解釈です。しかし月が見えない真っ暗なときに，なぜわざわざ大王への服属儀礼を行うのか，不思議といえば不思議です。死につながる忌むべき月がないからこそ，告朔が行われたとすれば，つじつまが合うとは思いませんか。

　このほかにも，『日本書紀』顕宗天皇3年（487？）2月丁巳朔条には，次の記事があります。

図30 福岡県珍敷塚古墳奥壁の壁画復元図(日下八光氏
　　　制作，国立歴史民俗博物館所蔵)

　三年春二月丁巳朔。阿閉臣事代，命を銜え，出でて任那に使す。ここに月神，人につきて謂いていわく，「我が祖高皇産霊，預め天地を鎔造するの功あり。宜く民地をもって我が月神に奉れ。若し請により我に献ぜば，まさに福慶あるべし」と。事代これにより京に還りて具さに奏す。奉るに歌荒樔田をもってす（歌荒樔田は山背国葛野郡にあるなり）。壱伎県主先祖押見宿祢，祠に侍す。

　これは壱岐島の豪族が祀った月神の説話が，採用されたものだと考えられます。一方，『万葉集』には，「月読壮士」がでてきます。
　　　み空行く　月読をとこ　夕去らず　目には見れども　寄るよしもなし
　　　（1372）
　月は，明瞭に男性神とされています。また奈良時代の月は，すでに愛でる対象でもありました。中国思想の影響かもしれませんが。
　　　ぬばたまの　夜渡る月を　留めむに　西の山辺に　関もあらぬかも
　　　（1077）
　またこの月は，若返りの水（＝変若水）をもっているという信仰もありました。
　　　天橋も　長くもがも　高山も　高くもがも　月読の　持てるをち水い取り
　　　来て　君に奉りて　をち得しむものを（3245）
　これら月神は，女性・大臣の象徴である中国的な月（「月食」の項〔216頁〕参

第1章　日本列島における暦の始まり　　65

照）とは異質で，倭国在来の月への信仰を反映しているようです。しかし月を愛でる習俗と，月を忌避する習俗の混在を見ると，律令国家成立以前の倭国での月信仰は，わりと狭い地域や氏族ごとに，まちまちだったのではないかと思わせます。たとえば倭国の水軍を操る豪族の紀氏が，月を忌避していたとは考えられません。「月読み」という神名も，月を見て月齢を数えることを意味しており，潮の干満と関係あるのかもしれません。また変若水は，民間信仰とも，不老不死を追求する中国の道教的信仰とも，関係があると考えられます（和田1995）。

　私自身も含めて，古代史の説明をするときに，「倭国」とか「日本」とかいう言葉を，わりあい安易に使うところがあります。しかし倭国時代の「倭国」とは，あくまで中国の皇帝や役人から見た，日本列島とその住人を大まかに指す言葉で，今日で言う「アジア」とか「アフリカ」とかいった地域呼称と，あまり違いがなかったように思います。外来文化も含めて，様々な月の文化や星の文化（あるいは月や星の文化のなさ）が混在し，融合して，日本の習俗が形成されていったと考えるべきなのでしょう。

　こうしたことは，実は太陽神についても言えます。記紀神話では天照大神という女神が太陽神であり，天皇の祖先神です。しかしアマテラスは，大日孁貴尊（おおひるめむちのみこと）という別名もあり，『隋書』倭国伝によると，太陽神は男性神です（「倭王は天をもって兄と為し，日をもって弟と為す」）。律令国家の太陽神も，様々な太陽神の性格が複合していたわけです。

　暦の定着は，貴族官人の太陽神や月神のイメージに，大きな影響を与えたはずです。こうした観点での研究も，今後は必要になってくるでしょう。

　なお，古典文学の月に関しては，黒木香氏のご教示を受けました。

＊　　　　＊　　　　＊

（2）倭国時代の暦の普及率

　さて元嘉暦による暦が使われるようになったとは言っても，5世紀の倭国に，元嘉暦での計算ができる人物がいたかというと，これは疑問です。『日本書紀』によると，7世紀初めの推古天皇時代になってやっと玉陳（たまふる）が，百済からきた僧・観勒（かんろく）より，暦法（元嘉暦）を学んで習得したとあるからです。

それ以前は，百済から暦博士が交代でヤマトの大王宮廷まで来て，暦を造っていました。次の史料（『日本書紀』欽明15年〔554〕2月条）の下線部に，百済人暦博士の固徳王保孫という人物が確認できます（固徳は百済の官位）。ここから5世紀も同様に，百済人がヤマトまで来て，暦計算をしていたことが推測できます。

　二月。百済，下部杆率将軍三貴・上部奈率物部烏等を遣わし救兵を乞う。よって徳率東城子莫古を貢じて，前番の奈率東城子言に代う。五経博士王柳貴を固徳馬丁安に代う。僧曇恵等九人を僧道深等七人に代う。別に勅を奉わりて易博士施徳王道良・暦博士固徳王保孫・医博士奈率王有㥄陀・採薬師施徳潘量豊・固徳丁有陀・楽人施徳三斤・季徳己麻次・季徳進奴・対徳進陀を貢ず。皆，請いにより代うるなり。

ただし元嘉暦は，元嘉22年（445）の施行です。しかし日本列島での古墳の巨大化は，その前から起こっています。よって元嘉暦の前に南朝で使われた景初暦も，百済人によって，倭国大王宮廷に持ち込まれていた可能性があります。つまり，ヤマト政権の倭国支配は，百済の技術力に依存していたのです。

　　　　　＊　　　　　＊　　　　　＊

コラム

農民の生活と暦

自然暦のところでも説明したように，農作業にとって第一に必要なのは，気候と関わる太陽暦で，朔望月ではありません。しかし『魏略』にあるように，春の耕作開始と秋の収穫以外に，1年を区切る物差しがないのは不便です。

では3世紀の倭人は，ロビンソン＝クルーソーのように日付を認識することはなかったのでしょうか。つまり春の耕作開始から，毎日木の幹に傷をつけていったり，縄の結び目を作ったりして，日付をカウントしたとは考えられないでしょうか。現代人なら，もちろんこれは可能です。しかしこの方法だと，半年180日余りまで数える必要があります。実は，いわゆる未開社会では，大きい数字の観念はあまり発達していないそうです。日常生活で，大きな数を数えたり計算する必要性が少ないからです。

日本語の古い数詞は，9までがひとつ，ふたつ，……ここのつ，その次がと

お（10）です。それなのに，10の倍数は「そ」（30＝みそ，40＝よそ）です。月末は三十日（みそか），古代の大阪湾に散在する島々は八十島（やそしま）です。また100も「もも」（百敷＝ももしき）なのに，その倍数は「ほ」です。桓武朝の有力貴族に，五百枝王（いほえのおおきみ）という人物がいます。ちなみに百敷は，具体的な数字の100ではなく，非常に多くの石を敷いたという意味で，和歌では大宮にかかる枕詞です。ここから伊達宗行氏（伊達2007）は，ある時期までは10まで数えれば十分で，それ以上は余り物であり，その次の時期には，100まで数えれば十分という情況が生まれたとしています。

　古代には物部百八十氏という言葉があり，物部氏の同族が多いことを表しています。とすると，物部氏が活躍する6世紀以後のある期間，「百八十」が沢山の意味で使われ，結果として「物部百八十氏」が一種の成句になったと推測することができます。このような情況の倭国では，大きな数字を扱う暦法を独自に開発することは，難しかったと思われます。すると，この時期より前の倭国の一般農民が，179（ももななそあまりここのつ），180（ももやそ），181（ももやそあまりひとつ）……などと具体的に数えていたとは思えません。

　こうなると1年を区切る方法として，農民も朔望月を使っていた可能性が心に浮かびます。これなら三日月から数えて4日目とか，満月の翌日とか，下弦の月から3日目とか，10まで数えられれば十分に日次を特定できます。

　もちろん，1集落単位なら，山の風景などの集落独自の自然暦でもよいのですが，少し広い範囲での交易・交流を日常的にするなら，共通の暦が必要です。たとえば奈良時代には，各地に市が存在しました（『日本霊異記』下27など）。後世の常設店と違い，市は特定の日に広場などに品物をもった売り手と買い手が集まって，売買をします。それには日を決めておかなければならず，また「きょうは何日か」という日次がわからなければなりません。その場合の共通の目安として，やはり月の満ち欠けが便利です。

　宮本常一氏は，近現代の民間の年中行事の日次を検討しています（宮本1985）。その結果，まず正月と盆に行事が集中するが，その他は15日が多く（小正月や8月の芋名月(いもめいげつ)がその代表），それに近い13日（九月十三夜など）もあり，これらは満月と関係があるとされます。また7・8日や23日の行事が存在するのも，上弦の月・下弦の月と関係すると推測します。月明かりの少ない新月前

後より，むしろ明るい満月や上弦・下弦を目印にした方が，日取りは決めやすかったでしょう。古代の農民も，地域差はあったでしょうが，ある程度はこうした形で時間を区切り，祭を祝っていたのだとの想像も可能です。

　一方で，私は先に，大王や豪族が墳丘を造成する際に，元嘉暦のカレンダーによる暦月単位で，民衆は徴発されたという推測をしました。この結果，新月を初日とする1ヶ月という単位が，民衆にもある程度は意識されるようになったのかもしれません。

　なお，律令国家時代になると，郡司に任命されるような地方豪族（郡司層）が，季節ごとの農業に関わる様々な行為を，暦日を決めて行っていました。これは，出土する木簡などからわかります（藤井1997）。8世紀になると，こうした地方豪族には，中国暦法で造られた暦が，当たり前のものとなっていたわけです。支配する側にとっては，暦日で出挙（すいこ）やその他の勧農行為，それに徴税のスケジュールを立てる方が，合理的です。ただし，実際に耕作をする農民から見れば，国家が造る具注（ぐちゅうれき）暦に載る二十四節気は，乾燥して寒い中国の華北が起源であり，しかも全国一律です。日本列島の，しかも気候差のある地域農業においては使いずらかったはずです。そもそも，当時の日本列島に住む人びとの大部分は，暦に書かれている漢字が読めませんでした。厳密なカレンダーは，民衆レベルにはなかなか浸透しなかったでしょう。

　文字が読めない人びとに暦が浸透するためには，江戸時代の南部絵暦（なんぶえごよみ）のような，特殊な工夫が必要です。これは絵を判じ物のように組み合わせて，月の大小や閏月，若干の暦注を示す1枚刷りの絵暦です。しかし古代日本に，こうした絵暦があったとは，今のところ考えられません。平安・鎌倉時代に仮名暦（かなごよみ）が登場したことが，民衆への暦日の浸透に，大いに威力を発揮したことが理解できるわけです。

　　　　　　　　＊　　　　　＊　　　　　＊

（3）推古天皇時代の暦の普及

　5〜6世紀の倭国は，大王宮廷でも自前で元嘉暦法の計算ができず，百済宮廷より暦博士の派遣を受けて，毎年の暦を造らせていました。ところが，大きな「技術移転」が，7世紀初めに行われます。『日本書紀』推古天皇10年

（602）10月条に，次のような記事が掲げられています。

　　百済僧観勒来る。よって暦本および天文地理書并びに遁甲方術の書を貢ずるなり。この時，書生三・四人を選びて，もって観勒に学び習わしむ。陽胡史の祖・玉陳は暦法を習う。大友村主高聡は天文遁甲を学ぶ。山背臣日立は方術を学ぶ。皆学びもって業をなす。

　つまり，百済僧観勒から玉陳への暦法伝授により，倭国の大王宮廷では，自前で毎年の暦が造れるようになったのです。推古天皇が大王であった（このころより「天皇」号が実際に使われた可能性があります）推古朝（592～628年）とは，蘇我馬子や厩戸王（聖徳太子）が，隋や百済，それに高句麗・新羅より様々な文物を取り入れ，政治改革を行った時期です。元嘉暦法の習得は，その一環と考えることができます。

　それまでのヤマト政権は，ヤマトを中心とする豪族の連合体でした。つまり外に向かってはヤマト政権として協力して，たとえば朝鮮半島に出兵をしました。しかし政権内部においては，大王は連合体の代表者であり，王族の中から有力豪族の支持を得た者が大王となって即位しました。また各地には中央の豪族たちが支配する部が置かれ，各豪族がそれぞれ部の民を支配していました。

　ところで推古朝になると，豪族の中でも，蘇我氏の力が非常に強まります。そして王族の中では，蘇我氏と血縁関係にある推古天皇（豊御食炊屋姫）と厩戸王が，蘇我馬子と協力して，百済や隋を手本に政府の機構整備に着手しました。そして豪族たちを，大王に仕える役人に位置づけようとします。暦は，豪族たちを時間で管理する有効な手段です。『隋書』倭国伝によると，

　　正月一日に至るごとに，必ず射戯・飲酒す。

とあり，年初の行事を，元日に行っていたことがわかります。また埋葬に関して，「庶人は日を卜して瘞む」ともあります。橋本万平氏は，『日本書紀』の記事を検討して，推古朝から暦日付きの記録が充実してきたと考えます（橋本1982）。推古天皇紀から記事の数も増え，分布も従来は暦月の前半に偏っていたのが，後半にも分布するようになるからです。

　また，この時代の制作とされる天寿国繡帳（厩戸王の妃である橘大郎女が作らせたとされる刺繡絵）の銘文には，

　　歳，辛巳に在る十二月廿一日癸酉，日入りて孔部間人母王崩ず。明年二

月廿二日甲戌の夜半，太子崩ず。　　　　　　　（『上宮聖徳法王帝説』）

と，厩戸王とその母の死亡年月日が記されています。また，法隆寺金堂釈迦三尊像光背銘にも，「正月廿二日」「二月廿一日癸酉」などの文字があり，このほかの史料にも，年や日付を十干十二支で表す干支紀年法・紀日法が見られます。ここからこの時代に暦日が，ヤマト周辺の上流身分を中心に，普及した様子が窺えます。もっともこの事例を含めて，推古朝のものとされる金石文の多くは，追刻や改竄が疑われています。このため，暦の社会への浸透を研究する上で，隔靴掻痒の感があるのは残念です。

　推古朝前後の時期に政治改革が行われたのは，6世紀末ころの東アジアが，動乱の時代だったからです。一番大きな事件は，中国の南北朝が隋により統一されたことでした。この結果誕生した超大国隋は，周辺諸国に朝貢を要求し，また高句麗をしきりに攻撃しました。

　これに応じて，新羅，百済，高句麗といった朝鮮三国も，迅速に対外戦争に対応できるよう，権力の集中が進みます。このため各国では，誰が権力を握るかをめぐって，激しい権力闘争が繰り広げられました。

　このうち，百済と新羅では王に権力が集中しますが，高句麗では大臣の泉蓋蘇文（せんがいそぶん）（『日本書紀』では「いりかすみ」）が，王と多数の貴族を殺害して権力を握りました。倭国宮廷内の蘇我氏と物部氏の対立は，こうした東アジア情勢の一コマでした。そして蘇我氏専制は，高句麗と同じ大臣専制の在り方を目指したものと言えます。

　これに対して厩戸王や推古天皇は，やがて蘇我馬子と対立して，大王（天皇）に権力を集中する方針に傾いたようにも見えます。いわゆる憲法十七条をはじめとする，厩戸王（聖徳太子）の事績とされる記録は，信じられないという研究者もいますが。

　こうした権力闘争の中で，643年に，厩戸の子で大王位の有力継承候補者であった山背大兄王（やましろのおおえのおう）が，蘇我入鹿（いるか）（馬子の孫）らに襲撃され殺される事件が起こりました。また逆に，645年（乙巳年）には，中大兄皇子（なかのおおえのおうじ）らによって，入鹿ら蘇我氏が滅ぼされる乙巳（いっし）の変，いわゆる大化改新が起こったのです。

　蘇我氏が滅びたことで，倭国宮廷は大王中心の政治体制の構築へと，大きくかじを切ることになりました。

第1章　日本列島における暦の始まり　　71

（4）頒暦の開始と律令国家の形成

　暦を広く人びとに頒布すること，あるいは頒布する暦を「頒暦」といいます。「人給暦（ひとだまいのこよみ）」ということもありました。律令国家の頒暦は巻物形式で，料紙は16枚です。正倉院文書の天平18年暦と同じ大きさの紙を使うなら，縦30cmほど，横は広げると8m以上になります。なお，巻物暦（巻暦）を手に入れたら，最初に奥まで繰って見るようにとの口伝が中世にはあります。これは糊がはみ出して変なところがくっついていたり，落丁がないかどうか，確認せよという意味なのでしょう。

　倭国において天皇・大王が，広く全国に暦の頒布を開始したのがいつなのかは，はっきりした記録はありません。しかし頒暦は，単に暦計算をする暦博士がいるだけでは実現しません。さらに二つの条件が必要です。第一に頒暦のためには大量の紙が必要であり，その料紙に暦を書写し，巻物に仕立てる人手がいります。もちろん筆や墨，巻物にするための軸やひも・糊も用意が必要です。さらに，これを貰った官人たちが，転写するための紙や筆・墨も必要です。

　8・9世紀の例だと，天皇専用の具注御暦を写すのに，延べ55人の図書寮（ずしょりょう）官人，装幀には延べ45人が動員され，米・塩・醤滓・雑魚が手当として支給されました。一方，役所や諸国に下す頒暦は，『延喜式』陰陽寮式によれば166巻で，必要な紙は「巻別十六張，閏月あらば年巻別に二張を加う」とありました。これを写すのは，諸司史生（ししょう）23・内竪（ないじゅ）4・大舎人4の計31人です。

　律令国家では，中務省管轄下の図書寮（宮中の図書の保管などを行う役所）に，紙戸（かみへ）が五十戸ほど属しています。この紙戸が，宮中で使う紙をまずは供給していました。一般の識字率が非常に低く民間の紙需要が少ないこのころ，製造に手間のかかる紙を大量に生産するには，こうした政府の関与が必要でした。さらに，次の記事も見過ごすことができません。

　　十八年春三月。高麗王，僧曇徴・法定を貢上す。曇徴は五経を知り，かつ
　　は，よく彩色および紙墨を作り，ならびに碾磑を造る。けだし碾磑（どんちょう）を造る
　　は，この時に始まるか。　　　　　（『日本書紀』推古天皇18年〔610〕3月条）

　すでに5世紀の倭国にも，墨・紙はあったはずで，これは「倭王武上表文」が存在することでも明らかです。しかし高句麗僧曇徴の紙・墨製造法が特記さ

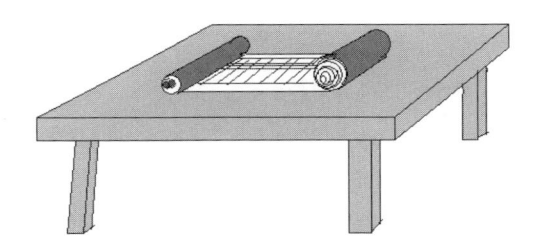

図31 巻物の暦（巻暦）は1ヶ月分を開いた状態で，机の上に置いて使ったのではないかという説があります

れているのは，この新技術により，倭国大王宮廷周辺で紙の増産が可能になったからではないかと考えられます。

　頒暦が実現する第二の条件は，暦の浸透が必要な程度に，中央政府による支配が地方末端まで行き届いていることです。言い換えれば，造られた暦が，中央の役所だけではなく地方の官衙にも配布され，そこでまた書写されて地域社会である程度は使われることが必要です。律令国家時代は，諸国からは国司の使いとして，公文をもって朝集使が都まで来ます。その随員である朝集雑掌が，頒暦を書き写して諸国に持ち帰りました（式部式上）。暦はまた国府でさらに書き写されて，地方の官人や僧侶，豪族などの手に渡りました。たとえば福岡県太宰府市観世音寺より出土した漆紙文書の具注暦は，再転写された頒暦だと考えられます（図32，次頁）。

　いずれにせよ，頒暦の実現には，中央集権制とそれを支える官僚制が成立しているかどうかが，ポイントになります。したがって，推古朝はそのような条件が整い始める時期であって，頒暦はまだ行われていないと考えた方がよいと思います。

　確実に頒暦が行われたのは，天武天皇の時代（673～686年）です。『日本書紀』天武天皇4年（675）4月庚寅条の天武天皇詔は，「また四月朔より以後，九月三十日以前に比弥沙伎理の梁を置くことなかれ」と命じています。これは，暦日を指定した命令であり，広範囲に同一の暦が普及していることを前提としています。

　天武天皇と次の持統天皇は，滅亡した百済にかえて，新羅を介して，隋唐の律令制を積極的に導入しました。大王が，確実に天皇と称するようになったの

第1章　日本列島における暦の始まり　73

図32　宝亀11年漆紙文書具注暦（観世音寺出土，赤外線写真，九州歴史資料館所蔵）

も，天武天皇の時です。律令制は，唐の中央集権制度そのものです。また唐では律令制に基づいて，頒暦が行われていました。よって天武天皇の時に頒暦が開始されたという推測には，合理性があります。

　また毎月1日に役人たちが，天皇に行政報告をする儀式が律令国家にはあり，これを告朔といいます。官人が，1ヶ月間の行政報告の書類（公文）を，天皇に献上する儀式です。これを行うには，役人たちに暦が行き渡っている必要があります。

　告朔の初見記事は，天武天皇5年（676）9月丙寅朔条の，「雨ふりて告朔せず」です。この点より見ても，天武4年より少し前に，頒暦制度が確立したと考えるのが妥当でしょう。告朔では，天皇が朝堂院の大極殿に出御して，その前の広い庭に貴族官人が列立したものと思われます。雨が降ると庭は泥濘と化すので，官人たちも汚れて見苦しいし，公文も濡れてしまいます。そこで，

この時の告朔は中止となりました。

　8世紀前半に編纂された，養老令（養老雑令6造暦条）には，次のような規定がありました。

　　およそ陰陽寮は，毎年預め来年暦を造り，十一月一日に，中務(なかつかさ)に申し送れ。中務奏聞し，内外諸司におのおの一本を給い，並びに年前に所在を至らしめよ。

　律令国家では，この規定に基づいて，天皇用の具注暦と，各役所に支給する頒暦が造られました。そして，陰陽寮からこれらを天皇に奉る，御暦奏(ごりゃくそう)の儀式が，11月1日に行われました。日本での律令国家は，大宝元年（701）の大宝律令の制定により，完成したとされます。この前後のものと思われる，藤原宮11号木簡は，「恐々受賜申大夫前筆」（表）・「暦作一日二赤麻呂」（裏）と書かれていて，具注御暦か頒暦造りに関係があるのではないかと考えられています。その少し前の時期である天武朝に，中央集権的支配の前提である頒暦制度が成立したのは，まさに必然であったわけです。ちなみに陰陽寮の初見も，天武朝です。

　『延喜式』によると，暦博士は毎年6月21日・8月1日までに，それぞれ翌年の頒暦と天皇用の具注御暦の原稿を作ります。それをもとに，陰陽寮の役人が，暦を仕立てました。天皇・皇后・皇太子には，特別な2巻仕立ての暦（「具注御暦」）を，その他の役所用には，1巻仕立ての頒暦166巻を完成させます（頒暦も1年2巻という説がありますが，1巻説を採ります）。これらを11月1日の御暦奏で，天皇に献上しました。このうちの頒暦の方は，太政官に回して，その事務局である弁官より，決められた役所に配布します。

　役人たちが，政府の定めた頒暦を使い始めても，地域社会では，昔ながらの自然暦での生活が続いていたはずです。しかし律令国家の登場で，全国共通の暦が，豪族・有力農民や寺院を中心に，地域社会でもある程度は使われるようになります。養老年間（717～724年）ころのものとされる，新潟県八幡(はちまんばやし)林遺跡出土の郡符木簡は，越後国蒲原(かんばら)郡青海(あおみ)郷の少丁（17～20歳）の高志大虫(こしのおおむし)に，国府での告朔に参加するよう郡司が命じたものとされます（『上代木簡資料集成』図40番）。告朔が地方の役所でも行われていたことがわかります。

　一般庶民にも，その影響がなかったわけではありません。律令国家は，頒暦

に基づいて，1年を，稲作の農作業が忙しい要月（3または4〜9月）と，わりに余裕のある閑月（10〜2または3月）にわけています（養老賦役令22雇役丁条）。そして雇役や雑徭などの労働を，農作業のないと見られた閑月に，彼らに課したからです。また田租の納入期限は，9月中旬〜11月30日（養老田令2田租条），調庸の納入は8月中旬〜10月30日（近国の場合，養老賦役令3調庸物条）などと決められました（藤井1998）。

また藤井一二氏は，正倉院文書や『万葉集』，各地で出土する木簡などを使い，8世紀の貴族官人・豪族が，暦日に従って出挙や田作り，刈り入れなどの行為を行っていたことを，豊富な事例を挙げて示しています（藤井1997）。ひとつだけ，平安時代前期の木簡を例として掲げましょう。福島県いわき市の荒田目条里遺構より出土したものです（『　』内は異筆）。

・「郡符　里刀自　手古丸　黒成　宮沢　安継家　貞馬　天地　子福積
　　真人丸　奥丸　福丸　蘇日丸　勝野　勝宗　貞継　浄人部於日丸　　　＝
　　壬生部福成女　於保五百継　子槐本家　太清女　真名足　『不』子於足
　　右田人為以今月三日上面職田令殖可扈発如件

　　奥成　得内　宮公　吉惟　勝法　円隠　百済部於用丸
＝　浄野　舎人丸　佐里丸　浄継　子浄継　丸子部福継　『不』足小家
　　　『合卅四人』
・「　　　大領於保臣　　奉宣別為如任件□
　　　　　　　　　　　　　　以五月一日

大領於保臣は，陸奥国磐城郡の有力豪族の於保磐城臣氏で，大領とは，郡を支配する郡司の地位のひとつです。この人物は，5月1日に郡符（郡の出す公文書）を発して，農民を徴発し，自分の職分田（郡司などに支給される職能給としての田地）の田植えを，2日後の5月3日に行わせようとしています。

出挙は，人びとに種籾を貸し付けて，秋に高利で返済させるもの。田作りや刈り入れは，郡司などの職分田の農作業に，大勢の農民を動員するものです。豪族たちは，単に国家の指示というのではなく，自分たち自身が，農業経営や人民を支配するための手段として，暦日を使うようになったのです。

われわれが，当たり前のように口にする，「正月」とか「六月」とかの時間の区分も，こうして普及し始めました。このことが自然暦（あるいは原始的な暦）を使う狭い地域を越えて，また，より厳密に期限を切っての約束を取り交

わすことを，徐々に可能にしていくのです。

　　　　　　　　　＊　　　　　＊　　　　　＊

コラム

頒暦はいつ始まったか

　頒暦がいつ始まったのかについては，状況証拠から，本文では天武朝としました。ただし，ヤマト周辺，または畿内周辺の豪族だけを対象とした「頒暦」なら，もう少し遡らせて推古朝以後，天智朝までの間に始まっていても不思議ではありません。そのくらいの料紙の確保と国制の整備は，なされていた可能性があります。私が天武朝というのは，あくまで全国に暦が行き渡る頒暦システムの実施を念頭に置いているのです。

　また，飛鳥の石神遺跡では，西暦665年とされる荷札木簡が発見されています。この時期には，斉明天皇が亡くなり，中大兄皇子（天智天皇）が即位しないまま，政治を行っていました。

　（表）乙丑年十二月三野国ム下評
　（裏）大山五十戸造ム下部知ツ
　　　　　　従人田部児安

　石神遺跡の他の出土木簡から，この「乙丑年（665）」は「丁丑年（677）」の誤記ではないか，という意見もあります（市2012）。とすると，天武朝の木簡となります。一方，本当に乙丑年だった場合，美濃国（現在の岐阜県南部）の豪族・牟下氏は，天智朝には暦年と暦月を使っていたことになります。ただし，暦年と暦月だけなら，前にも述べたように，5世紀段階には，地方豪族でも知っていたわけです。

　ところで微妙なのは，天智朝に，書写暦によるある程度全国的な頒暦がされていたかです。白村江敗戦後，多くの百済人が倭国に亡命してきました。山口健氏は，その中には暦術に詳しい者がいて，天智朝に頒暦が始まったのではないかと言います（山口2008）。しかし『日本書紀』を読んでも，漏刻の話は出てくるのに，頒暦を示すような記事はありません。だから筆者は，少なくとも全国的な頒暦は，天武朝に始まった可能性の方が高いと思っており，「天智天皇は，まだ頒暦までは実施できなかったと思われる」と，言ってきました。

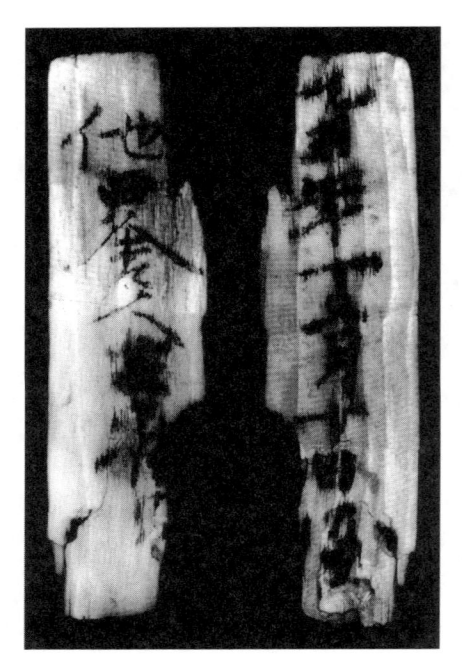

図33　屋代遺跡出土46号木簡
（長野県立歴史館所蔵）

ところが、ここにやっかいな木簡があります。長野県（当時の信濃国）にある屋代遺跡の第三水田対応層より出土した、次の木簡です（図33，長野県埋蔵文化財センター1996）。

・「乙丑年十二月十日酒人
・「『他田舎人』古麻呂

　報告書によれば、上端は切れ目を入れて折りとっており、側面は削って成型しています。下端、左側面は欠損して、上部は焼け焦げています。年号ではなく干支年なのは、大宝令施行以前の様式です。それで乙丑年となると、これも665年にあたり、この遺跡では桁外れに早い時期の木簡ということになります。もちろん、中央から下ってきた官人が暦をもっているのは、この時期であってもおかしくはありません。ただし、こうした木簡に暦日が記されたのは、書いた本人か、もしくは見せる相手かにとって、暦日に意味があったからでしょう。とすると、早くも天智朝には、東国にまで頒暦が及び、一定以上の階層には暦日が浸透していたことになります。この第三水田対応層の他の木簡は、主に8世紀前半のものですが、掘り返しなどで古い木簡が、新しい地層に入り込むことはありえます。

　そう考えると、天智朝という時代は、いろいろ怪しいところがあります。最初の全国的な戸籍の作成が、庚午年籍（天智9年〔670〕）であることはあまりにも有名です。戸籍と言えば、律令国家による人民支配の基礎台帳です。

　また、最初の令が制定されたのが、天武朝に編纂が始まった飛鳥浄御原令か、天智朝の近江令かについては、古代史研究者の間で議論があります。近江令の存在を認めない研究者は大勢います。また仮に近江令が存在したとしても、体系的な法典と言えるか、これも議論があります。しかし近江令ができ、

全国支配のための頒暦も行い、戸籍も造った、大津宮での官僚支配のための漏刻も造ったと並べると、話のつじつまが合ってきます。なにしろ天智朝の文書のかなり多くが、壬申の乱で消失したはずなので、『日本書紀』の記述に遺漏があるのも当然です。よって暦日の問題は、律令国家の形成過程をどう捉えるかという、重要な問題と関わります。

ただしこの木簡の「乙丑年」も、誤記ではないかと疑うことはできます。もし「丁丑年」なら天武天皇6年（677）、「己丑年」なら持統天皇3年（689）に当たるので、間違いなく頒暦が始まっているでしょう。他の出土木簡の年代ともより符合します。さて、絶対に「乙丑年」なのでしょうか。今後のさらなる暦日木簡の出土が待たれます。

正倉院文書暦と漆紙文書暦

古代の頒暦は、現物は残っていません。正倉院文書には、天平18年暦（746）、天平21年暦（749）、天平勝宝8歳暦（756）の3ヵ年の具注暦の断簡が残っています。いずれも儀鳳暦時代のものです。これらは、頒暦の面影を残してはいるものの、誤記や文字のすり消しがあって、頒暦そのものではなく、それを写したものと思われます。

天平18年暦（図34、次頁）は、正倉院文書の正集巻8に、2月7日から13日までの7日分、続集巻14に2月14日から3月29日までの46日分が収められています。墨界線はなく、縦が折界で、横が押界です（『正倉院古文書影印集成』1・解説）。前者の法量は縦29.7cm、横11.1cm。後者は縦29.8cm、横51.2cmの紙と17.1cmの紙片を糊で貼り継いでいます。誤脱が多く、字の大きさや行間の幅もまちまちです。注目すべき点は、料紙の下3分の1程度が空白なことで、日記を記入するために明けたものだと思われます（岡田1981）。

また実際、この天平18年暦には、2月8日庚寅の「官、多心経を写し始む」のように、日記が書き込まれています。これは平安時代の貴族が具注暦に日記を書いた、先駆けとされています。暦に、その日の出来事を書き込むことは、時系列に情報を記録し整理することを意味します。

奈良時代の各官司は、それぞれ過去の記録をもっていました。特に天皇の秘書局である内記局と、太政官の事務局である外記局とは、それぞれ内記日記・

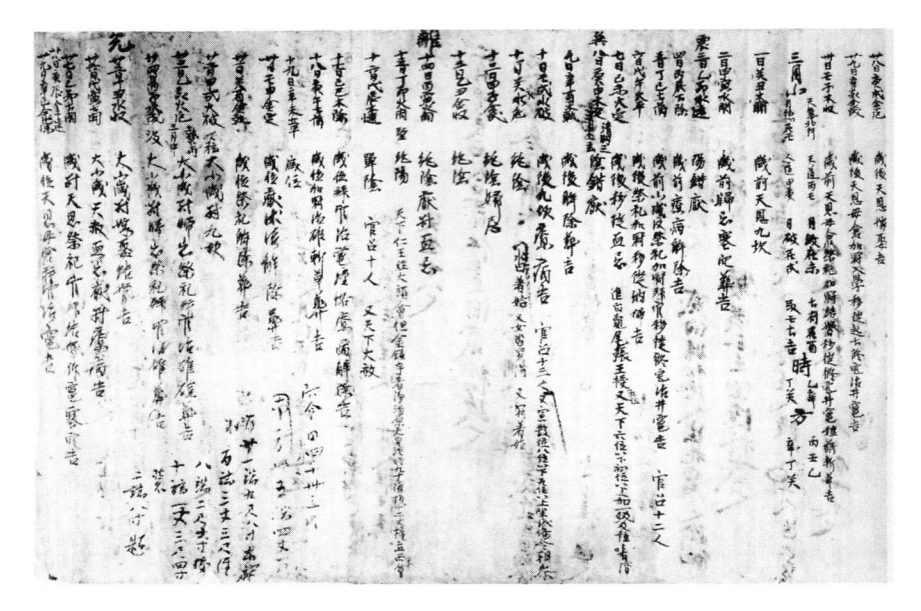

図34　天平18年具注暦（正倉院所蔵）

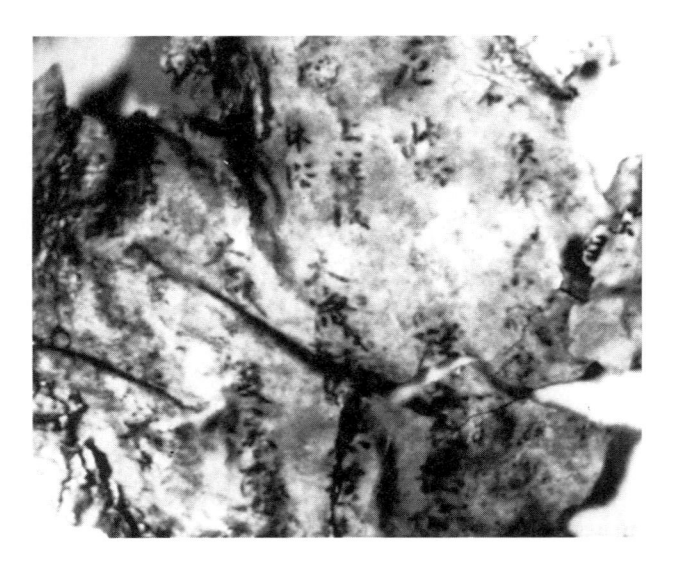

図35　延暦22年漆紙文書具注暦（胆沢城跡出土，奥州市教育委員会所蔵）

表4　出土具注暦一覧

出土遺跡	遺跡所在地	種別	具注暦の年次	紙背	追加分出典
秋田城跡	秋田県秋田市	漆紙	天平宝字3（759）	天平6年計帳	
大浦B遺跡	山形県米沢市	漆紙	延暦23（804）		
胆沢城跡	岩手県奥州市	漆紙	延暦22（803）	延暦23年暦	
胆沢城跡	岩手県奥州市	漆紙	延暦23（804）	延暦22年暦	
胆沢城跡	岩手県奥州市	漆紙	嘉祥元（848）		
多賀城跡	宮城県多賀城市	漆紙	宝亀11（780）		
多賀城跡	宮城県多賀城市	漆紙	弘仁12（821）		
山王遺跡	宮城県多賀城市	漆紙	天平宝字7（763）		
磯岡遺跡	栃木県上三川町	漆紙	年未詳		
鹿の子C遺跡	茨城県石岡市	漆紙	延暦9（790）	年未詳戸籍	
鹿の子遺跡e地区	茨城県石岡市	漆紙	年未詳（延暦か）		
東の上遺跡	埼玉県所沢市	漆紙	年未詳		
武蔵台遺跡	東京都府中市	漆紙	天平勝宝9（757）		
平城京跡	奈良県奈良市	漆紙	宝亀9（778）		奈良市2007
矢部遺跡	群馬県太田市	漆紙	天平宝字8（764）～		高島2007
観世音寺遺跡	福岡県太宰府市	漆紙	宝亀11（780）		酒井2007
城山遺跡	静岡県浜松市	木簡	神亀6（729）		
藤原京跡	奈良県橿原市	木簡	慶雲元（704）		暦の百科事典
平城京跡	奈良県奈良市	木簡	年不詳		暦の百科事典
石神遺跡	奈良県明日香村	木簡	持統3（689）		
延命寺遺跡	新潟県上越市	木簡	天平8（736）		木簡研究30

大日向2005に追加。種別の「漆紙」は漆紙文書を表す。具注暦の年次は推測を含む。

外記日記をつけるようになりました。特別な行事の記録は，別日記をつけて，貼り継いで巻物として記録しましたが，日々の小さな出来事は，日次記（ひなみき）として，このような具注暦に書き込んだのではないかと思われます。

　一方，古代の暦は，漆紙文書としてしばしば出土します（図35）。これは，主に官営工房で使う漆を容れる壺のフタとして，役所の反故紙が使われたものです。染みこんだ漆の成分により，紙は土中でも腐らずに残ります。そして，赤外線カメラで調べてみると，そこに書かれた文字が浮かび上がるのです。

　この漆紙文書として，しばしば暦が出てくるのには訳があります。昔は「こぞのこよみ」（去年の暦）という言葉があって，要らなくなったものを意味しました。つまり暦は，翌年になれば，確実に不要な書類なのです。そこで，惜しげもなく漆壺のフタとして使われることになりました。そのお陰で，古代の暦を研究するうえで貴重な具注暦が，今日まで残されることとなったのです。

　それにしても，漆紙文書暦といい，正倉院文書暦といい，奈良時代の書写暦

が現代まで残ったのは，本当に驚くべきことです。

＊　　　　　＊　　　　　＊

（5）元嘉暦による具注暦

ところで，元嘉暦により計算されたとみられる具注暦が，奈良県の石神遺跡における，第15次調査（調査期間は2002年7月3日～2003年1月24日）で発見されています（図36）。紙に書かれた具注暦を，板に書き写して壁にでも掛けておいたものを，さらに何かの蓋に転用したものとされます。

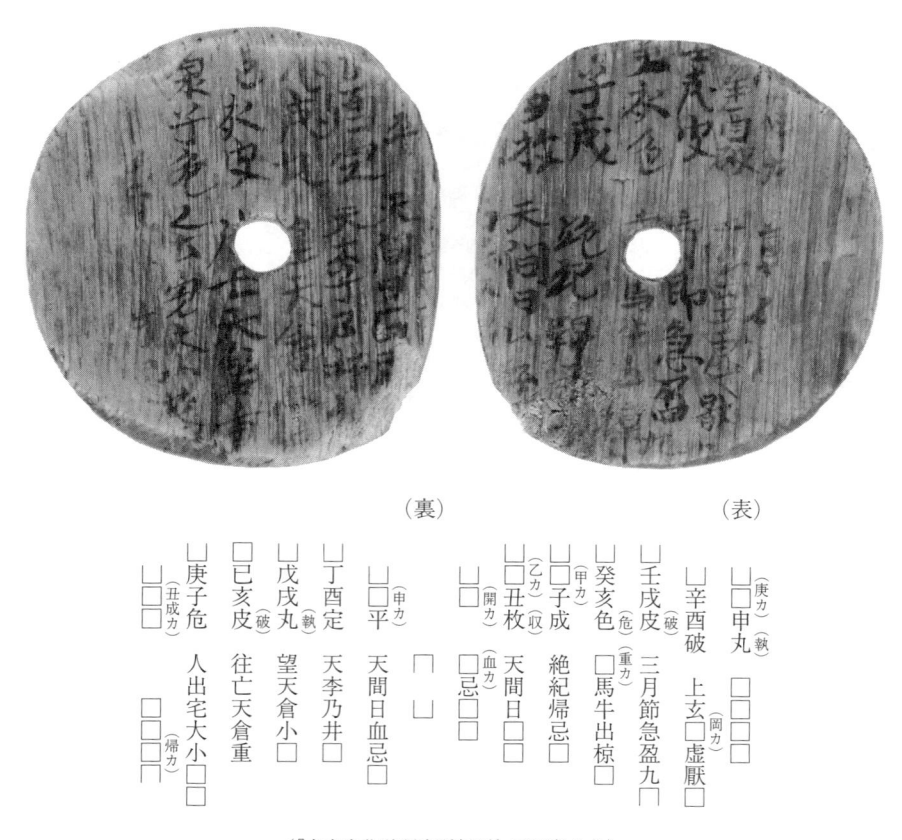

（裏）　　　　　　　　　　　　　（表）

表面・裏面の翻刻：

（表）
- □（庚カ）□申丸（執）
- 辛酉破　上玄　□虚厭（岡カ）
- 壬戌皮（破）　三月節急盈九□（重カ）
- 癸亥色（危）　□馬牛出椋
- □（甲カ）□子成　絶紀帰忌
- □（乙カ）□丑枚（収）　天間日
- □（開カ）□□　□忌（血カ）

（裏）
- □□□申□（カ）　平
- 丁酉定　天間日血忌
- 戊戌丸（執）　天李乃井
- 己亥皮（破）　望天倉小□
- 庚子危（丑成カ）　往亡天倉重
- □□□　人出宅大小□（帰カ）
- □□□

（『奈良文化財研究所紀要』2003年より）

図36　具注暦木簡（石神遺跡出土，奈良文化財研究所所蔵）

暦日の部分は削られて残っていませんが，暦注を使っての年代比定の結果，持統天皇3年（689）3〜4月の暦だとわかりました。これには月の上弦のほか，十二直，その他の暦注も載っており，こうした暦注が元嘉暦(げんかれき)時代にも使われていたことがわかる，とても興味深い資料です。

　　　　　　　　　　＊　　　　　＊　　　　　＊

コラム

木簡具注暦

　石神遺跡より発見された元嘉暦時代の木簡具注暦は，紙の頒暦から必要な暦情報を抜き出して木の板に記し，役所などの壁に掲げたものと考えられています。また，正倉院に所蔵される伎楽面(ぎがくめん)（第15号，酔古王）には，埋木に具注暦木簡が転用されています。

　頒暦は数が少なく，外記局などは別ですが，官司には多くの場合，せいぜい1本しか支給されません。頒暦を紙に写して利用した例はもちろんありますが，当時の紙は貴重品でした。正倉院文書を見ても，しばしば役所で一度使った公文書の，反故の裏を再利用しています。そのこともあって，7〜8世紀の日本の役所では，木の板に文字を書いて公文書にする文書木簡がよく使われました。

　考えてみると巻物状態では，いちいち開く必要があるので参照しにくいわけです。しじゅう眺める暦は，板などに書き写して壁に掛けた方が，便利だったと思われます。石神遺跡出土の木簡暦は，まさにそうした用途に使われていたものです。木簡具注暦は，この他にも様々な形式のものが，古代の遺跡で見つかっています。

　たとえば静岡県の城山遺跡（遠江国敷智郡家跡）で見つかった木簡具注暦は，木箱に入れて使われたと考えられます。

　これは神亀6年（天平元年＝729）の暦で，表には歳首，つまり具注暦の暦首が書かれており，裏には18〜20日の暦日・暦注が，「十八日己酉土　免(危か)　歳後天恩移徙治竈解除　葬吉　『屋　屋□□』」「十九日庚戌(金成か)□□□□厭(錯か)」「廿日辛亥金収　歳後天恩母倉嫁聚加冠移□(徙か)起土修宅□戸井竈□(吉か)」という具合に3行にわたって記されていました。全長58.0cm，幅5.2cm，厚さ0.5cmの形状を

もっています。

　原秀三郎氏の，この木簡についての推測はこうです。歳首簡は表に2行・裏に暦日を3行，それ以外の簡は表裏とも3行（3日分）が書き込まれ，月末日に続けて，翌月の月首を書いたと思われます。すると平年は，354日あるいは355日なので，1年は354（355）行（日数）＋12行（月首数）＋3行分（歳首）＝369行（370行）分を必要とします。1枚の木簡は，表裏計6行なので，これで割ると61.5枚，つまり62枚を必要とします。これに，白木の簡1枚を加えた63枚を，7枚ずつ9段に重ねて箱に収めたと推測できるのです。

　閏月のある年（閏年）の場合は，1年が383（384）日なので，67枚を必要とします。これに，3枚の白木の簡を加えた70枚を，7枚10段に重ねます。

　なお，この出土木簡には，紐をかけた痕跡がないので，つるしたのではなく箱に収めていた可能性が高いとされます。また，この木簡は，実は表裏の暦日が，天地逆に書かれています。つまり裏返すだけなら，天地を軸に反転させるのが普通ですが，この木簡の場合，そうすると文字が逆さまになるばかりではなく，「廿日・十九日・十八日」「廿三日・廿二日・廿一日」という不具合な並び方になります。

　つまり，正月3日になると，1・2枚目の木簡が裏返されます。そして，裏返された木簡は，逆さまのうえ，暦日の並び方が不具合なので，終わった分の裏返しであることがわかります。これにより，今日が，3・4・5日のいずれかであることがわかるわけです。17日が終わったら，18日から順番になるように，並び替えます。2月7日が過ぎれば，1段目の木簡7枚を取り払い，2段目を見ればよいわけです。

　また，『日本霊異記』下巻・第30縁には，次のような箇所があります。
　爰（ここ）に老僧年八十有余歳の時に，長岡宮に宇（あめのしたおおやしまぐにおさ）大八島国御めたまいし山部天皇（＝桓武天皇）の代の延暦元年癸亥（実際は壬戌）の春二月十一日に，能応寺に臥して命終る。二日を逕（へ）て更甦還（よみがえ）りて，弟子明規を召していわく，「我れ一の語を忘る。念（おも）い忍ぶることを得ず。故に還（かえ）来るなり」といいて，すなわち床を立て蓆（むしろ）を敷き食を備えしむ。……爰に多利麿（たりまろ）と明規と等，悲び哭き涕涙して答えていわく，「既に語れる状（さま）を請（う）く。我らかならず畢（おわ）え奉（よろこ）らむ」という。沙門（＝観規）聞きて，起ち拝み歓喜ぶ。また二日を逕

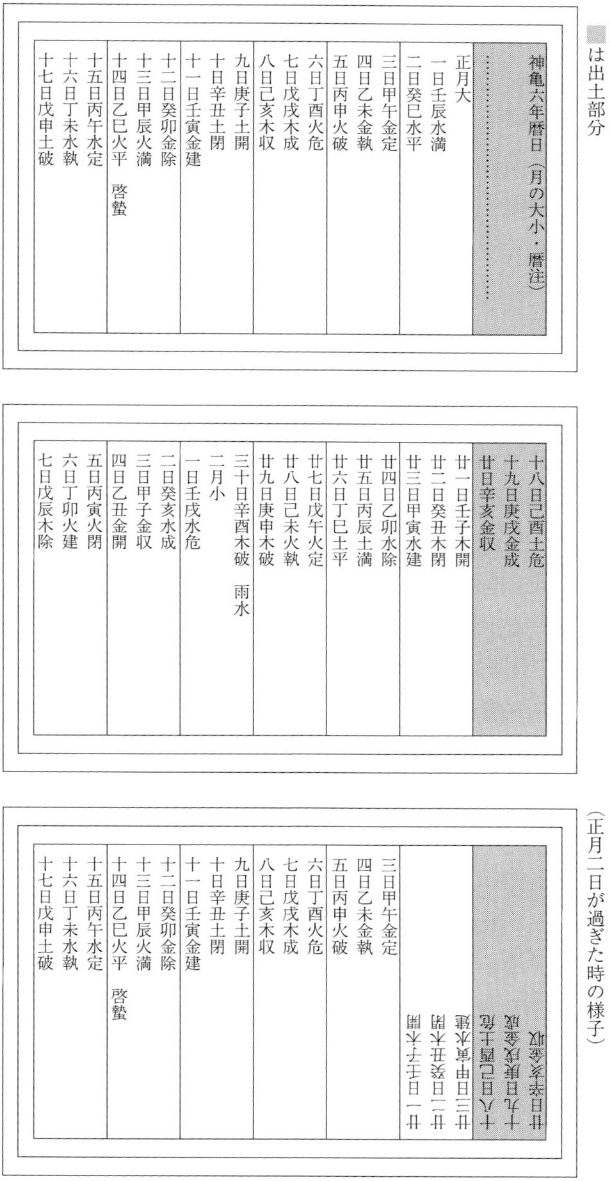
は出土部分
神亀六年暦日（月の大小・暦注）
正月大
一日壬辰水満
二日癸巳水平
三日甲午金定
四日乙未金執
五日丙申火破
六日丁酉火危
七日戊戌木成
八日己亥木収
九日庚子土開
十日辛丑土閉
十一日壬寅金建
十二日癸卯金除
十三日甲辰火満
十四日乙巳火平 啓蟄
十五日丙午水定
十六日丁未水執
十七日戊申土破
十八日己酉土危
十九日庚戌金成
廿日辛亥金収
廿一日壬子木開
廿二日癸丑木閉
廿三日甲寅水建
廿四日乙卯水除
廿五日丙辰土満
廿六日丁巳土平
廿七日戊午火定
廿八日己未火執
廿九日庚申木破
三十日辛酉木破 雨水
二月小
一日壬戌水危
二日癸亥水成
三日甲子金収
四日乙丑金開
五日丙寅火閉
六日丁卯火建
七日戊辰木除
（正月二日が過ぎた時の様子）
廿日辛亥金収
十九日庚戌金成
十八日己酉土危
廿三日甲寅水建
廿二日癸丑木閉
廿一日壬子木開
三日甲午金定
四日乙未金執
五日丙申火破
六日丁酉火危
七日戊戌木成
八日己亥木収
九日庚子土開
十日辛丑土閉
十一日壬寅金建
十二日癸卯金除
十三日甲辰火満
十四日乙巳火平 啓蟄
十五日丙午水定
十六日丁未水執
十七日戊申土破

図37　城山遺跡出土の神亀６年木簡具注暦の推定仕様図

て，同じき月の十五日に至りて，明規を召していわく，「今日は仏の般涅槃したまいし日（＝釈迦の命日）に当たる。余れまた命終らむ」という。明規告げむとおもいて，父の慈ぶる儀を見，愛の至に勝えずして，詐りて言して白さく，「いまだ彼の日に及ばず」ともうす。師，暦を乞いて見ていわく，「今十五日に当る。何すれぞ我が子虚言して『いまだ及ばず』という」といいて，湯を乞い身を洗い，袈裟を易着，蹲踞きて掌を合せ，香炉を擎持ちて，香を焼き西に向き，すなわち日の申時に命終る。

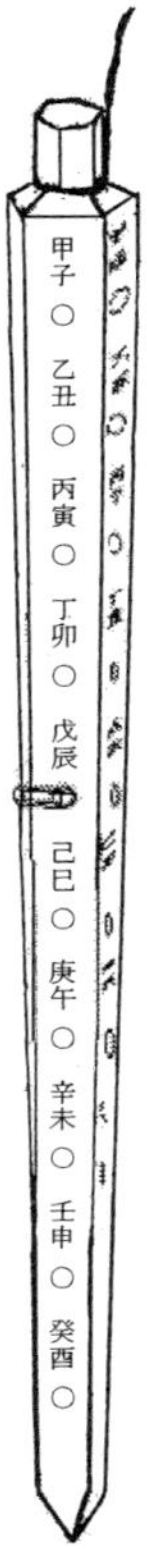

　主人公である老僧の観規は，暦を見て，今日が2月15日だということを知ります。ところが，新日本古典文学大系『日本霊異記』の脚注にあるように，実は日めくりカレンダーでなければ（この時代にこれはないでしょう），暦をみても今日が何日であるかはわかりません。そこで，同脚注では，暦を日記として使っていれば可能と推測しています。なるほど，毎日，具注暦に日記をつけていれば，日記が書かれた最後の日付の次が，今日ということになります。

　しかし，奈良時代の具注暦が，すべて日記に使われていたわけではないでしょう。正倉院文書に残る具注暦をみても，天平18年暦を除いて，日記は書き込まれていません。また天平18年暦も，とびとびに記事があるだけで，これを見て必ず，「今日が15日」とわかるわけではありません。観規が今日は15日だと知る，他の方法はなかったのでしょうか。

　ひとつの可能性として，支干六十字六角柱の存在が考えられます。古く江戸時代に菅江真澄は，米代川流域の10世紀代の埋没家屋から出土した木製品に注目して，「支干六十字八角柱」と命名しました。また，三上喜孝氏は，秋田城跡出土84号木簡（27.7cm×2.7cm×2.7cm，『木簡研究』29，2007年）を，この六角柱の失敗作としています。

　六角柱は，その日の干支のところに，木片を突き刺します。これで，当日の干支がわかります。さらに，六角柱の頭部にくびれがあります。これは，縄な

図38　支干六十字六角柱図（使用法の想像図）

甲子○
乙丑○
丙寅○
丁卯○
戊辰○
己巳○
庚午○
辛未○
壬申○
癸酉○

どを巻いて，つり下げておくためではないかと考えられます（図38）。

　六角柱が，軒などの寺のどこか目立つ場所に，吊り下げられていたとします。観規が最初に亡くなったのが，2月11日なので，彼は今月が2月だということは知っていました。そこで，通常の具注暦を取り寄せて，今日の干支（戊辰）が2月何日かを確認すれば，15日ということがわかります。

　また，新潟県発久(ほっきゅう)遺跡より出土の木簡は，延暦14年暦（795）の月朔干支のみを書き連ねています。役所や寺院では，文書や記録の日付に干支を書く必要が生じたとき，こうしたものを参照したのです。

　このように，具注暦から情報を抽出した木製品も，暦日が中央・地方の官人や豪族・有力農民層に浸透するうえで，大きく寄与したはずです。

暦の断簡の年次比定法

　土中より発見される漆紙文書や木簡暦の多くは断簡で，これだけでは，何年何月のものか，多くの場合はわかりません。そこで年次比定のためには，暦断簡に記された暦日や暦注の配置を，『日本暦日原典』『日本暦日便覧』『日本暦日総覧』といった長暦類，いわゆる暦の「工具書」で確認することとなります。長暦とは，非常に長い期間にわたる年月日や暦情報を列挙したものです。

　では先に見た元嘉暦による木簡具注暦を例にとって，年次比定の方法を見ましょう（奈文研紀要2003年，竹内2004）。使う工具書は『日本暦日原典』です。

　石神遺跡で発見されたこの木簡（図36，82頁）は，具注暦の一部が書かれています。『原典』が収録する445年〜1872年を対象範囲として，この年代を確認します。

　表面に「三月節」の文字があり，その日の干支は「壬戌」です。そこで『原典』で3月節清明が壬戌の日を探します。

　次に「辛酉」が上弦の月（「上玄」）に当たる日を探します。ただし上弦の日は，暦法によって計算が違う可能性があります。そこで，上弦は旧暦では暦月の6〜9日ということに注目して，この暦月の朔日は癸丑・甲寅・乙卯・丙辰（180頁の十干十二支表参照）のどれかだと絞り込みます。

　この木簡暦の3月節は，上弦の翌日なので，暦月の7〜10日ということが判明します。すると3月中は，遅くとも16日後の26日です（節気と次の中気の間

が15日余りなので，端数が足かけ2日にわたる可能性を考慮）．とすると，3月中を含むこの暦月は，3月です．木簡表面のこれらの条件にあうのは，次の3ヶ年です．

　　　　持統3年（689）　　延徳2年（1490）　　文禄2年（1593）

次に，裏面の検討に入ります．暦日の十二直と十二支の組み合わせを考えると（191頁の十二直表を参照），「酉定」～「子危」は節月4月です．つまりこの木簡暦は，表面は暦月3月で，裏にその続き（恐らく暦月も4月）が書かれていることが，予測されます．

次に「己亥皮（＝破）」に見える，暦注の往亡日（おうもうにち）に注目します．往亡日は暦首に，「遠くに行く，官を拝する，移徙（わたまし），女を呼ぶ，婦を娶る（つまめとる），家に帰る，祭礼」すべてに，不吉だとされる日です．撰日法は節切り（節月で決定する暦注）で，次のようです（7，8，9，10日の倍数日）．

　　表5　往亡日（節月）

正月	2月	3月	4月	5月	6月	7月	8月	9月	10月	11月	12月
7日	14日	21日	8日	16日	24日	9日	18日	27日	10日	20日	30日

撰日法が後世と同じだとすると，節月4月は入節日より8日目が往亡日なので，4月節は，7日前の壬辰日です（180頁の十干十二支表参照）．

また木簡暦には戊戌日が望（満月）とあります．望は暦月の14日～16日なので，朔日干支は癸未・甲申・乙酉のどれかとなります．以上の，裏面の条件に合う年を『原典』で探すと，次のようになります．

　　　　持統3年（689）　　延暦11年（792）　　慶安3年（1650）

暦は表裏とも同筆なので，同時に書かれた同一年の暦と考えられます（異筆だと，あとで別の年の暦を書いた可能性を疑わなければなりません）．そこでこの木簡暦は，表裏で情報が一致する，持統3年の暦を書いたものと判明するのです．さらにこの年は，儀鳳暦日の採用（文武天皇即位の西暦697年前後）より前なので，元嘉暦法に基づく暦だということになります．

念のため，他の暦注も検討してみましょう．重日は，後世の撰日法では巳・亥の日なので，この木簡暦と合います（節切り・月切りでないこの決め方を，不断と言います）．また血忌（ちいみ，けこ）は，梗河星（うしかい座 $\rho \cdot \delta \cdot \varepsilon$ 星）の

精で，死刑や針灸などで血を出すべからず，とされます。この撰日法は，節切りで，次のような配当です。丑→寅→卯→……→午と，未→申→酉→……→子という順番を，相互に組みあわせています。

表6　血忌日（節月）

正月	2月	3月	4月	5月	6月	7月	8月	9月	10月	11月	12月
丑日	未日	寅日	申日	卯日	酉日	辰日	戌日	巳日	亥日	午日	子日

この木簡暦では節月3月の寅日，節月4月の申日が血忌日なので，これも後世の撰日法と一致します。

帰忌（きこ）は，天棓星（てんぼう）（りゅう座・ヘラクレス座）の精とされます。帰忌日の撰日法は，次の通りで，これも「□子成　絶紀帰忌□」とある木簡暦と合っています。

表7　帰忌日（節月）

正・4・7・10月	2・5・8・11月	3・6・9・12月
丑日	寅日	子日

3月節の下に，「九□」とあるのは九坎，つまり坎日（かんにち）です。節切りで，3月の坎日は戌の日なので，これも木簡暦と合います（197頁参照）。

「甲子成　絶紀帰忌」の絶紀を，凶会日（くえにち）の一つである絶陰のこととすると，節月3月甲子は，これに該当します（199頁参照）。

8世紀半ば以降の暦注の撰日法は，大衍暦（だいえんれき）の暦注マニュアルとされる『大唐陰陽書』によっていますが，元嘉暦段階の暦注も，だいたい同じです。ただし，罡虚・急盈・馬牛出椋・天李乃井・人出宅のような不明の暦注もあります（岡田2003）。

なお『暦日原典』にしても，他の長暦類にしても，中国暦法の計算に基づいています。コンピュータによる計算は正しくとも，暦日は，後述のように，人為的に改変されて施行される場合があります。長暦類を使って比定された木簡の日付は，あくまで有力な候補であって，絶対視するのは危険です。

*　　　　*　　　　*

第2章　律令国家と暦

1　律令国家と儀鳳暦の採用

（1）文書行政と暦

　前近代の中国の国立天文台には，三つの役目がありました。まず①天体を観測して，異変を見つけたら，皇帝に報告することです。中国では，古くから占星術が発達していました。これは，中国では天に対する信仰があり，したがって天は事件の前兆を教えてくれるはずだと信じられていたからです。なお時代によって若干違いがありますが，国立天文台では，天文占い以外の式占などの占いも掌りました。
　次に②暦の作成，③漏刻（水時計）による時刻の管理です。暦は，天体観測と対応すべきものであり，観測には計時が必要だからです。これらは，日本の陰陽寮と同じ職掌であり，陰陽寮が中国の国立天文台をモデルとしていたことがよくわかります。
　中国は，始皇帝の秦の時から，広大な国土を中央集権的に支配する体制を整えてきました。しかし中国の北方は概して乾燥して寒く，一方，南方は湿潤で暑いといった具合に，気候はまちまちで，地域文化や言語も大きく違います。そこで，国内に皇帝の命令を一律に強制するために，網羅的で矛盾のない法典として，律令が発達しました。
　同時に，期日を区切って命令を履行させるために，太陰太陽暦の暦法も発達し，全国的に統一された暦が造られました。つまり皇帝は，国立天文台で司暦に毎年の暦を造らせ，皇帝の名で，これを頒布したのです。だから皇帝が，「8月27日に都までやって来い！」と命令すれば，皇帝の頒布した暦の8月27日に，参上する必要があったわけです。長安や洛陽などの都にいる皇帝が，中国全土を支配するのに，小さなエリアごとにバラバラな自然暦では話になりま

せん。

　日本で陰陽寮が，律令国家の役所として成立する理由も，ここにあります。当時は，国際・国内情勢に対応して，ヤマト政権は中央集権制を進めて，律令国家制度を導入しました。このためにヤマト政権の大王は，中国皇帝を真似て天皇となりました。そして，律令に基づいて全国に命令を下し，全国から租税として調や庸を，期日までに都まで運ばせました。養老律令のなかの，賦役令3調庸物条によると，調庸は8月中旬に輸し始め，近国は10月30日，中国は11月30日，遠国は12月30日までに納入が終わるよう，規定があります。その期日を守らせるためには，陰陽寮で暦を造らせ，全国に頒布する必要があったのです。

　また中央集権制のための官僚制を整備すると，役所での業務は，従来の口頭でのやりとりだけではなく，間違いがないように紙などに書いた文書を作り，伝達することが必要となります。そこには，文書作成の日付が記されました。こうして大量に作られた文書は，後日に参照するために，保存することも必要です。その際には，「超整理法」ではありませんが，作成年月順に貼り継いでおくことが，ひとつの効率良い方法です。養老律令には，

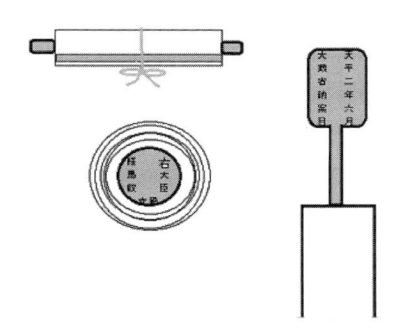

　　およそ案成らば，具（つぶさ）に納（おさ）める目を条せよ。目は皆，軸を案じ，その上端に書して，「某年其の月其の司の納める案目」と云え。十五日ごとに庫に納め訖（おわ）らしめよ。それ詔勅の目は，別所に案置せよ。（養老公式（くしきりょう）令82案成条）

図39　巻物の軸の小口と題籤軸

とあります。要するに，各官司で文書の複写を作って巻物とし，官司名と年月とを軸に書けということです。律令国家を運営するに当たって，暦の浸透は大前提であったのです。

現在，古代の官衙遺跡からは，小口に書名を書いた巻物の軸や，題籤軸といって，書名を書きやすいように加工した巻物の軸が，しばしば出土しています（図39，前頁）。

なお暦が全国に頒布されて，ちゃんと年月日のついた記録が残るようになったことで，律令国家は「六国史」とよばれる歴史書を，編纂することができるようにもなったのです。

（２）儀鳳暦の特徴―特に平朔法と定朔法―

「日本における行用暦一覧」を次頁に掲げます（表8）。前に説明した元嘉暦に続いて，日本で使われた暦法は儀鳳暦です。

儀鳳暦は，唐の李淳風が造った暦法で，ほんらい唐の年号をとって麟徳甲子元暦という名でした。唐では，麟徳2年（665）から開元16年（728）にかけて施行されます。超大国隋は短期間で滅び，かわって唐が登場していました（618年）。

麟徳暦は，元嘉暦の平朔法に対して，実際の朔の時刻を算出して暦日を定める定朔法を採用しました。また朔の時刻が遅い場合に，暦月1日を翌日にする進朔法を採り，基本常数に共通分母（総法）を用いる点などに特徴がありました。それまでは，歳・月その他の常数を示す日数の端数として，すべて異なる分母が使われていたのです。また章法（19太陽年＝235朔望月）に対し，太陽年と朔望月の長さを独立したものとして定める，破章法を採用しています。元嘉暦とは面目を一新していますが，進朔は日本の儀鳳暦では採用されていません。このことは次に述べる，儀鳳暦の伝来の時期と関わります。というのも，儀鳳暦（麟徳暦）は，最初から進朔をしていたのではなく，その開始は708年からだったためです（細井・竹迫2013）。

儀鳳暦は倭国時代の7世紀終わり近くに，朝鮮半島の支配を完成した新羅を通じて，日本に入ってきたものと思われます。それが唐の年号でいうと儀鳳年間（676～679年）なので，日本では儀鳳暦とよばれたとされます。

表8　日本における行用暦一覧

名　　称	制作者	行用開始年	備　　　考
元嘉暦	何承天	持統5（691）以前	
儀鳳暦	李淳風	持統10（696）	日食計算は持統5年から
大衍暦	一行	天平宝字8（764）	
五紀暦	郭献之	天安2（858）	大衍暦と併用
宣明暦	徐昂	貞観4（862）	
（符天暦）	曹士蔿	天徳元（957）将来	改暦手続きのないまま宣明暦と併用
貞享暦	渋川春海	貞享2（1685）	
宝暦暦	安倍泰邦ら	宝暦5（1755）	
寛政暦	高橋至時ら	寛政10（1798）	
天保暦	渋川景佑ら	弘化元（1844）	
グレゴリオ暦	―	明治6（1873）	

　なお，このころ日本では，国家事業として『日本書紀』を編纂中でした。宇宙の初めから「現代」（天武・持統朝）までの歴史を作る，一大事業です。その安康天皇紀よりも前の暦日は，編者が儀鳳暦の数値を使い，簡便な平気・平朔法で逆算して決めたものです。

　『日本書紀』の編纂局が集めた昔の史料で，「○月○日」と書かれてあったものについては，この簡易儀鳳暦法で日を干支に換算して記事としました（たとえば「五月戊辰，天皇行幸於吉野」などと書くのが，モデルである中国史書の約束事です）。また，日付が不明な記録で，恒例の祭祀などは，7世紀末～8世紀当時の式日（定例日）を当てはめて記事にしたものと思われます。また，初代天皇である神武天皇が即位したのは，辛酉年春正月庚辰朔としています。これは一大事だから，中国の讖緯思想で変革が起こるとされる辛酉年の，そのまた一番最初の日としたのです。つまり律令国家時代には，もっとも大がかりな元正の儀が行われた正月1日こそが，神武即位にふさわしい日だと想定したのです。その辛酉年（B.C.660）正月1日を，簡易儀鳳暦で干支に換算すると，庚辰となるわけです。なおこの日をグレゴリオ暦で換算したのが，現在の建国記念日（2月11日）です。

　元嘉暦から儀鳳暦への，暦法改定で起こった最大の変化は，まさに平朔法から定朔法への転換でした。太陰太陽暦の暦月は，朔望月の朔の起こる日を，最初の日（ついたち）とします。朔（新月）とは太陽と月とが，見かけ上，同じ

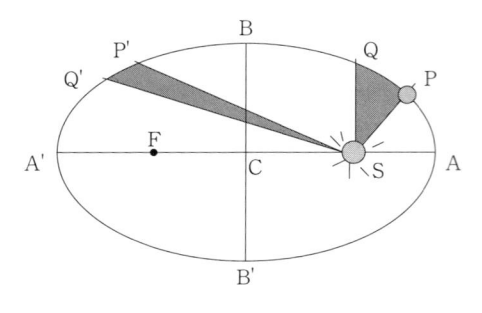

図40 ケプラーの第2法則

方向に来たものです。つまりは朔の起こった時刻を含む日を，暦月初日とするのが中国暦法です。

朔と朔の間隔，つまり1朔望月は約29.5日です，ところがこの29.5日というのはあくまで平均であり，実際の朔望月の長さは，29.2日～29.8日の間を変動します。

なぜかというと，実は地球が太陽の周りを，楕円軌道を描いて公転しているからです。さらに太陽は楕円の中心から少しずれています。そこで同じ単位時間内で，地球が図40のP→Q，そしてP'→Q'と進むとすると，面積速度SPQ＝SP'Q'という式が成り立ちます。これはケプラーの第2法則です。

要するに，太陽の近くを地球が進むとき（P→Q）は速度が速く，遠くを進むとき（P'→Q'）は，速度が遅いわけです。そして，近日点（A）は，季節でいうと冬至ころ，遠日点（A'）は夏至ころです。これを地球上から見ると，太陽の黄道運動の速度は，冬至ころが一番速く，その後だんだん遅くなり，夏至ころに一番遅くなるわけです。

なお，この図でもわかるように，冬の地球は太陽に近く，夏は太陽から遠くにあります。逆だと思うかもしれませんが，夏の暑さは太陽が近いからではなく，日照時間が長いので，大気が暖まることが理由なのです。

月も同じように，楕円軌道を描いて，地球の周囲を公転しています。だから月も，運動速度が徐々に変わります。この月の運動速度の変化（月行遅速）は，中国では漢代から知られていました。その後，太陽の運動速度も，一様でないことが発見されます。このように，日月の運動速度が変わるため，朔望月の長さが変わるのです。元嘉暦は平朔法で，平均の朔望月の長さで計算しました。よって元嘉暦法の暦では，暦月1日ではない日に，朔が起こることもありました。当然，朔のとき，つまり必ず暦月1日に起こるはずの日食が，カレンダーでは2日や30日に，起こることもありました。

なお，月が地球にもっとも接近する近地点は，8.85年周期で西から東に動い

ています。このため近点月（近地点から近地点まで月が戻る周期）は，月の公転周期（恒星月）の27.32日より，やや長い27.55日です。また月と地球の距離がいつも同じではないため，満月の大きさ（明るさ）は，毎回同じではありません。さらに見かけの太陽の軌道である黄道と，月の軌道（白道）の交点も，18.6年周期で動きますが，こちらは東から西に向かって動いています。地球を含む各天体の引力の影響なのですが，とにかく月の運動は複雑です。

　実は元嘉暦を造った何承天も，月の運動に遅速があり，朔望月の長さが変わることを知っていました。そこで実際に朔が起こる時刻で，暦月第1日目を決める定朔法を提唱しました。が，大月3ヶ月・小月2ヶ月の連続が頻繁になると反対されて，主張を引っ込めます。これに対して，唐の李淳風が造った麟徳暦（儀鳳暦）では，定朔法が採用されました。麟徳暦では，月だけではなく，太陽の運動速度も変化することを折り込んでいました。

　平均朔望月を足していくことで，毎月の朔の時刻が簡単にわかる平朔法とは違い，定朔法は，平均と比較しての太陽と月の位置のずれの補正もするので，計算はかなり面倒です。

＊　　　　＊　　　　＊

コラム

定朔計算法の概略と大余・小余

　太陽は，毎日西から東に，黄道（見かけの太陽の軌道）を少しずつ動いています。その速度は，季節ごとに違います。

　隋以前の暦法は，太陽が天球上の円である黄道のうえを，等速で動いていることを前提としていました。だから太陽が，黄道を冬至（黄経270度）から小寒（285度）に移動するのに要する時間も，夏至（90度）から小暑（105度）への所要時間も，すべて同じく，15日余りとされたのです。このため具注暦には，冬至の時刻から15日余り後の日に，「小寒」という暦注が記されています。

　復習になりますが，この等間隔での二十四節気のとりかたを，「平気」，もしくは「常気」「恒気」などとよびます。ところが，実際の太陽の速度は季節ごとに違うので，節気点から節気点へと，太陽が移動する所要時間も違います。簡単に言えば，節月の長さが違うのです。この，実際の太陽の位置に応じた節

気のとりかたを，「定気」といいます。

　ちなみに太陽の速度が変わるのは，地球が太陽を焦点とする楕円軌道を描いて公転しているからです。だから，見かけ上の太陽が黄道を進む速度は，毎日少しずつ変わります。これを，現代天文学は「中心差」とよんでいます。

　古くは月に関しても，等速で天球の白道（月の軌道）を，1ヶ月弱かけて動いていると中国の天文学者は考えました。しかし実は月も，地球を焦点とする楕円軌道上を動いています。だから，月の白道上の運動速度も，中心差によって毎日少しずつ変わっていきます。

　この他に，太陽の引力の影響で，月の離心率が変わります。この結果として生ずる出差を，西方世界では2世紀ごろの天文学者プトレマイオスが，すでに発見していました。しかし中国では，ついに出差そのものは発見できなかったとされます（中心差の補正で，ある程度は補正しているそうです）。出差というのは，離心率の変化により，軌道上に現れる振幅666秒の変化と，地球―月間の距離の振幅3700kmの変化とのことです。

　さて，以上の諸事情により，1朔望月の長さは時々で異なっています。1朔望月とは，太陽と月が，同じ方向に見える（つまり視黄経が同一の）朔の時刻から，次の朔時刻までの所要時間です。古くはこの朔望月の長さも，いつも同じ約29.5日だと考えていました。だから最初の朔の時刻に，この29.5日を足していけば，次々に朔時刻を求めることができます。これを「平朔法」（平均朔望月による方法）といいます。そして，平均朔望月により割り出した朔時刻を，「平朔」または「経朔」といいます。日本で使われていた暦の中では，元嘉暦がこの考え方です。

　ところが，太陽と月の運動速度は，本当は一定ではないため，29.5日ごとに二つの天体が，必ず同じ方向に並ぶ（＝朔になる）わけではありません。だから，実際の朔時刻を計算しないと，具注暦の暦月1日と，実際の朔の日とがずれてしまいます。

　このため，平朔法では，朔（＝新月）の前日（晦日＝暦月最終日）や翌日に，朔の前後に起こるはずの日食が見える場合があります。最大の天変である日食には，支配者層は気を配っていました。そこで2日に日食が起こると，「暦を造った暦博士は何をしているのだ」，また「こんな暦を人民に配った皇帝は，

天の意向を注意していない」(この論理をつきつめれば「天子」失格!)という批判をうける可能性があります。だから中国で,実際の朔(定朔)を計算する定朔法へと進むのは,必然だったのでしょう。

　定朔の算出は,平気の二十四節気を前提に平朔を算出して,それを補正します。具体的には,最初に暦法の基準点(上元)から,暦を造りたい年の前年の冬至(天正冬至)を計算します。中国暦法の毎年の暦の基準点は,前年の冬至(11月中気)だからです。次に上元から,同じ年の11月平朔を求めます。そして冬至を基準にして,平気で11月平朔の直前の節気(10月中の小雪か,11月節の大雪)を求め,11月平朔が,その節気第何日目かを計算するのです。

　次に立成(数表)で,平気を定気に補正します。立成には,節気から次の節気までの実際の所要時間と,平気との差が載っています。

　定気に補正したら,次に平朔時刻と定朔時刻の時間差も,確認して補正します。これでプレ定朔が求められます。立成は,定気で入気(太陽が節気点に到達すること)した後,1日ごとに発生する,太陽と月(1日に平均約13.36中国度東へ動く)との距離とその距離の集積とを,経過時間(=平朔時刻−プレ定朔時刻の差)の形で示しています。

　次に,1日における太陽と月の移動距離を算出します。太陽の移動距離は,時期により遅速があるとは言っても,1日なら所詮は1度内外なので,大差はありません。ところが,月の場合は13度以上なので,かなり差がつきます。そこで別の立成を使い,定朔の時に月のある場所を計算します。

　この立成は,近点月(月が地球から一番近い近地点から近地点まで戻るのに要する時間)を基準に,毎日の月の,実際の移動距離と平均的な移動距離の差,およびその差の集積を,月がその距離を移動するのに要する時間で示したものです。この時間を,プレ定朔時刻に足したものが,(近似値ですが)定朔ということになります。

　次に,参考までに,暦原稿である中世の見行草の模式図を示します(図41,次頁)。干支は,干支表で0～59の数に直して,計算をしています。図の「大余」とは干支番号のことです(180頁の十干十二支表参照)。また「小余」とは,各暦法における1日の総時間数である統法(総法・通法)のことで,「分」を単位とします。宣明暦では8400分,大衍暦は3040分,五紀暦・儀鳳暦では1340分,

第2章　律令国家と暦　97

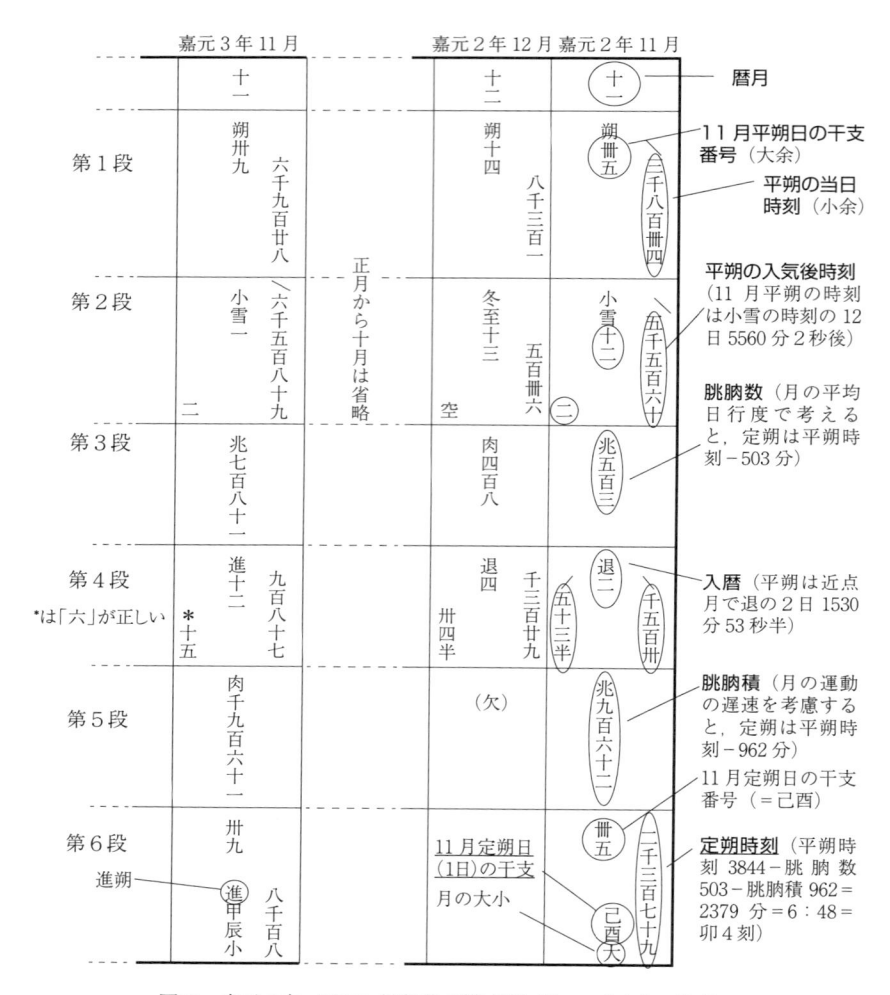

図41　嘉元3年（1305）見行草の模式図（桃1990をもとに作成）

	嘉元3年11月		嘉元2年12月	嘉元2年11月	
	十一		十二	十一	暦月
第1段	朔卅九　六千九百廿八		朔十四　八千三百一	朔卅五　三千八百卅四	11月平朔日の干支番号（大余）／平朔の当日時刻（小余）
第2段	小雪一　六千五百八十九 二	正月から十月は省略	冬至十三　五百卅六 空	小雪十二　五千五百六十 二	平朔の入気後時刻（11月平朔の時刻は小雪の時刻の12日5560分2秒後）
第3段	兆七百八十一		肉四百八	兆五百三	朓朒数（月の平均日行度で考えると，定朔は平朔時刻−503分）
第4段 *は「六」が正しい	進十二　九百八十七 *十五		退四　千三百廿九 卅四半	退二　千五百卅　五十三半	入暦（平朔は近点月で退の2日1530分53秒半）
第5段	肉千九百六十一		（欠）	兆九百六十二	朓朒積（月の運動の遅速を考慮すると，定朔は平朔時刻−962分）／11月定朔日の干支番号（＝己酉）
第6段 進朔	卅九　八千百八　進甲辰小		11月定朔日（1日）の干支／月の大小	卅五　二千三百七十九　己酉六	定朔時刻（平朔時刻3844−朓朒数503−朓朒積962＝2379分＝6：48＝卯4刻）

元嘉暦では日法とよび752分です（なお現代のグレゴリオ暦は1440分です）。小余が1日分の8400に達したら（宣明暦の場合），繰り上げて大余を1だけ増します。太陰太陽暦では，この数値を使って朔などを計算します。なお「朓朒数」の朓（兆）はマイナス，朒（肉）はプラスという指示です。

*　　　　　　*　　　　　　*

（3）告朔と儀鳳暦

　9世紀末の日本に存在した書物をリストアップしたものに，文人貴族の藤原佐世が撰した，『日本国見在書目録』があります。数え方にもよりますが，仏典を除く漢籍1579部17345巻の中には，「儀鳳暦三（巻）」とともに，「麟徳暦八（巻）」があがっています。

　「儀鳳暦」という名称は，正式名ではないので，新羅から倭国に伝えられたものとされます。しかし一方の「麟徳暦八（巻）」は，いつ伝えられたものでしょうか。

　白村江の戦いで倭国を破った唐は，その勢いをかって高句麗を滅ぼします。一方，敗戦国の倭国は，この高句麗平定を祝賀する使者を唐に遣わしました（『日本書紀』天智8年〔669〕是歳条，『新唐書』東夷伝日本条）。唐の様子を探り，倭国への侵攻を防ぐ外交交渉が，目的だったはずです。

　唐としては当然，敗戦国の倭に，服従を命じたはずです。その際に，服属の証として，従来の元嘉暦に替えてこの「麟徳暦八（巻）」を使うよう下賜した可能性があると私は考えています。朝貢国が，唐の正朔（＝暦日）を奉ずるのは当然だからです。

　しかし，平朔法の元嘉暦しか知らない倭国の暦博士は，戸惑ったはずです。また天武天皇時代までの倭国では，毎日使うためのカレンダーは造っても，日月食計算はしていなかったと考えられます。とすれば倭国人は，月の運動に遅速があることさえ知らなかったことになります。いきなり「麟徳暦」計算法の巻物を与えられても，その計算方法を即座に理解できないのは当然でしょう。

　そこで，この「麟徳暦八（巻）」は死蔵され，後にあらためて新羅から，暦法に詳しい新羅人とともに「儀鳳暦三（巻）」がもたらされた，もしくは新羅に留学した倭国の学僧が，そこで計算方法を学んだうえで，「儀鳳暦三（巻）」を持ち帰り，ようやく倭国での利用が可能になったのではないでしょうか。

　さて，『日本書紀』には，持統天皇4年（690）11月甲申条に，

　　勅をうけたまわりて，始めて元嘉暦と儀鳳暦とを行う。

と，元嘉暦と儀鳳暦の両方を使うことになったという記事があります。これを研究者は，普通のカレンダー用には，従来通り元嘉暦法で計算するが，正確な

表9　『日本書紀』に見える日食

年　　月　　日	記事	食　　分
推古36年（628）3月2日	日有蝕尽之	0.9
舒明8年（636）1月1日	日蝕之	地球上日食なし
舒明9年（637）3月2日	日蝕之	0.92
天武9年（680）11月1日	日蝕之	0.85
天武10年（681）10月1日	日蝕之	0.23
持統5年（691）10月1日	日有蝕之	飛鳥で日食おこらず
持統7年（693）3月1日	日有蝕之	飛鳥で日食おこらず
持統7年（693）9月1日	日有蝕之	0.24（日帯食）
持統8年（694）3月1日	日有蝕之	飛鳥で日食おこらず
持統8年（694）9月1日	日有蝕之	飛鳥で日食おこらず
持統10年（696）7月1日	日有蝕之	飛鳥で日食おこらず

食分は渡邊敏夫氏による。

朔時刻を求める必要がある日食計算は，進んだ儀鳳暦を使えと命令したものと推測しています。

　なぜなら『日本書紀』を見ると，この時期以前の日食の記事は数が少なく，また記事の年次を誤ったと思われる一例を除き，飛鳥で実現したものばかりだからです（表9参照）。つまり日食予報が出ておらず，起こった日食がたまたま発見され，記録に残った可能性が高いわけです。なお天武天皇10年（681）の日食は，食分が小さいので，予報なしで発見することは簡単ではありませんが，太陽に薄雲がかかっているような特殊な状況で飛鳥人が見つけたのでしょう。

　ところが元嘉暦・儀鳳暦の併用命令が出された翌年の持統天皇5年から，日食の記事（「日有蝕之」）が頻出し始めます。さらにその記事の多くが，今日の天文学的計算によると，宮都のあった飛鳥では実現しなかったものです。『日本書紀』の日食記事は，暦博士の計算による日食予報を，そのまま掲載したものと考えれば話が合います。つまり，日食予報が，持統4年の勅によって始まったのです。

　また竹迫忍氏によると，儀鳳暦では起こり，元嘉暦では起こらない持統天皇8年（694）9月1日日食が，『日本書紀』には載っています。これもこの時期の日食予報が，儀鳳暦で計算されていた証拠です。実は本来の元嘉暦にも日食

推算法はあったのですが，観勒がもたらした元嘉暦法の本には載っていなかったのでしょう。

儀鳳暦（＝麟徳暦）は，当時，唐で使われていた最新の暦法です。また日食予報を出すためには，定朔を計算しなければなりません。日食は，朔の時に発生するからです。つまり持統4年には，倭国の暦博士が儀鳳暦法を修得していたことが明らかです。ではなぜ持統天皇は，最新の儀鳳暦で，毎年の具注暦も造らせなかったのでしょうか。

普段使う暦日が，平朔法のままだと困ることもあります。前に述べたように，律令国家では，毎月1日に役人たちが天皇に行政報告をする告朔の儀式があり，天武天皇時代に始まります。ところが，当時使われていた元嘉暦では，約29.5日の平均朔望月を使う平朔法で暦日を計算していました。つまり，正月朔に平朔の数字を足していって，次々の朔時刻を決めていたのです。したがって天武朝の暦月1日は，必ずしも本当の「ついたち」ではなく，告朔も実際は朔の日でない日に行われる場合がありました。

それが，実際の朔の日の前日（＝晦日）の場合ならば，この日の朝に，東の空に細い残月が，朝の太陽に先んじて昇ってくることもありえます。告朔の日に大臣や役人が日の出を拝したとき，もし月が出てきたら大変な問題です。なぜなら天皇は，律令制の導入とともに，中国皇帝と同じ「天子」を自称したからです。いや，『隋書』倭国伝によれば，大業3年（推古天皇15年，西暦607年）の遣隋使がもたらした国書において，倭の君主はすでに「日，出るところの天子」と自称しています。暦月1日の朝に月が見えるということは，その天子の造った暦が，天の運動を正しく表していないことになりかねません。

ここで想起されるのは，暦法が「正朔を奉ずること」と，深く関わっている点です。唐や新羅で使われる麟徳暦（儀鳳暦）を使うことは，唐の正朔を奉じて，その臣下となることを意味します。一方，持統天皇は，夫である天武の意志を継いで飛鳥浄御原令を頒布し，その後，大宝律令を編纂させました。この律令というのは，当時の東アジアの通念では，中国皇帝しか制定できない基本法典でした。だから新羅は，律令そのものは制定していません。一方，天武天皇・持統天皇は，「天皇」という中国皇帝と対等を意味する君主号を使用し，また唐年号ではなく，大宝という独自の年号を採用しました。当時は，「皇」

の字が君主号につくことが、そのまま中国よりの自立を意味しました。

　国号を「日本」と改めたのも、大宝律令制定のころと考えられています（それ以前の称軍墓誌にも「日本」と出てきますが、百済のことを指すという研究者もいて決着がついていません）。一方で「倭」は、倭五王の時代に、中国に朝貢して倭王に冊封された過去があります。よって君主の地位を中国皇帝から承認して貰う必要のない、「日本国」を名乗ったものと思われます。ちなみに、日本から来た遣唐使は、かつての倭国と「今の日本国」との関係をはっきり言わないため、唐の役人から不審がられています。

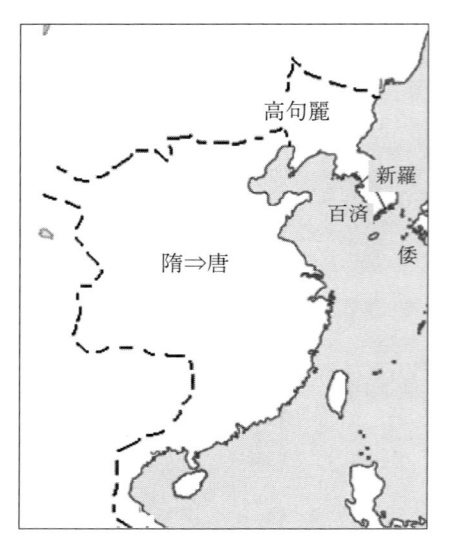

図42　7世紀前半の中国と朝鮮

　大宝以降の遣唐使が、安全な従来の北路（朝鮮半島沿岸経由）ではなくて、東シナ海を横断する危険な南路を使ったのも、日本が倭国とは別の国だというポーズもあったのかもしれません。

　日本が、こうした態度をとった背景には、7世紀後半の倭国が百済復興戦争に乗り出し、唐と戦った歴史がありました。

　660年に百済は、一度、唐によって滅ぼされ、義慈王ら百済王族は、唐に連行されます。これに対して、百済貴族たちが立ち上がり、倭国に人質として滞在していた王子余豊璋を百済王として、倭国の援軍とともに百済復興を試みます。

　しかし、天智天皇称制2年（663）の白村江の戦いで、倭・百済軍は唐・新羅と戦って惨敗しました。余豊璋は高句麗に逃れ、倭国軍は亡命百済貴族を連れて、九州に引き上げてきます。

　以後の倭国は、唐とはいつ戦争があるかわからないと考えていたはずです。一方、新羅は白村江戦後、旧百済領や高句麗領の支配をめぐって、唐との関係

が悪化します。このため，新羅は一転して，低姿勢で倭国に接近しました。この結果，倭国は新羅を自国の朝貢国と見なし続けました。

　こうした情況で，うっかり麟徳暦（儀鳳暦）を採用すれば，倭国は唐に屈服したことになりかねません。暦法の変更は，デリケートな国際問題となっていました。つまり倭国が元嘉暦を使い続けたのは，唐に属さない独立国だという意志を，内外に表明したのだと考えられるのです。

　ところが，文武天皇が即位して大宝律令が制定されたころ，つまり大宝元年（701）に，「大宝の遣唐使」とよばれる遣唐使が任命され（正月丁酉条任命記事），唐に派遣されました。日本は唐との国交を，国内向けには対等外交としています。しかし，遣唐使が実際に唐に渡ったときには，明らかに朝貢使節として振る舞っていました。そして東野治之氏は，日本が唐に対して朝貢国の立場を承認した使節こそが，この大宝の遣唐使だったとしています。要するに文武天皇の時代になって，国内的には独立国日本を誇示する一方，対外的には，唐に対して軽度に従属する外交方針が固まったのです。軽度の従属というのは，天皇が，唐皇帝に朝貢はするものの，「日本国王」に冊封されないという意味です。その流れの中で，より進んだ儀鳳暦に切り替えたのではないかと私は考えています。

　なお，元嘉暦から儀鳳暦への切り替えの時期は，だいたい文武朝とされています。しかし，具体的にいつなのかが明確ではありません。これは，『日本書紀』最後の記事である持統天皇11年＝文武天皇元年（697）8月1日条が，

　　八月乙丑朔，天皇，策を禁中に定め，天皇位を皇太子に禅る。

とあるのに，同じく律令国家が編纂した歴史書『続日本紀』の本文冒頭では，

　　八月甲子朔，受禅即位（天皇の位を譲り受けてその地位に就いた）。

とあるからです。『日本書紀』の暦日干支は元嘉暦に一致し，『続日本紀』の暦日干支は儀鳳暦に一致します。

　そこで，儀鳳暦への切り換え時期については，文武天皇元年説，文武天皇2年説などの説が出されています。

　まず内田正男氏は，文武天皇の即位と同時に，暦日が儀鳳暦になったという説を唱えています（内田1994）。中国的な観象授時思想を踏まえて，即位と同時に暦法を変えれば，確かに新天皇の治世の到来を厳かに飾ることはできま

表10　元嘉・儀鳳暦併用期の月朔干支

年	月	書紀	元嘉暦	儀鳳暦
持統6・	3	丙寅		丁卯
	5	乙丑		丙寅
	9	癸巳		壬辰
	11	辛卯	壬辰	
持統7・	2	庚申		辛酉
	12	丙辰		乙卯
持統8・	5	癸未		甲申
持統9・	7	丙午		丁未
	9	乙巳		丙午
持統10・	3	癸卯		壬寅
	5	壬寅		辛丑
	10	己巳		庚午
	12	己巳	戊辰	
持統11・	2	丁卯		戊辰
	4	丙寅	丁卯	
	6	丙寅		乙丑
	8	乙丑		甲子
		続紀		
文武元・	8	甲子	乙丑	
	11	ナシ	(閏10月)	
	12	ナシ	(11月)	
	閏12	ナシ	(12月壬辰)	(癸巳)

元嘉暦・儀鳳暦の月朔干支は『書紀』『続紀』と異なるもののみ表示。なお『書紀』は1日条の記事がなくても月朔干支を記している。

す。しかし8月にいきなり違う暦日を採用すれば，新たな頒暦(はんれき)という作業とともに，秋の収穫後の調庸納入に，混乱が生じる恐れがあります。つまり賦役令3調庸物条によれば，調庸の納入期限は，中国（『延喜式』では遠江〜伊豆・甲斐・飛騨・信濃・越前〜越中・伯耆・出雲・備中・備後・阿波・讃岐）は11月30日，遠国は12月30日です。しかし，表6のように元嘉暦の閏10月が，儀鳳暦では11月に替わるので，これらの国々では調庸の納入が突如1ヶ月以上も早くなってしまいます。これは乱暴な話なので，即位改定説の可能性は，低いと思われます。

また即位翌年の文武2年から，儀鳳暦になったという岡田芳朗氏の説もあります（岡田1982など）。しかし『続日本紀』文武天皇元年紀の閏月は，すでに儀鳳暦の計算通りです（表10参照）。たとえば閏12月己亥条があり，「播磨・備前・備中・周防・淡路・阿波・讃岐・伊予等の国飢えぬ。これに賑給す。また負せる税を収ることをなからしむ」，庚申条には「正月に往来して拝賀の礼を行うことを禁(いさ)む。……」とあります。『続日本紀』の編者が，もとの史料の閏月まで，儀鳳暦で計算し直して書き換えるような面倒なことをするはずがありません。

よって元嘉暦から儀鳳暦への改暦は，遅くとも文武天皇元年の年初から，あるいは，それ以前に遡るはずです。

私はこの切り換えは，文武天皇即位の前年の，持統天皇10年ではないかと考えています。というのも，『日本書紀』には持統10年（696）12月己巳朔条

(「勅旨して，金光明経を読むにより，毎年十二月晦日，浄行者一十人を度す」)があるからです。この干支は儀鳳暦と一致します。

『書紀』の編者は，安康天皇以降の暦日を元嘉暦で換算しているので（小川1997），持統10年の暦日だけを，儀鳳暦で換算するはずがありません。それなのにこの記事が儀鳳暦と合うのは，もととなった史料の暦日干支を転記したからでしょう。

『書紀』の持統11年（＝文武元年）の記事は，元嘉暦・儀鳳暦に基づく月朔干支が混在しています（表10参照）。このうち元嘉暦に合うものは，もとの史料に日の干支がなかったため，『書紀』編者が（誤って），元嘉暦で換算した結果と考えられます。一方，儀鳳暦に合う4月丙寅朔は，同月己巳条（満選者叙位記事）・壬申条（吉野行幸記事）・己卯条（広瀬竜田祭，還幸記事）のいずれかの原史料に，日の干支が記されていたので，編者がこれから逆算して，4月の月朔干支を決めた結果だと考えればいいわけです。

ただちょっと困ったことに，少し遡る『書紀』持統天皇6年11月辛卯朔の干支も，儀鳳暦に合致します。しかし実は11月戊戌（8日）条には，

十一月辛卯朔戊戌。新羅，級飡朴億徳・金深薩等を遣わし，調を進る。新羅に遣わさんとする使直広肆息長真人老・務大弐川内忌寸連等に禄を賜うこと，おのおの差あり。

とあります。つまりこの月には，儀鳳暦を使う新羅の使節が倭国朝廷に来ていたのです。その時の新羅使側の記録が，『書紀』の編者の蒐集した資料のなかにあれば，その日付は当然，「十一月八日戊戌」であり，逆算すれば月朔干支も儀鳳暦と合致するわけです。

実際のところ，『書紀』編者は，文武即位まで元嘉暦が使用されたと考えて，干支換算を行っています。恐らく彼らには元嘉暦が文武天皇即位ころまで使われたという，大まかな知識があったのです。したがって文武元年を遡ること遠からぬ時期に，儀鳳暦への改定があったのでしょう。

よって，持統9年に暦法改定の詔勅が出され，翌年の持統10年暦から儀鳳暦による具注暦が使われたとの推測がなりたちます。なお『懐風藻』葛野王伝によれば，太政大臣高市皇子の死後（持統10年紀7月庚戌条），日嗣の選定会議が行われて，軽王（のちの文武天皇）が皇太子に選出されています。しかしこの

第2章 律令国家と暦　　105

時にはすでに儀鳳暦への改定が実施され、儀鳳暦による具注御暦・頒暦が国家全体で使われていたはずです。

とすると、儀鳳暦への改定が決まったときに、新天皇に想定されていたのは、そのころ皇太子的な存在と目されていた、高市皇子であった可能性も考えられます。天智天皇の後継者と目された大友皇子が太政大臣となったように、このころの太政大臣は、特別な重みのある地位でした。当の高市皇子も、「後(のちの)皇子尊(みこのみこと)」（『書紀』）という最大限の敬意をもってよばれていました。

ただし、軽王が立太子したので、それを記念して持統10年の途中で、暦法を改めたという、一見無理な可能性もあると私は思っています。なぜなら中国暦法の計算は、「天正冬至」すなわち前年の冬至（11月中）を起点に行うからです。

実は、このころの唐は、則天武后が中国史上唯一の女性皇帝として即位しており、国号も周と変更していました。そして、11月を正月としていたのです（『旧唐書』則天皇后本紀載初元年〔689〕春正月条、平岡1985）。

中国には、三正論という考え方がありました。冬至を含む月（子・11月）、その翌月（丑・12月）、または翌々月（寅・1月）の、いずれかを正月にするという思想です。そして、子月を正月としたのが周王朝、丑月が殷王朝、寅月が夏王朝だとされました。倭国・日本は、ながらく夏正をとっていました。しかし則天武后は、国号どおり周正（周の正月）を採用したのです。

こうした情報が、新羅などを経由して倭国に届いていれば、11月を年初として、このとき暦法を改定したとしても自然です。

持統天皇10年11月1日の御暦奏(ごりゃくそう)時に、儀鳳暦施行を宣言すれば、翌文武元年暦とともに、この年の残りの暦日の変更も、各官司に情報として伝えやすかったでしょう。8月の改暦に比べれば、残りは2ヶ月だけで閏月もないので、影響も少なかったと思われます。持統は則天武后と同じ女性君主でもあります。ちょっとイレギュラーですが、こちらの可能性も捨てがたいところです。

なお儀鳳暦の暦注は、二十四節気の正月中と2月節とで、雨水(うすい)と驚蟄(きょうちつ)が入れ替わっていました。さらに驚蟄が「啓蟄(けいちつ)」に変わっている点に、特徴があります。儀鳳暦時代の暦を見るときには、気をつけることが必要ですし、ここか

ら儀鳳暦時代の暦を見分けることもできます。

　　　　　　　　　＊　　　　　＊　　　　　＊

コラム

歳　差

　儀鳳暦こと麟徳暦を編纂したのは，唐の李淳風（602〜670年）です。麟徳暦は，非常に優秀な暦とされています。しかし，定朔法などの優れた点は，実は施行されなかった隋の皇極暦の模倣でした。李淳風は，『晋書』天文志・律暦志を執筆するなど，天文暦学にそれなりに堪能で，高く評価される場合があります。しかし，実際には宮廷への売り込みがうまくて，実力以上に重んじられた面もあるようです。そのことを示すとされるのが，歳差への無理解です。

　歳差というのは，地球の自転軸が黄道に沿って，ぐるっと１回転することによって起こります。正確に言うと，黄道はほぼ動かず，その面に垂直な軸も動かないのですが，地球の自転軸が，約23.5度の角度を保ちつつ，この垂直軸の周りを回る動きが，歳差です。よく言われる譬えで，回っているコマがだんだんふらついてきて，回転軸が回っている様子に，似ていると言われます。約２万6000年で，１回転します。

　つまり現在，地球は図43のような向きで，太陽の周りを公転しています。ところが歳差運動によって，地球の自転軸は，図44（次頁）のようにふらついています。

　このため，１万3000年後には図45（次頁）のようになります。つまり，もと

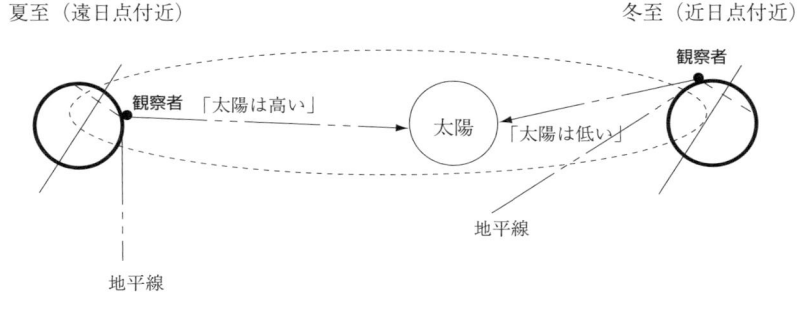

夏至（遠日点付近）　　　　　　　　　　　　　　　　　　　冬至（近日点付近）

図43　現在の地球の公転

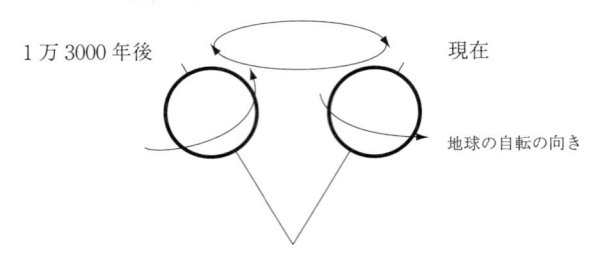

図44　地球のすり鉢運動

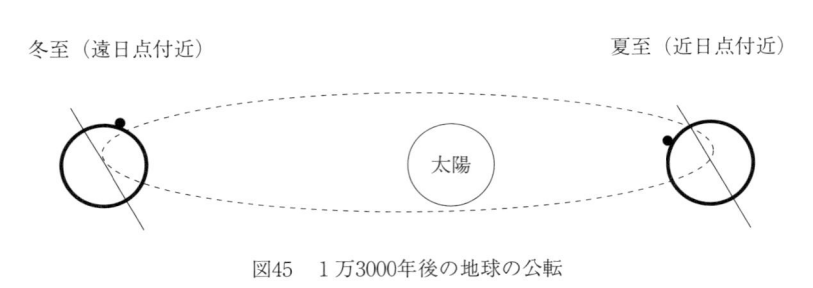

図45　1万3000年後の地球の公転

の冬至の時に，太陽が高く南中する夏至となり，もとの夏至のときに，太陽が低く南中する冬至となるのです。

　地球上から見ると，歳差運動によって，天の北極点（地球の自転軸の方向）は，図46のように動いているわけです。ちなみにこのせいで，われわれが地球上から見た北極星（天の北極点近くに見える星）も，変わります。

　冬至と夏至の入れ替わりですが，別の言い方をすれば，冬至を始めとする定気点が，黄道上を東から西へと移動しているのです（いわゆる逆行）。これを，現代の天文学者は，「春分点が西へ動く」とよく言います。1年あたり360度÷26000年≒0.0138度（約50秒）ずつ，黄道上を西に移動しています。

　この結果，太陽運動の黄道上での最速位置（近日点）は，二十四節気点に対して，1年あたり約50秒ずつ黄道上を東にずれることになります。つまりこういうことです。漢の時代から現代にかけては，冬至点（黄経270度）の前後で，太陽は最も速く動いています。そのなかでも，宣明暦のできた唐代（9世紀）は，冬至点の約7度西に近日点があり，授時暦のできた元代（13世紀）は，冬

108　Ⅱ　古代日本の暦史

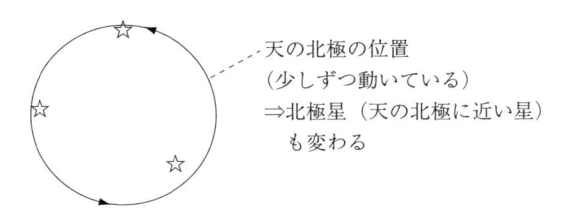

図46　天の北極星の位置

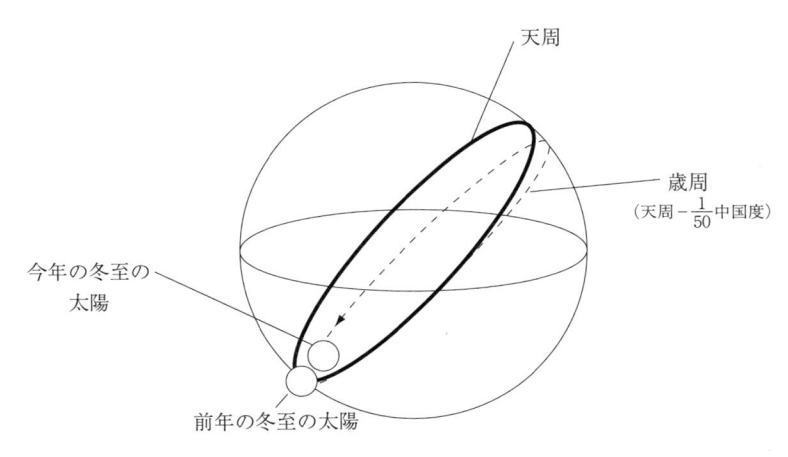

図47　虞喜らの歳差の考え方

至点と近日点が一致し，日本で貞享暦ができた江戸時代（17世紀）は，7度東に近日点があって，そこで太陽は，最も速く動きました。そして1万3000年後には，一番遅かったはずの夏至点（90度）前後で，最も速くなるわけです。

なお歳差によって，同じ節気の時に見える星の位置が変わります。天文学者が，古い記録などをもとにそれを観察できれば，歳差に気づきます。

中国でこの歳差を最も早く発見したのは，東晋の咸康年間（335～342年）ころの虞喜とされます。しかし彼は当然，大地の形が地球だとは知らないので，地軸のふらつきという発想はありません。そこで彼は，冬至における太陽が，50年に1中国度の割合で西へずれていると考えました（図47）。

つまり，虞喜以前の中国の天文学者は，太陽は天を1日1中国度進み，1年でちょうど，天周の$365\frac{1}{4}$中国度を回りきるとしていました。それを彼は，太陽が1年間に進む度数（＝歳周）が，天周より少しだけ小さいと考えたわけで

第2章　律令国家と暦　　109

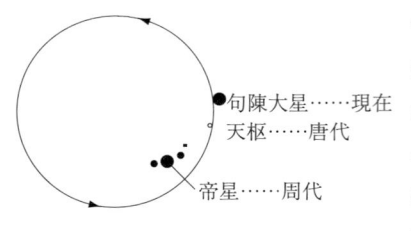

図48 歳差による北極星の変化

句陳大星……現在
天枢……唐代
帝星……周代

す。言いかえれば，最初の冬至点を出発した太陽が，天球を回った後，もとの冬至点の少し手前で冬至点（地上の影が最長になるとき）に到るわけです。赤道座標で言えば，太陽がもとの冬至点の赤経度数より－0.0197度（＝－$\frac{1}{50}$中国度）の数値で，冬至の赤緯－23.45度になるということです。

もっとも，実際の歳差は，地軸の向きが変わるものなので，動くのは主に赤道面であって黄道面ではなく，これにともなって恒星の見える向きが変わります。しかし中国古代の天文学者は，太陽の通り道である黄道が，毎年少しずつ変わるのが歳差だと考えました。唐代の傅仁均は，「それ日躔の宿度は，郵伝の過ぐるがごとし。宿度既に差い，黄道随いて変ず」と述べています（『新唐書』律暦志1）。ただし毎年の歳差が$\frac{1}{50}$中国度では大きすぎるため，この数値は何度か修正されました。大衍暦では82年で1中国度動くとされています。

歳差を暦法に組み込んだのが，天文学者として様々な業績を上げた祖沖之です（藪内1990）。しかし歳差の考え方は，李淳風だけではなく，理解できなかった天文学者が多かったとされています。

ところで，日本の国立天文台である，陰陽寮での天文生（占星術の学生）の教科書に，『史記』天官書があります。この書は，北極に一番近い星つまり北極星として北極四星（北極五星）をあげ，その中でも特にこぐま座β星を「帝星」とします。能田忠亮氏によると，帝星がもっとも北極に近かったのは，『史記』天官書の成立を遙かに遡る，B.C.1100年ころ（周の時代）で，北極点からの距離は6度半でした。その後，同じく天文生の教科書である『晋書』天文志が成立した中唐のころ，天枢（Σ1694）となり，現在の北極星は句陳大星（こぐま座α星）です（図48）。

このように歳差があることが，歴史上の星座や星が現在のどの星に当たるのかを特定することを，意外に難しくしているのです。

なお，虞喜については，田中良明氏のご教示を頂きました。

進朔はいつ始まったか

　中国暦法による太陰太陽暦では，朔（新月，ついたち）の発生する日を，暦月の第1日目とします。朔とは，見かけ上，太陽と月とが同方向（視黄経が一致）にあることを指し，太陽の光を反射して輝く月は，この時，観察の地点からはまったく見えません。この日を，たとえば「八月一日」とします。この朔は，太陽が地平線に隠れている状態でも発生します。つまり同方向に太陽と月とがあれば，それが仮に観察地点から見て地下であっても，朔なのです。よって朔は，1日24時間のどこででも起こります。

　中国で暦法が発達して，太陽と月の位置が計算できるようになると，朔の時刻を算出することが可能になりました。そこで中国では，朔の日を暦月の第1目とするカレンダーを造って，頒布できるわけです。

　ところで朔の前日の晦日（みそか）は，日本語でつごもり（＝つきごもり）とも言うように，中国でも，朔の日と同様に，月が見えない日とされました。しかし天文学的には，これは正当ではありません。朔になる前は月と太陽の位置が離れているので，月が光って見える可能性があります。ただ晦日ともなると，その距離が短いため，肉眼で月を認識できない場合が多いだけです。

　そして，朔の発生する時刻が夜遅くの時，その前日である晦日の朝は，ときには1.5日以上の時間差があります。これではまだ，月が太陽に十分接近していません。このため，朝日が昇るのに先立って，細い残月が見える場合もあります。さらには，月齢13〜14時（約半日）くらいでも，新月が見える時があります（小川1997）。となると，朔の起こる日の朝でさえ，月が現れることがあるわけです。

　そこで，『元史』暦志2・授時暦議下・定朔には，次のように記されています。

　　淳風，また晦月しきりに見るをもって，ことさらに進朔の法を立つ。いうこころは，朔日の小余，日法の四分の三巳上にあらば，虚しく一日を進む。後代，皆これを循用す。

　1日の $\frac{3}{4}$ 以上，つまり18:00以降に朔となる場合は，翌日を「朔日」，つまり暦月第1日目として，本来の朔日は晦日とするわけです。要するに晦日に月が見えるのは，「みそからしくない」と嫌ったのです。しかし上でも述べたよう

第2章　律令国家と暦　　111

に，これで絶対に晦日の朝に残月が見えないというわけではありません．が，見える可能性はきわめて低くなります．ちなみに，早い時間帯に朔が起こるところを進朔してしまうと，今度は，「朔日」の夕方に，初月が見えてしまいます．これはこれで，新月のはずの日に，月が見えるわけなので問題でありました．そこで，ほどほどの頃合いの時刻を，進朔限として進朔のボーダーとしたわけです．

ところで，この『元史』に，「進朔法は李淳風が創始したものだ」と書いてあるため，後世の大概の概説書は，これを踏襲しています．私自身も受け売りで，そう書いていました．ところが，最近，唐の進朔限について竹迫氏が調査したところ，進朔法は景龍2年（708）に始まっていたのです．また，晦日の残月を避けるために進朔を行ったのも，則天武后の神功2年（697）が最初です（細井・竹迫2013）．

一方，李淳風が亡くなったのは咸亨元年（670）とされるので，進朔法が彼の発明とは言えません．恐らくは，「李淳風が作った麟徳暦の時に進朔が始まった」ところから，だんだん誤解されて，「李淳風が進朔法を作り出した」となってしまったのでしょう．

今までは『元史』の記述を鵜呑みにしていたので，なぜ日本の儀鳳暦（＝麟徳暦）では進朔が行われなかったのか，と暦史研究では問題となっていました．しかし，日本への儀鳳暦導入は7世紀なので，進朔が行われなかったのは当然の結果なのです．

一方，大衍暦時代の唐では，すでに進朔が行われていました．そこで日本でも大衍暦の導入にともなって，進朔法の採用が検討され，神護景雲2年（768）から実現したわけです（細井・竹迫2013）．

この日本における大衍暦時代の進朔限の変遷は，いろいろ議論がありましたが，表11のようになると考えられます．そして，貞観4年（862）の宣明暦採用後は，18：00（酉正刻）が原則になるわけです．

もちろん，その時期の原則に合わない進朔や不進朔も見られました．唐では武徳2年（619）に施行された戊寅暦で，初めて定朔法が実用化されます．すると，大月（30）が4回・小月（29日）が3回続く現象（四大三小）が，時々起こるようになりました．これを今までにない悪いことだとして，定朔法が一

表11　大衍暦施行期の進朔限の変遷

時期	期間	進朔限
初期	天平宝字8年（764）〜神護景雲元年（767）	進朔なし
前期	神護景雲2年（768）〜延暦11年（792）	2533分（戌正刻　20:00）
中期	延暦12年（793）〜承和2年（835）	2786分（亥正刻　22:00）
移行期	承和3年（836）〜承和8年（841）	亥正刻→初刻 進朔のない時期もあるか
後期	承和9年（842）〜貞観3年（861）	2660分（亥初刻　21:00）

細井・竹迫2013による。

時中止される騒ぎが起こります。このような事情を踏まえて，日本の暦でも，四大を避ける場合がありました。この他に，年始の朝賀の儀式を行うために，元日の日食を避けようと無理に進朔したり，進朔を回避したり，19年に一度の朔旦冬至（11月1日が冬至にあたること）を故意に出現させようとしたりと，人為的に進朔の原則をねじ曲げてしまう場合があったのです。

＊　　　＊　　　＊

2　大衍暦の輸入と採用

（1）大衍暦の特徴

『続日本紀』天平宝字7年（763）8月戊子（18日）条には，
　　儀鳳暦を廃して，始めて大衍暦を用いる。
とあります。日本で儀鳳暦の次に採用された大衍暦は，中国でも画期的な暦法でした。

　大衍暦は，密教僧として有名な唐の一行が編纂した暦法です。唐代には，インドより九執暦が伝わっていますが，大衍暦は，インド天文学の影響はほとんど受けていないとされます。大衍暦の特徴には，宇宙を象数学（易と結びつけて，万物を数字で象徴させる学問）で表現しようという呪術的側面と，暦法の工夫という技術的側面とがあります。前者に関して日本では，大衍暦の暦注部分が『大唐陰陽書』として，宣明暦時代にいたるまで暦注の種本となり，大きな影響を与えたとされます。

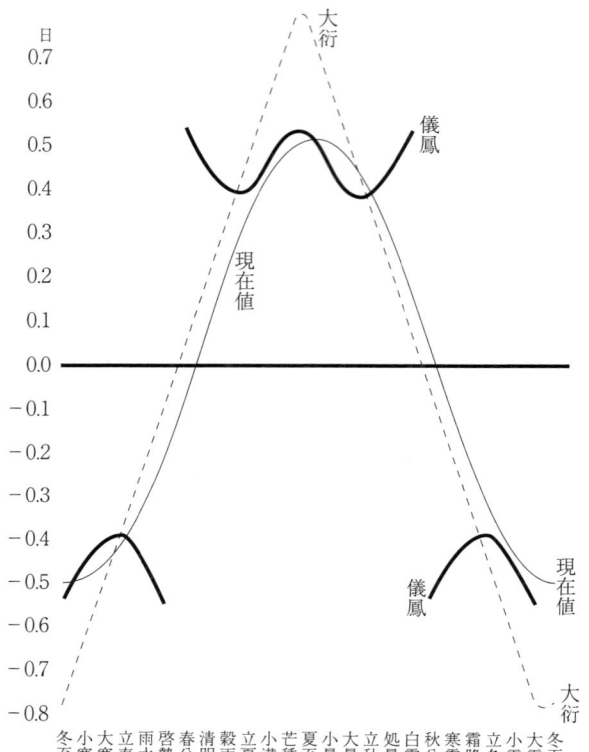

図49　儀鳳暦・大衍暦の太陽速度の変化（内田1994）

　儀鳳暦は，太陽や月の運動が等速でないことを折り込んでいます。しかし，太陽の運動のとらえ方はかなり間違っていて，急に速くなったり，遅くなったりするとしました。図49は，平均値より見た節気期間の増減です。節気期間が長いということは，それだけ太陽が次の節気点まで，ゆっくりと進んでいるということです。逆に短ければ，太陽の運動速度は，速いということです。
　一方，大衍暦は，太陽運動が冬至ころもっとも速くて，その後，徐々に遅くなり，夏至ころにもっとも遅くなって，まただんだん速くなることを知っていました（数値は必ずしも正確ではありません）。
　さて，節気点から節気点に太陽が移動する所要時間を測ることで，節気ごとの太陽速度の変化を知ることができます。ところが，同一節気期間中の毎日の

速度の変化がわからないと，その期間の途中での定朔の時刻が求められません。大衍暦の場合は，ガウスの補間法と同じ方法を採って，より精密な数値を計算する方法を提示したとされます。

また太陽と月の位置関係は，観察する場所で異なります。よって，ある場所では日食なのに，別の場所では日食にはなりません。一行は，このことに気づいて観測を行い，観測地点による計算の補正もしていました。この知識は日本にも入り，他州食とよばれました。

たとえば『玉葉』正治元年（1199）正月1日条によると，九条兼実は「他州蝕」の知識があり，その場合は日食の起こっていない地は，「その厄運を遁るべし」と言っています。日食は，凶事の前兆とされていたからです。

もうひとつ注目すべき点は，大衍暦を施行してまもなく，日本でも進朔法を採用したことです。進朔は，唐では麟徳暦（儀鳳暦）時代に始められましたが，日本では，まだ採用されていませんでした。

＊　　　　＊　　　　＊

コラム

日食と視差

日食とは，地球のある地点から見て太陽が月に掩蔽（えんぺい）される現象です（210頁参照）。占星術では重大な天変なので，中国でも日本でも予報が出され，朝廷は日食に備えました。中国暦法での，最初のころの日食の予測は，太陽と月が同時に黄道と白道の交点（昇交点・降交点）にくる周期（食周期）で立てられました。

大地が球体であることを知らない古代中国の天文学者は，地心からの視点で，月が太陽を掩うかどうかを計算していました。ところが，実際の地球はボール状です。そのボールの上から月を見ると，観測地点によって，地心から見た場合とは違った方向に見えます。つまり，周期計算で太陽と月が同時に交点に来ても，日食は，必ず起こるとは限らないのです。隋唐代の暦法は，この視差の存在に気づいたのです。

この視差は，主に月の高度によって起こります。仮に月が頭の真上（天頂）にあれば，視差はありません。月の位置が低くなると，視差は大きくなりま

す。一方，太陽はずっと遠くにあるので，視差は小さく大して問題にならないため，古代の暦法では無視されています。日食の場合の視差は，太陽は計算通りの方向にいるのに，月はズレてみえるところに問題があるのです。図50の点線は，それぞれ地心からと，地球上の観察者とから見た，月の位置の視差を示しています。

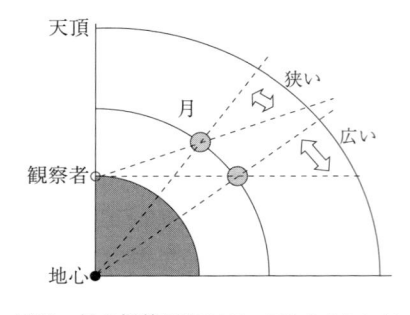

図50　月の視差（横塚2008の図を参考とした）

　大衍暦は，視差のうちの，二十四節気ごとの補正値（気差）にだけ注目しました。どの節気期間中に日食が起こったかによって，天頂から月（当然このときは白道と黄道の交点付近にいる）までの距離が変わるからです。現代天文学的にいうと，これは赤緯差に当たります。

　ただし，月の高度は時角によっても変わります。時角とは，子午線（真北と真南を結んだ天球上の線）と，天体との赤道上の角距離です。子午線上に天体が来た時が南中で，高度も一番高いことになります。よってこの時の日食なら，月の視差はその日で一番小さいわけです。またそれぞれの地方では，正午に太陽が真南にきます。言い換えれば，正午の日食が，どの節気にあってもいちばん月の視差が小さくなります。逆に日出・日没の時の日食は，月が地平線にまで下がってくるので，視差がもっとも大きくなります。この時角差については，大衍暦もまだ知らなかったわけです。

　ところで，隋唐の時代の中国で，一般の天文学者が考えていた宇宙の形は渾天説によるものです。渾天説では，大地は平らと考えていました。しかし「気差」は，隋の大業暦には見えます（『隋書』律暦志・中）。ではなぜ，地球を前提とする気差の考えを，天文学者は取り入れることができたのでしょうか。

　ここで少しばかり興味深いのは，仏教が考える宇宙の形である須弥山説です。そしてこの須弥山説と同一視されて，中国の仏教信者に支持された宇宙論が，蓋天説です。蓋天説には，新旧二通りの考え方がありますが，渾天説の影響をうけた第2次蓋天説は，図51のような形をしています（能田忠亮氏の復原による）。

116　Ⅱ　古代日本の暦史

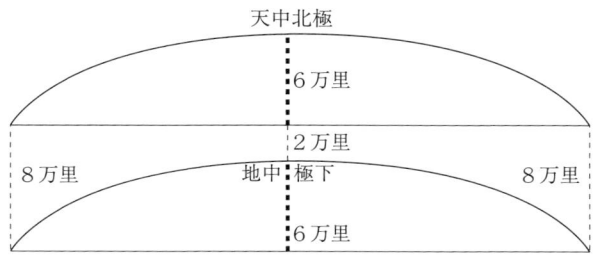

```
        天中北極
            ┆6万里
            ┆2万里
 8万里  地中┆極下  8万里
            ┆6万里
```

図51　第2次蓋天説

　図のように第2次蓋天説は，大地が椀を伏せたような形で，その上に，同じく椀を伏せたような天が浮かび，北極を中心に1日1回転すると考えました。なお須弥山説は世界の真ん中に須弥山という非常に高い山があり，その周囲を天体が回っていると考えました。蓋天説とは違いもありますが，渾天説よりは似ています。

　南北朝，そして隋唐代の中国は仏教が盛んで，隋の煬帝が「菩薩天子」とよばれたことは有名です。また彼だけでなく，何人もの唐皇帝が菩薩戒を受けて，「菩薩天子」となりました。とすると蓋天説は，一般の人びとには案外支持されていた可能性もあると思います。

　天文学者たちは，もしかしたら蓋天説における高低差のある大地像から，日食における気差に気づいたのかもしれません。時角差を考慮しなかったのも，蓋天説に依拠して，日出・日没，月の出・月の入の際に，日月の高度が変わると思っていなかったからだとすると，話が合います。もっとも蓋天説のような，お椀を伏せたような天では，様々な天体現象が説明できません。暦法の制作者も，基本的には渾天説を支持していたとは思うのですが……。現に仏僧である一行も，渾天説にのっとって，渾天儀を製造しています（『新唐書』天文志）。

　　　　　＊　　　　　＊　　　　　＊

（2）大衍暦への改定がなぜ遅れたか

　大衍暦を日本に持ち込んだのは，留学生として唐に渡った吉備真備（もとは下道真備）です。

　　辛亥。入唐留学生従八位下下道朝臣真備（＝吉備真備），唐礼一百卅巻，

太衍暦経一巻，太衍暦立成十二巻，測影鉄尺一枚，銅律管一部，鉄如方響写律管声十二条，楽書要録十巻，絃纒漆角弓一張，馬上飲水漆角弓一張，露面漆四節角弓一張，射甲箭廿隻，平射箭十隻を献ず。

(『続日本紀』天平7年〔735〕4月辛亥〔26日〕条)

　真備は吉備地方（現在の岡山県）の豪族の出身で，父親は中級官人でした。しかし学問に優れ，遣唐留学生・遣唐副使として，二度も唐に渡りました。最初の帰国後は，聖武天皇に重んじられて，のちの孝謙天皇の教師役（東宮学士）を務めます。

　しかしその後は，権力者となった藤原仲麻呂に疎んじられて左遷されたあげく，天平勝宝4歳（752）になって，再び唐に派遣されてしまいました。当時の遣唐使の渡海は危険な任務であり，仲麻呂としては，真備が東シナ海の海底に沈むか，「天の原ふりさけみれば」と歌った阿倍仲麻呂のように，そのまま唐に仕官でもして留まることを期待したのでしょう。しかし，悪運の強い（？）真備は無事帰国すると，天平宝字8年（764）に起こった藤原仲麻呂の乱では，孝謙上皇方の参謀として，仲麻呂滅亡に大いに功績をあげました。そして，最後には右大臣にまで昇りました。

　この天平7年は，第1回目の入唐の帰国時であり，彼は留学生として，たくさんの文物を携えて日本に戻ってきました。大衍暦はそのなかのひとつです。

　ところで日本では，天平勝宝元年（749）7月甲午に，女性の孝謙天皇が即位しました。彼女は，聖武天皇と光明皇后（藤原安宿媛）の娘です。当時，天皇になりうる男性皇族は大勢いました。他方，光明皇后には，夭逝した1人を除き，男子が生まれませんでした。そこで，藤原氏やそれに同調する一派の勢力維持を目的として，阿倍内親王（孝謙）が担ぎ出されます。阿倍は，女性皇族としては前例のない，皇太子を経ての即位となりました。しかし即位しても，天皇としての実権は，聖武太上天皇と光明皇太后が握っていました。

　確かに男性の後継天皇を決められないとき，女性皇族が天皇になることは，それまでにもある話でした。しかし，それは天皇のキサキ（推古，皇極，持統天皇）や母（元明天皇）・姉（元正天皇）など，女性とはいえ，相応の権威をもつ人物でした。しかし孝謙天皇の場合は，完全にカイライで，権力中枢のご都合主義で立てられたことは明らかです。

当然，この異常な女性天皇には，反発する貴族が大勢いました。政権側としては，孝謙の即位を少しでも荘厳したいところです。その際に，最新の唐の暦法である大衍暦は，新天皇即位の飾りとしてはうってつけでした。なにしろ中国での暦法変更は，新皇帝や新王朝の成立を，アピールする道具だからです。さらに大衍暦を持ち帰った真備は，孝謙天皇の皇太子時代の教師であり，大衍暦への改定に何ら政治的な支障はなかったはずです。ところが大衍暦への改定はずっと遅れ，彼女が退位したのちの，天平宝字7年（763），淳仁天皇の治世にまでずれ込みました。

表12　三暦法の用語の違いの例

儀鳳暦 （麟徳暦）	大衍暦 五紀暦	宣明暦
変　日	転終日	暦周日
離　程	転　分	歴　分
増減率	損益率	損益率
遅速積	朓朒積	朓朒積

歩月離術。藪内1989による。

　その理由として考えられるのは，新暦法習得の困難さです。

　真備は大衍暦の他に，『続日本紀』にあるように，測影鉄尺（圭表，ノーモン）を唐より持ち帰っています。圭表とは長い棒で，地面に立てて影を測り，太陽の高度や，南中時間などを調べる天体観測用の道具です。このため，彼は天文暦学の素養があり，大衍暦法にも通じていたと考えられがちです。

　しかし，大衍暦の次の五紀暦を持ち帰った羽栗 翼は医師であり，暦法に通じていたとも思えません。別に本人が暦法に通じていなくとも，暦法の巻物を唐から持ち帰ることは可能です。ただしこの場合，日本の暦博士は，独力で新暦法の巻物を解読しなければなりませんでした。

　儀鳳暦と大衍暦では，まず用語が違います。暦博士は，最初に言葉の違いを確認して，計算方法の異同を，暦法全体にわたって検証しなければなりません（表12）。

　そのうえ，先ほども述べたように，大衍暦の計算には新しい要素があります。太陽速度の算出の精密化が加わりました。教えてくれる人なしに，この点を理解することが，果たしてできたのでしょうか。

　また，歳差や進朔も加わります。地軸のふらつきによる天象のずれが歳差，朔（新月）の時刻が遅い場合，ついたちの日付（暦月1日）を，次の日に変更するのが進朔です。これらの趣旨を理解することも，日本の暦博士には難しかったのかもしれません。

次に、暦計算をするためには、立成（数表）が必要です。『続日本紀』を見ると、唐から「大衍暦立成十二巻」を持ち帰っています。ただし計算に必要な立成の、すべてが揃っていたのかどうかは、定かではありません。大衍暦には、こうした数表を作るための計算方法が載っています。もし、この唐から持ち帰った立成に、必要な数表すべてが載っていなければ、計算にだいぶ手間がかかります。何しろこの時代は、電子計算機はおろか、ソロバンもなく、算木で計算をしていました。

ちなみに、儀鳳暦の1日は1340分ですが、大衍暦は3040分です。その計算慣れも必要で、ちょっとした点でも、大衍暦は思いのほか、習得に手間がかかったように思われます。

この他に、大衍暦は、制作者の一行の嗜好性もあって、易の理論を全面的に展開しています。暦注に関して言うと、発斂術（はつれんじゅつ）では七十二候とともに、六十卦が暦日に配当されました。中国哲学において、易は占いであると同時に、宇宙を数で象徴的に表現する手段でもあります。これら新規の暦注にも、日本の暦博士は戸惑ったと思われます。

このように画期的な大衍暦の理解と習得が、日本では困難だったことは想像に難くありません。恐らく真備が帰国したときに暦博士は、この新暦法の巻物をひもといたものの、これで来年の暦を造ることはできなかったのだと思われます。ちなみに、「これまで通りの儀鳳暦で、何が悪いんだ」という、プライドもあったかもしれません。

（3）大衍暦の採用

こうして頓挫した、大衍暦の採用に熱心だったのが、誰あろう、真備を嫌っていた藤原仲麻呂です。伝記によると仲麻呂は、算術を得意にしていました。

彼は、光明皇后の甥でした。聖武天皇の治世では、これに先立つ天平9年（737）の疫病で、右大臣藤原武智麻呂（むちまろ）以下、藤原四兄弟が一斉に病死してしまいます。四兄弟は、皇后の兄弟でもあり、政権の中枢を占めていたので、この時、政府首脳は壊滅してしまったわけです。その後の政権は、皇后の異父兄である、橘諸兄（たちばなのもろえ）が掌握しました。

ところが、聖武天皇の晩年になると、政治の実権は、今度は皇后の甥の仲麻

呂（武智麻呂次男）へと移ります。聖武天皇は，仏教信仰を深めるにつれて政治への意欲を失っていき，代わって，光明皇后（皇太后）が権力を振るうようになりました。

　聖武上皇は，亡くなるとき，遺言で道祖王（天武天皇の孫）を皇太子に指名します。『日本霊異記』下巻・第38縁は，道祖王と孝謙天皇の２人に，天下を治めさせるつもりだったとしています。しかし仲麻呂は，皇太后の信頼を背景に，イトコの孝謙天皇を動かして皇太子道祖王を廃すると，自分と親密な大炊王を皇太子に立てました。大炊王は，仲麻呂の邸宅に住み，亡くなった仲麻呂の長男の未亡人を，妻としていました。

　そしてついに，天平宝字２年（758）８月に，大炊王は即位します。これが淳仁天皇です。その前年に，仲麻呂は，彼に反発する橘奈良麻呂（諸兄の子）らのクーデタ計画を摘発し，政敵を一挙に葬り去りました。さらにこれに関与したとして，自身の兄の右大臣藤原豊成まで，失脚に追い込みました。こうして仲麻呂政権が成立したのです。

　ところで仲麻呂は仲麻呂で，先進国唐の政治に強い憧れをもっていました。真備とはどちらが先進的，唐風的かを争うような気持ちも持っていたのかもしれません。そこで政権を握ると，唐風化政策と一般によばれる政治改革に着手します。まず官司の名称を，唐風に変更しましたが，その中には陰陽寮もありました。国立天文台を，唐では，太史局とよんだ時期があります。そこで仲麻呂は，陰陽寮を「太史局」と改称し，さらに大学寮算科と合体させ，暦算部門の梃子入れをします。そのうえで，奈良麻呂の乱を鎮圧した直後の，天平宝字元年（757）11月に，次のような孝謙天皇勅が出ました。

　　勅す。「聞くならく，としごろ諸国の博士・医師，多くはその才にあらず，……。そのすべからく読むべきは，経生は三経。伝生は三史。医生は太素・甲乙・脈経・本草。針生は素問・針経・明堂・脈決。天文生は天官書・漢，晋天文志・三家簿讃・韓楊要集。陰陽生は周易・新撰陰陽書・黄帝金匱・五行大義。<u>暦，算生は漢，晋律暦志・大衍暦議・九章・六章・周髀・定天論</u>。……。」

　　　　天平宝字元年十一月九日　　　　　　　　（『類聚三代格』５）

学生たちに，学ぶべき書物を指定する命令です。そして下線部に見える，

「暦，算生」は，新設の太史局に属する暦生と算生で，前者が具注暦（カレンダー）作成を，後者が七曜暦（日月五惑星の位置を計算した天体暦）の作成を学ぶ学生でした（細井2004）。彼らが，当時使われていた儀鳳暦ではなく，「大衍暦議」を学ぶことになっている点に，注目してください。

　仲麻呂は，淳仁天皇を即位させるに当たり，新しい時代の到来を演出するために，大衍暦への暦法改定をもくろんだ点は間違いはありません。何と言っても大衍暦は，唐で使われている最新暦法だったからです。実は当時，大衍暦を若干修正した暦法が施行された時期もあったのですが，日本では知られていませんでした。暦算生に大衍暦を学ばせる前提として，仲麻呂から暦博士・算博士には，大衍暦の解読と計算への習熟とが厳命されたことでしょう。

　それでも大衍暦法の解読は，やはり難しかったようで，ようやく改定の詔がだされたのは，淳仁即位の5年後の天平宝字7年（763）でした。『続日本紀』には簡単に，「儀鳳暦を廃して，始めて大衍暦を用いる」とだけあります。

　しかし，このころ，退位した孝謙上皇と仲麻呂・淳仁天皇との間は，険悪になっていました。すでに光明皇太后は亡くなっており，孝謙を押さえることのできる人物はいませんでした。周囲の意向で天皇となったものの，厳しい批判にさらされ続け，そのうえ用済みになれば譲位させられた彼女は，そのころ僧道鏡を寵愛して精神的な安らぎを得ていました。道鏡は高い宗教的能力を持ち，孝謙の病気を治して，その尊敬を得ていました。一方で，仲麻呂の専制政治を快く思わない貴族官人たちが，孝謙上皇に接近してきます。権力闘争をくぐり抜けてきた孝謙は，当時45歳。政治家としても十分に鍛えられ，操り人形であった昔日の彼女とはわけが違っていたはずです。こうしたなかで仲麻呂も，淳仁の権威を高めるための，大衍暦施行を急いでいたはずです。

　初めて大衍暦によって造られた暦が，使われ始めたまさにその天平宝字8年（764），いわゆる藤原仲麻呂の乱が起こります。孝謙上皇により，天皇大権を象徴する鈴印（れいいん）が，中宮院より奪取され，これを取り戻そうとした仲麻呂方との間で戦闘が起こりました。孝謙上皇方は，恐らく極秘裏に，綿密な計画を立てていたと思われます。後手に回った仲麻呂は敗走し，日ごろから勢力を扶植していた近江国（現在の滋賀県）へと逃れました。しかし孝謙方の吉備真備が，唐仕込みの兵法を駆使して仲麻呂の行く手を遮り，仲麻呂は琵琶湖沿岸での戦

いに破れて殺されます。

　後ろ盾を失った淳仁天皇は皇位を奪われて，淡路に幽閉の身となります。後に脱走を試みて，その直後に亡くなりました。恐らく，追っ手から受けた傷が原因でしょう。

　こうして仲麻呂が目指した大衍暦施行は，あたかも，孝謙上皇の重祚（称徳天皇としての即位）を，前もって祝福するかのような，皮肉な巡り合わせとなったわけです。なお大衍暦施行は孝謙上皇の主導によるとの説もありますが，仲麻呂政権下でその準備が進められた経緯からみて，仲麻呂主導ととらえるべきでしょう。

（4）『大唐陰陽書』

　大衍暦施行からおよそ100年後の貞観4年（862）に，宣明暦が施行されます。その宣明暦時代の具注暦に載せる暦注は，日食や月食，それに上弦・下弦・滅日・没日のように，その都度，暦法で計算する必要があるものを除き，おおかたは，『大唐陰陽書』（呂才撰とされる）とよばれるマニュアル本にのっとって，機械的に付けたものです。『国立天文台本 大唐陰陽書』を見ると，正月～12月の各月について，月首とともに，甲子日から癸亥日までの60日の十干十二支すべてに関して，毎日の暦注が載っています。たとえば正月丙寅日なら，

　　丙寅火建　除足甲　大小歳位天恩月徳　加冠出行吉　往亡　結婚　納婦　嫁娶

とあります。そこで，ある年の正月3日が丙寅なら，「三日丙寅火建……」と，具注暦の料紙に書き込めばよいわけです（もっとも節月がまだ12月なら，「三日丙寅火除　除足甲　大小歳前天恩」となります）。この宣明暦時代の暦注書『大唐陰陽書』は，実は大衍暦の暦注だったとされます（大谷1999）。いくつかの写本には，大衍暦の暦注だと記されているからです。

　こうした吉凶に関わる暦注が，元嘉暦時代より倭国の暦に載っていたことは，前述の元嘉暦木簡より知られます。ただ大衍暦は，一行が易学理論に基づいて造ったものだけに，暦注が充実していました。

　ところで，『大唐陰陽書』は，長い間に日本で，いろいろな要素が付加されており，もとのままではなかったようです。さらに『旧唐書』経籍志下や，『新唐書』芸文志3などには，呂才撰『陰陽書』五十（五十三）巻が見えます。

日本で暦注に使われているのは，写本では，その32・33巻となっています。これと一行撰の大衍暦注が同じというのはおかしいと，山下克明氏は疑問を投げかけています。院政期の『陰陽略書』には，「大衍暦例」という，大衍暦の暦注が引用されており，『大唐陰陽書』ではないからです（山下2001）。

　ここの判断は，難しいところですが，本来別のものであった大衍暦注と『大唐陰陽書』の内容が似通っていたため，ある時点で混同されてしまったのかもしれません。

　では，なぜ大衍暦の暦注が，宣明暦時代も永く使われ続けたのでしょうか。これについては，宣明暦のところで説明することとします。なお，日本における暦注は，中世に乗船型とよばれるものへと一部交替があり（伊東和彦「「乗船型」吉事注について」『日本暦日総覧』具注暦篇中世後期4），さらに貞享暦への改定時に大きく改変されるので，注意が必要です。

3　五紀暦の併用

　大衍暦の次に採用された暦法は，五紀暦です。『日本文徳天皇実録』天安元年（857）正月丙辰条には，次のように述べられています。

　　これより先，暦博士大春日朝臣真野麻呂，上請す。開元大衍暦経をもって暦を造ること年久し。しかるに今，大唐開成四年（＝839）・大中三年（＝849）の両年の暦を検ずるに，月の大小を注するに，すこぶる相い謬つあり。その由を覆審するに，五紀暦経によりこれを造るにあり。望むらくは，くだんの経術により，まさに造り進せん。今日，よってこれを許す。真野麻呂は暦術独歩し，よく祖業を襲う。この道を相い伝えて，今に五世なり。

　唐では，開成4年・大中3年暦を，五紀暦で造っていたというのは誤解です。しかし，これを根拠として，暦博士の大春日真野麻呂は五紀暦への改定を政府に言上し，許可されたとあります。

　実は関連して，これとは別に，興味深い史料があります。それは貞観3年（861）6月16日の太政官符が引用する，陰陽頭兼暦博士の大春日真野麻呂が奉った解状です（『類聚三代格』17）。これによると，宝亀11年（780）に，遣唐

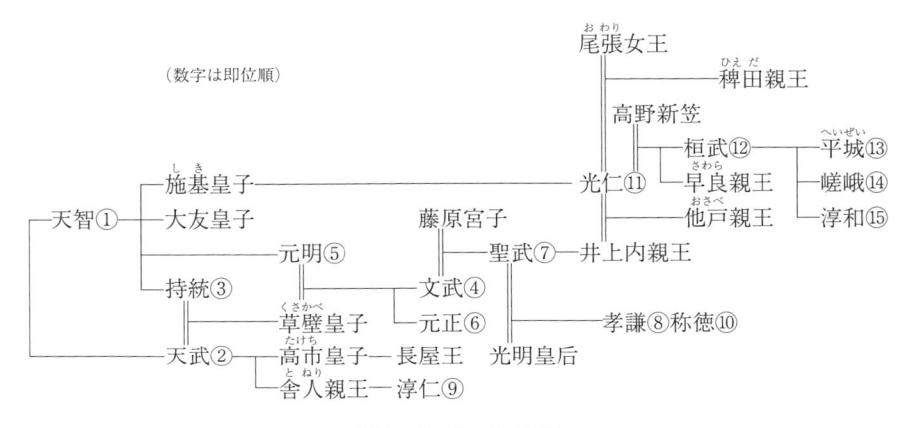

図52 天皇家系図

録事内薬正の羽栗翼が、宝応五紀暦経を貢じたとあります。その際、翼は「大唐は今、大衍暦をとどめて、ただくだんの経を用いる」と言っており、光仁天皇は天応元年（781）、勅して五紀暦によって暦を造らせようとしたとあります。

ところが真野麻呂によると、なぜか「人の習学なく、講じ成すをえず。なお大衍暦経によって暦日を勘え造ること、すでに百年におよぶ」という有様でした。そこで真野麻呂は、斉衡3年（856）に、五紀暦をもって暦を造るべき状を、あらためて申請しました。しかし太政官は、翌年正月17日に、

　　国家の、大衍経により暦を作ること尚し。聖を去ることすでに遠く、義は
　　両存を貴ぶ。よろしく暫らく相い副えて、作り進らしむべし。

と命じました。その後、大衍暦・五紀暦を併用すること、4年に及びます。つまり、先ほどの『文徳実録』の記事だけを見ると、大衍暦を五紀暦に変えたように読めますが、実は、大衍暦と五紀暦の併用が命じられただけでした。

そこで、まず問題は、なぜ光仁天皇が五紀暦を採用しようとして果たせなかったかです。

光仁天皇は、天応元年に五紀暦の採用を決め、翌年、桓武天皇に位を譲りました。ところで奈良時代の天皇は、系図（図52）を見ればわかるように、天武天皇の子孫、もしくはそのキサキが占めていました。また、光仁天皇は天武系

第2章　律令国家と暦　　125

ではありませんが，聖武天皇の娘の井上内親王を妻としていました。このため，子どものない称徳天皇のあとを嗣いで，天皇となったのです。光仁と井上の間には，他戸親王がおり，光仁の即位とともに，皇太子となりました。つまり光仁天皇は，天武系の中の，一種の中継ぎ天皇であったのです。

ところが井上と他戸は，光仁を呪った罪で地位を追われて，監禁されて，宝亀6年（775）の同じ日に，謎の死を遂げます。そして，かわりに即位した桓武天皇は，母親が渡来系の中級官人クラスで，ステータスが高くありませんでした。

このために，桓武天皇に反感を抱く貴族もいました。光仁天皇が生きているうちに，桓武に位を譲ったのも，後見人として彼を守るためです。そうであれば，五紀暦の採用を決めたのも，桓武への政権交代を，暦法の改定により印象づけるためだったと考えられます。

ところが，このとき五紀暦は，学ぶ者がなくて施行されなかったと真野麻呂は言います。では五紀暦が，大衍暦以上に難解な暦法かというと，そうではありません。実は五紀暦は，大衍暦の天文定数を，儀鳳暦の数値に直しただけのものでした（藪内1989）。採用の理由も，唐の代宗が，自らの権威を誇示するための演出で，実際は大衍暦の改悪だったとされています。また桓武天皇以降，9世紀の日本は，遣唐使の派遣が少なくなり，ついに中絶します。これは，唐が混乱して求心力が衰えたためですが，結果的に唐の最新暦法は，日本に入ってこなくなります。

桓武天皇は，唐の皇帝を真似て天を祀るなど，自分の出自をカバーするために，独自の権威を高めようとした君主でした。とすると，彼が五紀暦を採用しなかった真の理由も，唐から独立した本当の天子であることを誇示したかったためではないか，と考えることもできます。かつて儀鳳暦を習得しながら，元嘉暦を使い続けたのと似た理由です。

そのような五紀暦の採用を真野麻呂が政府に申請したのは，なぜでしょうか。実は，この直後の天安元年（857＝斉衡4年）に，文徳天皇の外戚の藤原良房が，人臣最高の太政大臣に任じられています（『文徳実録』天安元年2月丁亥条）。良房は，摂関政治の基礎を築いた人物です。またそれまでの太政大臣は，称徳女帝の寵愛を背景に皇位を窺った道鏡や，天皇を凌ぐ権力を振るった藤原

仲麻呂など，特殊な人物だけが任じられていました。したがって真野麻呂は，良房の意向を受け，良房の治世の到来を印象づけるため，新暦法の採用を提案したと考えられます。また政府が大衍暦との併用を命じた点にも，良房の意向が反映されていたはずです。天皇の即位でもないのに完全に暦法をとりかえることは，さすがに遠慮したのかもしれません。

なお，コラム「進朔はいつ始まったか」でも述べた進朔限の変遷には，この五紀暦の影響があったようです（細井・竹迫2013）。真野麻呂ら暦博士は，五紀暦こそが唐の最新暦法であって優れていると，思い込んでいた面は確かにありました。

4　宣明暦の採用

その後，真野麻呂のさらなる申請により，貞観3年（861）6月16日の太政官符で，宣明暦の採用が認められました。この宣明暦は，唐では穆宗の長慶2年（822）に施行されており，日本へは渤海使が持ち込みました。宣明暦への改定は，優秀な暦法である「はず」の唐の現行暦で，幼くして即位した清和天皇の権威を飾るところに，第一の目的があったと考えられます。先ほどふれた真野麻呂解状は，その理由を次のように述べています。

　去る貞観元年，渤海大使烏孝慎，新たに長慶宣明暦経を貢じていわく，「これ大唐新たに用いる経なり」と。

　　真野麻呂，試みに覆勘を加うに，理まさにもとより然るべし。よってくだんの新暦をもって，大衍・五紀等の両経と比校し，かつは天文を察し，かつは時候を参ずるに，両経の術，漸く麁踈に似て，朔・節気をして既に相い差うあり。また大唐開成四年，大中十二年等暦を勘うるに，また彼の新暦と相違せず。暦議にいわく，「陰陽の運，動くにしたがって差う。差いてやまず。ついに暦と錯せり」てえり。

　　ただいま大唐は開元以来，三たび暦術を改む。しかるにわが国は天平以降，なお一経を用いる。静かに事の理を言うに，実に然るべからず。望み請うらくは，旧をとどめ新を用い，天歩に欽若せん。謹んで官裁をこう。

（『類聚三代格』17）

真野麻呂は,「大衍・五紀暦と比較して,しばらく天体を観察し,季節の変化を考えると,両暦法は不十分なので,朔や節気に既に誤差が出ている」と言っています。しかし,五紀暦採用時の事情を考えると,本当に天体観測をして,宣明暦の優秀さを確認したのかどうか疑わしくもあります。むしろ,彼の手元にあった唐の開成4年（839）,大中12年（858）の暦の月朔などが,宣明暦と合致していたので（宣明暦法で計算したのだから当然）,安心して推薦したのではないでしょうか。

　さて宣明暦は,大衍暦をさらに整備したものです。この宣明暦は,確かに優れた暦法でした。つまり,大衍暦では欠けていた時角差を考慮に入れ,これを補正して日食を計算しています。

　日本では,平安時代以降,宣明暦が永らく使われることとなります。中国でも,元王朝の時代に授時暦が編纂されるまでは,中国暦の代表格でした。中国での暦法改定は,皇帝が見栄のために行う場合も多く,必ずしも新しい暦法が旧暦法より良いとは限らなかったのです。また中国暦法は,中国の宮都所在地にある天文台の天体観測に合わせてできています。隋唐の都である,長安（現西安,北緯34度16分）や,洛陽（34度46分）と,平城京（34度41分）・平安京（35度1分）は,緯度はあまりかわりません。しかし,経度が違うので,時差があります。よって,日本の京都での天象とは必ずしも合致しません。

　この点で,たとえば日食予報の場合,長安（東経108度54分）と京都（135度45分）の時差は,1.8時間あります（東にある京都の方が日出・南中・日没が早い）。経度が15度違うごとに,1時間の時差が生ずるのです（地球1周360度で24時間）。ただし,宣明暦の1朔望月が,実際より微妙に長いため,予報時刻に対する日食の実際の発生時刻が徐々に早まります。このため結果的に,京都での予報時刻に近づくのです（大橋2005）。

　しかも,地軸のふらつきによる歳差現象によって,宣明暦による天象は,より正確になっていきます。どういうことかと言うと,宣明暦は（他の中国暦法も）近日点（地球が太陽にもっとも接近する軌道上の位置）と,冬至点が一致しているという前提で,計算をします。ところが宣明暦が造られた8世紀初頭に,近日点は冬至点の7度あまり前（黄経263度）にありました。

　しかし歳差現象により,近日点は冬至点に近づいていき,13世紀中ごろ一致

します（冬至点の黄経270度）。つまり，宣明暦の計算に，太陽の運動の方が合うように変化していったのです。その後，歳差現象によって，冬至点と近日点とは，再び離れていきましたが，貞享暦に取って代わられた江戸時代（17世紀末）になっても，近日点は277度ほどで，ずれの幅は約7度と，唐代とさして違いはありませんでした（大橋2005）。

　要するに，長年使い続けたからと言って，宣明暦の精度が，（特に暦法の善し悪しを判断する日食予報について）悪くなったわけではないのです。日本で宣明暦が使い続けられた理由は，こうした点にあったと思われます。

　ところで，宣明暦が採用されても，暦注は大衍暦時代のものが使われ続けました。宣明暦注と，大衍暦注は厳密に一緒のものではありません。渤海使が持ち込んだ『宣明暦経』には，暦注の解説の巻が欠けていたのです。次に，このことを説明する，元慶元年（877）7月22日の太政官符を掲げましょう。

　　　まさに暦書廿七巻を加え行うべき事
　　　　大衍暦経一巻　暦議十巻　立成十二巻
　　　　略例奏草一巻　暦例一巻　暦注二巻
　　　右，中務省の解を得るにいわく，「陰陽寮解していわく，『頭従五位下兼行暦博士家原朝臣郷好の牒状にいわく，〈謹んで案内を検ずるに，去る天平宝字元年十一月九日の勅書により，大衍暦経をもって暦日を勘造すること，既に尚し。しかるに貞観三年六月十六日の格にいわく，《大衍の旧暦を停め，宣明新暦を用いよ》てえれば，この新経により，御暦を造り進す事，漸く年序をへたり。今，くだんの宣明経の目録を検ずるに，ただ経術を勘うの書ありて，暦議にあい副うの書なし。望み請うらくは，前後の格により，大衍・宣明の両経をあい副えて，道業の経となさん。ただし暦日を勘造するは，宣明経を用いん〉てえれば，寮，牒状を覆すに，陳ぶるところ道あり。よって申し送らん』てえれば，省，解状により，謹んで官裁を請う」てえれば，大納言正三位兼行左近衛大将陸奥出羽按察使源朝臣多宣すらく，「勅をうけたまわるに，請いによれ」と。（『類聚三代格』17）

　つまり，宣明暦には暦日を計算する書（「経術」）のみあって，「暦議」以下の書がないので，大衍暦で暦注を付けたいと陰陽頭兼暦博士の家原郷好が申請して，天皇の許可を得たわけです（山下2001）。ちなみにこの郷好は，陰陽

第2章　律令国家と暦　　129

師というより算道に近い人物で，計算能力を買われてこの職に就いたと思われます。

それはともかく，貞観4年の宣明暦施行から16年間も，暦注を欠いた具注暦が使われていたとは思えません。恐らく宣明暦採用の時点から，暦注は大衍暦のものがそのまま使われていたのでしょう。この時は，その現状を追認して貰うため，陰陽寮から申請があったものと思われます。逆の見方をすれば，暦議すらない宣明暦の採用を主張した真野麻呂は，かなり強引だったということができるのです。

＊　　　　＊　　　　＊

コラム

最後の遣唐使と宣明暦

宣明暦は，なぜ唐から直接輸入されなかったのでしょうか。この理由について，佐伯有清氏（佐伯1978），大谷光男氏（大谷2001），大日方克己氏（大日方2003），森公章氏（森2008）の論，それに筆者の自説をふまえると，次のように考えられます。

まず9世紀の日本は，五紀暦の採用を見送って以後，唐の最新暦法を採用する意欲に欠けていました。理由は，先に述べた桓武天皇の自立志向があったと思われます。現に最澄・空海の渡唐で有名な，延暦24年（805）帰国の遣唐使は，興元元年（784）～元和元年（806）に唐で使われていた正元暦を持ち帰りませんでした。

日本が実際に派遣した最後の遣唐使は，苦難の末に承和5年（838）6月に出発した，承和の遣唐使です。この使節には，暦請益生（れきしょうやくしょう）と暦留学生が乗り込む予定になっていました。ところが，『続日本後紀』承和6年（839）3月丁酉条には，次のように記されています。

　　丁酉。遣唐三箇舶に分配するところの，知乗船事従七位上 伴 宿祢有仁（とものすくね ありひと）・暦請益従六位下刀岐 直雄貞（ときのあたい お さだ）・暦留学生少初位下佐伯 直 安道（さえきのあたい やすみち）・天文留学生少初位下志斐 連 永世（しひのむらじ ながよ）等，王命を遂げず，あいともに亡（かく）げ匿（かく）る。これを古典に稽するに，罪，斬刑に当たる。勅して，特に死罪一等を降ろし，佐渡国に配流す。

暦留学生は長期留学生であり，請益生は何か特定の知識の習得を目的とした，短期留学生です。仁明天皇の派遣したこの遣唐使は，密教の大元帥法の将来を目的としていたとされ，かなり気合いが入っていました。たぶん仁明朝の政権要路は，唐の最新情報をできるだけ蒐集しようと考えていたのでしょう。その一環として，唐の暦についての最新情報（暦法？　進朔？）を，請益生の刀岐雄貞に持ち帰らせ，留学生の佐伯安道には，唐の暦法そのものをじっくり学ばせる積もりだったのではないかと想像されます。この留学生たちが唐に行っていれば，当時使われていた宣明暦を持ち帰った可能性がありました。

　なお大春日真野麻呂は，先に見たように，宣明暦採用の根拠として，唐の開成4年暦（839）を引用しています。これは，承和6年（同年），7年に帰国した承和の遣唐使が，持ち帰ったものだと思われます。彼らも，唐滞在中は必要上，カレンダーを入手していたはずだからです。ちなみに日唐の月朔は，唐の開成4年暦の場合，3月1日が癸未，日本の承和6年暦の場合は壬午，6月1日が辛亥，庚戌と違います。よって大月も，唐では正・2・5・7・9・10・11月なのに対して，日本では正・3・6・7・9・10・11月と，2箇月に違いがありました。（大日方2003）

　ところが，政府首班の意気込みに反して，このころの唐はすっかり衰退していました。遣唐使は東シナ海の波濤を無事に越えても，唐側の官費による留学生の滞在援助は悪く，唐国内で十分安全が確保されるかも，少々心許ない有様です。遣唐副使の小野 篁もこれを知っていて，乗船を拒否します。そのうえ，使節派遣自体を批判する詩を作って流行させたため，嵯峨上皇の怒りに触れ，隠岐島に流されてしまいました。雄貞と保道らもこれを見て，乗船を拒否したものと思われます。当時の日本では事実上，死刑は廃止されていました。東シナ海の藻屑となるより，天皇の命令を拒否して配流された方がましだと考えたのでしょう。

　結局，暦の専門家は，承和の遣唐使には同行せず，結果として宣明暦の完全版は，日本に将来されなかったわけです。もっとも森公章氏によると，承和の遣唐使に同行した請益生・留学生は，十分成果を上げられませんでした。とすると，雄貞らが渡唐したとしても，絶対に宣明暦を持ち帰れたとは限らなかったことになります。彼らの判断は正しかったのかもしれません。

ただしこの頃の東アジアは，唐商人や在唐新羅商人の活動が活発でした。彼らは唐・新羅・渤海・日本を股にかけて交易を行い，頻繁に日本を訪れていました。篁も，こうした商人から，海外情報を得ていた形跡があります。恐らく日本に来た彼らのうちの，誰かが使っていた大中3年暦・大中12年暦が不要になったため，真野麻呂が入手して宣明暦への改定の根拠としたのでしょう（大日方2003）。

＊　　　＊　　　＊

5　符天暦の導入

（1）符天暦の特徴

　符天暦は，術士の曹士蒍が作った暦法です。『新五代史』司天考1によると，唐の建中年間（780〜783年）の成立で，国立天文台で編纂されたものではない「小暦」，つまり私暦でした。唐では，安史の乱（755〜763年）の後，王朝が衰えて政府の規制が緩んだために，私暦が横行するようになります。反面，唐政府の頒暦が，国内に行き渡らなくなったため，各地域では社会生活に必要な暦を，自ら造らなければならなかった面もありました。これは，唐が中央集権国家として機能しなくなったことを端的に示す出来事でした。符天暦は，そうした中で使われ始めた暦法です。

　なお私暦とは言っても，符天暦は，唐滅亡後の五代十国時代の呉越国の司天台で使われました。また，五代の後晋の司天監馬重績が調元暦を作ったときも，藍本となります。

　符天暦の特徴については，藪内清氏（藪内1990），中山茂氏（中山1964），桃裕行氏（桃1990），鈴木一馨氏（鈴木1998）らの研究があるので，主にそれらによって説明したいと思います。

　符天暦の1年は365.24737日（宣明暦は365.2446日），1朔望月は29.5306日（宣明暦も29.5306日）です。これは宣明暦と，あまり変わりはありません。

　また，地球は太陽の周囲を円軌道ではなく，楕円軌道を描いてまわっています。この結果生じる見かけの太陽運動の速さの違いを，中心差と言います。こ

の中心差を，符天暦では，

$$y = \frac{1}{3300} x \ (182 - x)$$

……y（差積度分＝中心差），x（盈縮度数＝太陽行度）

という，二次方程式で変化を連続的に表します（鈴木氏は，分母を「33」とすべきだとします）。この点は，補間法で段階的に太陽運動の変化を計算する，大衍暦や宣明暦の中心差の表し方とは違っており，後世，元王朝の時に造られた授時暦の三差招差法の先駆だとされます。

計算の原点である暦元が，顕慶5年（660）の雨水であって，他の中国暦にくらべて太古に遡らないことも，符天暦の特徴です。これは，インド暦法である，九執暦の影響とされています（藪内1990）。また，二十四節気の雨水でかつ朔の時刻（朔旦雨水）を暦元とするのは，官製の暦法ではそれまで元嘉暦だけでした。

ちなみに中国暦法の暦元（上元）は，普通は甲子夜半朔旦冬至（日の干支が甲子で，ちょうど夜半の時刻に朔であり，また冬至である）でした。しかも，この甲子夜半朔旦冬至は，計算上の惑星の会合も一致させるため，太古の昔に遡らせて設定する場合が多かったのです。宣明暦でいうと，この暦法が造られた唐の長慶2年（822）より707万年余り（7070138年）も遡ります。これを起点に計算を開始するので，それだけ手間がかかりました。この点で，符天暦の計算は簡易だったわけです。

この他，万分暦である点も，符天暦の特徴です。他の暦法では，日法つまり1日の時間数を中途半端な数にしていました。たとえば，宣明暦は8400分で1日，大衍暦は3040分で1日としています。これに対して，符天暦は10000分で1日としており，計算がしやすかったわけです。

（2）符天暦と宣明暦

五代十国のひとつ，呉越国の都は現在の杭州にあります。唐滅亡後，日本と中国王朝との国家間での公式の外交関係はなくなりました。しかし，貿易商人や仏教僧などを介した交流は，だんだん盛んになっていきました。

五代十国の戦火により，中国天台宗の本山である，天台山の経典も被害を受けました。そこで天台山の義寂は，呉越王銭弘俶にも願い，僧徳韶により書

第2章 律令国家と暦　133

信を高麗や日本に送って，天台経典の書写を依頼しました。日本では，天台座主延昌がこの依頼に応えて書写をさせ，天台山に送りました。その際，日本側の使僧として天台山に派遣されたのが，日延でした。

日延は，肥前国（今の長崎・佐賀県）の出身で，のちに藤原師輔のために九州に大浦寺を建立しています。肥前は大陸に近く，海外に向かう船の基地となる港が多い場所です。恐らく日延は，地元の縁故で中国に向かう船の便を得やすいと，朝廷から見られたのでしょう。彼は天暦7年（953），呉越国の商人蔣承勲の船が帰るのに便乗して，呉越国に渡りました。

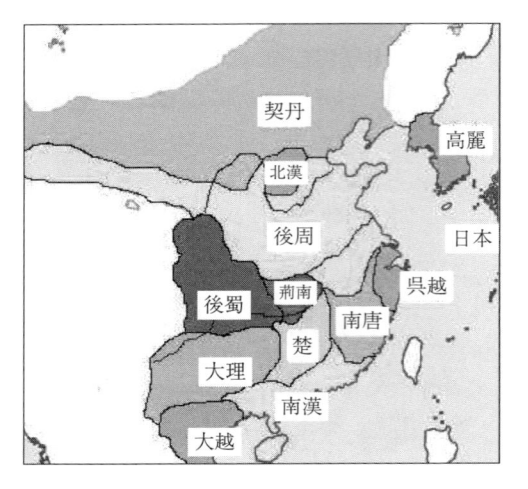

図53　五代十国時代の東アジア

ところで日延は，単に天台僧だっただけではなく，禄命師とよばれる術士でもありました。禄命は密教占星術である宿曜道と，深い関係にありました。前にも少し触れましたが，空海ら密教僧は，唐から『宿曜経』を持ち込み，日本でも密教占星術が本格的に始まります。

この日延が，天台山へ天台経典を運ぶ使節に選ばれたとき，それを聞きつけた暦道の賀茂保憲は，村上天皇に次のような要請をしました。

> 諸道博士は皆，不朽の経籍により，おのおの当時（＝現在）の研精に勤む。ただし暦道に至りては，改憲の新術を守り，観象の変通に随う。ここにもって，唐家，一度移るごとに，斗暦改憲す。去る貞観元年，宣明暦経来たり用いるの後，百三十余年に及ぶ。計りみるに，大唐は（改）作の暦経あるか。人の通じ伝うるなく，新暦来たらず。今くだんの遣唐法門使日延は，故律師仁観の弟子なり。もっとも暦術を訪い習うに便宜あり。（伏して）冀わくは，宜しく日延に仰せて，新修の暦経を尋ね伝えしめらるべしてえり。
> （大宰府政所牒案，『平安遺文』4623号）

占星術にも精しい日延に，中国の新暦法をついでに学んで帰ってきてほしいと願い出たのです。「唐家，一度移るごとに，斗暦を改憲す」とは，歳差により暦法を変えることを意味します。桃裕行氏によると，宣明暦では歳差で冬至日躔（冬至の時の太陽の位置）が１度変わるのは84.85年ごとであり，これは陰陽寮が82年ごとに作成する，中星暦（『延喜式』陰陽寮式）の年数にも近い数字です。

宣明暦は唐の長慶２年（822）の施行なので，当時すでに84年を超えて，130年が経過していました。つまり保憲は，中国では当然，天象に合う新暦法が施行されているはずだと考えました。その暦法を手に入れて，日本で現行の宣明暦を改めたいと言ったわけです。

そこで日延は，天台経典送致の他に，新暦法の将来というもうひとつの大役を引き受けて，海を渡ることになりました。

> 随いて則ち，勅宣を賜り，日延，寸心に忠を含み，服斎を忘れず，海を渡りて唐に入り呉都に参り着く。王は身に随える法門を計細し，歓喜感忻し，明を喧して賜うに紫衣をもってし，内供奉に准ず。日延，松容を経るの後，新修の暦術を尋ね習わんことを申し請う。許諾を賜い，宜しく司天台に仰せて，「早く伝習せしめよ」てえれば，即ち所持する御金八十両を出して司天台に入れ，新修の符天暦経ならびに立成等を尋ね学び，兼ねてまた本朝に未だ来ざるところの内外書千余巻を受け伝う。 　　（同前）

渡海後，日延は，学費を払って呉越国の司天台（国立天文台）に入ります。そこで符天暦と立成（計算用の数表）を学びました。

> 去る天暦十一年十月廿七日をもって改元し，以来，天徳元年という。身に随えて帰朝す。即ち勅使蔵人源是輔と，あいともに駅伝入京す。数によりて公家に献納し，御覧の後，暦経は，保憲朝臣に下し預けらる。法門は台嶺学堂に上げ送らる。外書春秋要覧・周易会釈記各廿巻等は，江家に留め置ることすでにおわんぬ。　　　　　　　　　　　（同前）

天徳元年（957）に，４年の在留生活を終えて日延は日本に戻り，日本にまだ来ていなかった千余巻の書物を，天皇に献上しました。そののち，符天暦は保憲に預けられ，仏教書は延暦寺に，儒教書は紀伝道の大江氏に渡されます。

このように保憲は，呉越国で使われていた符天暦を手に入れたわけです。

第２章　律令国家と暦　135

が，なぜか，符天暦による暦法改定は行われませんでした。つまり，符天暦が将来されたにもかかわらず，宣明暦が貞享暦にとってかわられる江戸時代まで使われ続けたのです。これは，符天暦が官により制定された暦ではなかったためではないかと，研究者たちは考えています。また中山茂氏が指摘するように，太陽の中心差（円軌道と楕円軌道での太陽運動の差）に関しては，符天暦よりも宣明暦の数値の方が実際に近いものでした。保憲は，あるいは日月食の観測などによってそのことを感じ取り，採用を見送ったのかもしれません。

なお，桃氏が指摘するように，9世紀末の日本にあった書物の目録である『日本国見在書目録』天文家条には，「唐七曜符天暦一」があります。これによれば，符天暦は，日延に先んじて日本に将来されていたことになります。ただし民間暦であり，また書物だけがもたらされたため，この時のものは実用されなかったのでしょう。

これに対して日延は，符天暦のテキストとともに，立成（数表）をも携え，計算方法も呉越司天台で学んで戻ってきました。よって今回は，符天暦が死蔵されることはありませんでした。実は符天暦は，その後の日本では，主に宿曜師により用いられ，ある種の暦注やホロスコープの製作，日月食の予報の計算に使われたのです。

また，暦道でも賀茂氏が，長寛2年（1164）の朔旦冬至に関わって出した暦道勘文（暦道の学者が諮問に応えて上申する調査報告・意見書）では，符天暦を使って計算をしています。符天暦は，いわば宣明暦を補完する暦法となったのです。

符天暦採用の事情は，後述する暦道賀茂氏のところでまた取り上げたいと思います。

（3）宿曜道と宿曜師

密教占星術のことを日本では宿曜道といい，その術士である僧を宿曜師といいます。

宿曜道は，西洋の「星占い」と起源は同じで，西方のヘレニズム時代に発達したホロスコープによる占星術です。天体の位置を算出して占う数理占星術であり，個人の運命を対象としました。これに対して，日本の陰陽道の一分野で

表13　黄道十二宮

十二宮 （主要星座）	誕　生　日 （西洋の占星術）	宿曜経で の名称	現在，太陽がある 主な星座
白羊宮（牡羊座）	3月21日〜4月20日	羊　宮	魚　座
金牛宮（牡牛座）	4月21日〜5月20日	牛　宮	牡羊座
双子宮（双子座）	5月21日〜6月21日	夫妻宮	牡牛座
巨蟹宮（蟹座）	6月22日〜7月22日	蟹　宮	双子座
獅子宮（獅子座）	7月23日〜8月22日	獅子宮	蟹座・獅子座
処女宮（乙女座）	8月23日〜9月22日	女　宮	獅子座
天秤宮（天秤座）	9月23日〜10月21日	秤　宮	乙女座
天蠍宮（蠍座）	10月22日〜11月21日	蝎　宮	天秤座
人馬宮（射手座）	11月22日〜12月21日	弓　宮	蠍　座
磨羯宮（山羊座）	12月22日〜1月19日	磨竭宮	射手座
宝瓶宮（水瓶座）	1月20日〜2月18日	瓶　宮	山羊座
双魚宮（魚座）	2月19日〜3月20日	魚　宮	水瓶座

　ある天文道は，同じく占星術とはいえ変異占星術でした。つまり天文異変（主に計算外の天体現象，流星・彗星，計算通りでも見かけが異常な現象）があった場合に，その意味を占うのです。また，国家に関わる事件について占う，国家占星術でもありました。計算に基づく占いを「英知の占い」とも言いますが，日本では，天文道と同じく陰陽道の一分野である暦道の暦注の方が，「英知の占い」にあたります。

　西洋の占星術では，簡単には子どもが生まれたときの太陽の位置で，運勢を占います。天を，太陽の通り道である黄道にそって（春分を出発点として）12に分け，十二宮とします。そして宮はその中の，適当な星座をとって名としています（49頁を参照）。なお，中国天文学が，二十八宿による赤道座標を主に使ったのに対して，黄道座標を使うのが西方の天文学の特徴だとされます。

　今，われわれが「蟹座生まれ」とか，「乙女座生まれ」などというのは，ほんらいは巨蟹宮や処女宮に太陽がいるときに生まれたという意味です（表13）。ただし西洋占星術で「巨蟹宮に太陽がある時に生まれた人は蟹座生まれ」というのは，厳密に言えば紀元前3世紀ころの話です。今では歳差現象によって，6月〜7月の太陽の位置は，ひとつ前の双子座にあります。なおインド占星術では，十二宮を歳差に従って動かします。

　宿曜師がホロスコープを作る際には，十二宮と，同じく黄道ぞいに天をわけ

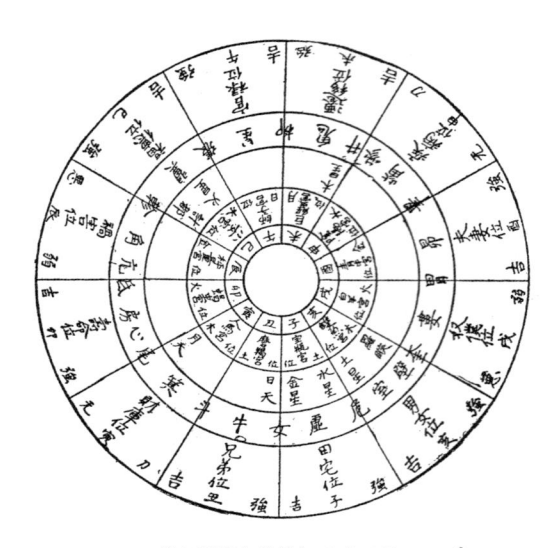

図54 『宿曜運命勘録』のホロスコープ
（『続群書類従』第31輯上より）

た十二位，そして二十七宿を使い，九曜（九執）が誕生時に宿る位置で，運命を占いました。九曜とは，日月五惑星（水・金・火・木・土星）と羅睺星（黄幡）・計都星（豹尾）のことです。なおインド占星術起源の二十七宿は，がんらい中国の二十八宿にくらべて牛宿を欠き，また中国の二十八宿が不等間隔なのに対して，等間隔の黄道座標であることが特徴です。

　こうした西方の占星術は，日本へは『宿曜経』としてもたらされました。矢野道雄氏（矢野1986）によると，『宿曜経』（正式名称『文殊師利菩薩及諸仙所説吉凶時日善悪宿曜経』）は，唐の密教僧である不空金剛が，初歩的なインド占星術の知識を口述し，それを弟子の史瑶が筆録したものです。同経の下巻がそれにあたり，上巻は，楊景風が不空の指揮の下に，唐人にわかりやすいように，改訳したものとされます。なお，不空金剛は北インドのバラモン階層の出身で，大暦9年（774）に亡くなりますが，唐では三代の皇帝に仕え，予言・攘災・増益に活躍しました。

　この『宿曜経』は，唐で密教を不空の弟子の恵果より学んだ空海が，日本に持ち帰りました。また貞観7年（865）に，唐より帰国した東寺僧の宗叡の持ち帰った，『新書写請来法門等目録』（大正新脩大蔵経2174巻）には，次のような書名が見えます。

　　都利聿斯経一部五巻，七曜攘災決一巻，七曜二十八宿暦一巻，七曜暦日一巻

　『七曜攘災決』以外は，散逸して残っていませんが，『都利聿斯経』は幾つかの逸文が残っています。またこの書物は『聿斯四門経』の別名を持つので，矢

138　Ⅱ　古代日本の暦史

野氏は，アレクサンドリアの天文学者プトレマイオス（A.D.127〜151ころ活躍）の著書，『テトラビブロス』（Tetrabiblos，四部書）の訳書ではないかと推測しています。なおプトレマイオスは，英語で「トレミー」と発音して，語頭のPは脱落します。この経典により，ホロスコープのことが，本格的に伝わりました。

また『七曜攘災決』には，九曜の位置表が載っています。このうち羅睺星は黄道と白道の交点を，計都星は月の近地点（もしくは遠地点）を，天体と見なしたものです。羅睺星が，太陽や月を覆うと日食・月食が起き，計都星は，皆既日食の継続時間を長くすると考えられました（広瀬1978）。この二つは，仏教天文学特有の天体です。

図55 宿曜師。手元の丸はホロスコープ（『十二番職人歌合』 江戸時代末期写か 西尾市岩瀬文庫所蔵）

これらの書物に加えて，日月や星の詳細な位置，さらには日食・月食を計算する暦法として，符天暦が日延により日本にもたらされたわけです。この符天暦将来で，宿曜道の技術は出揃いました。ここに宿曜道は確立したと言うことができます。なお，宿曜師が符天暦を使ったのは，宿曜道に必要な，この羅睺星・計都星の位置計算方法があるからだとされます。

密教は，造像・修法・灌頂（かんじょう）などに，吉日良辰（きちじつりょうしん）を選ぶことを重視しました。さらに星を祭るので，密教の流行による宿曜道の成立は必然でもありました（山下1996）。宿曜道の盛行は，占星術を貴族官人に信じさせ，暦道と並んで暦日の必要性を一層高める効果をもたらしたのです。

第3章　暦道賀茂氏の成立—造暦組織の形成—

1　律令国家の成立と暦部門

　「暦道」という用語は，本書でもすでに使っています。陰陽寮で，暦博士などの暦算を担当する人びとを，9世紀以降は「暦道」と称しました。これは，大学寮の明経(みょうぎょう)博士や明経生らを明経道，法律の専門家やその教育組織を明法(みょうほう)道(どう)とよんだのと同じです。

　一方で，8世紀については，研究者はこの組織を，「暦科」とか「暦部門」などとよんでいます。暦科・暦部門から暦道へと名称が変わったことで，本質的な何かが変わったかというと，あまり変わっていないのかもしれません。ただし，8世紀段階は，暦道とはよばないことが大方の暗黙の合意です。これは，8世紀段階の陰陽寮陰陽部門と，9世紀以降の「陰陽道」とを，本質的には違うものと考える研究者が多いからです。暦道と陰陽道とは関係が深く，陰陽道を8世紀は陰陽部門とよび，暦道が暦道では，平仄(ひょうそく)があっていないことになります。

　そこで本書では，朝廷の暦に関する部局を，8世紀段階は暦部門（教育組織としては「暦科」），9世紀以降は暦道とよぶことにします。あらためて定義すると，暦道という言葉は，記録上，暦博士や造暦宣旨之輩（暦造りを命じられた者）といった，朝廷で暦を造る専門家，暦得業(れきとくごうしょう)生や暦(れきしょう)生といった学生，それから，彼らが駆使する暦術を指しています。

　さて，推古天皇の時代に，百済僧観勒(かんろく)より元嘉暦(げんかれき)法が伝えられました。『日本書紀』推古天皇10年（602）10月条には，「この時書生三・四人を選びて，もって観勒に学び習わしむ。陽胡(やごのふひと)史の祖・玉陳(たまふる)は暦法を習う」とあります。陽胡史氏は，百済系渡来人と考えられます。よって，暦法を理解するための漢文知識があり，もしかしたら観勒の話す百済語も理解できたのかもしれません。この時代の知識・技術の伝承状況から考えて，この後しばらくは，陽胡史氏が

暦法を伝えて，毎年のカレンダーを造ったのでしょう。

「陰陽寮」という役所の初見は，天武天皇時代です。『日本書紀』天武天皇4年（675）正月丙午朔条に，

> 大学寮諸学生・陰陽寮・外薬寮，及び舎衛女・堕羅女・百済王善光・新羅仕丁等，薬及び珍異等の物を捧げ進す。

とみえます。また，この直後の正月庚戌（5日）条には，「庚戌。始めて占星台を興す」と，陰陽寮の天文観測台設置の記事があります。それに，先に見た天武天皇4年（675）4月庚寅条の天武天皇詔が，4月1日～9月30日という期間を定めて，「比弥沙伎理の梁」の設置を禁止しており，翌天武天皇5年から告朔の記事が散見するようになります。

こうした点から，この前年の天武天皇3年ころに，唐の国立天文台（太史局）を真似て，陰陽寮が設置されたと推測されます。天武天皇は，壬申の乱の際に，「天文」を見て，また「式占」（陰陽師がよく使った占法）によって勝敗を占っています。このように，中国的な占星術に通じた天武天皇により，律令国家の一環として国立天文台の制度が整えられたのは，ごく自然な流れでした。

そして何より，天武4年詔から窺えるような，支配領域に日時を守らせる命令は，暦を造って頒布する頒暦制度を前提としています。頒暦制度の整備は，国立天文台設置によって可能になります。仮に政府以外の人間が暦法を習得して暦を造ると，計算ミスや拠ったテキストの常数の違いで，暦日が違う場合が起こります。これでは，複数のカレンダーが支配領域内に流通することになってしまいます。そこで，中国の場合と同様に，国立天文台が造った政府公認の暦以外の流通は，禁止しなければなりません。それには，ある程度は中央集権の実態を備えた，強力な国家が必要です。

また，毎年の暦の原稿をもとに多数の頒暦を製作するのは，それなりの人的組織が必要になります。また頒暦用の紙・墨・筆・軸などを調達することも，徴税制度を完備した律令国家建設によって初めて可能になったはずです。さらには出来上がった頒暦を，頒布する流通システムもなければなりません。つまり頒暦制度の成立は，単に天文学的な問題ではなかったのです。

その後，持統天皇の時代からは，儀鳳暦での日食計算が始まります。この儀

鳳暦は，新羅から伝来した知識だとされるので，恐らく新羅系の渡来人，もしくは新羅留学僧が計算を担当したのでしょう。

2　律令国家における暦部門の制度

　大宝元年（701）に大宝令，翌年に大宝律が施行されると，陰陽寮の制度も整備が進みました。それまでの陰陽寮の博士は，占いが得意な僧侶が兼任していました。ところが，律令では，

　　およそ僧尼，上は玄象を観て，災祥を仮説し，語が国家に及び，百姓を妖惑し，ならびに兵書を習い読み，殺人奸盗をし，および聖道を得ると詐称すれば，並びに法律により，官司に付して科罪す。

（養老僧尼令1観玄象条）

と，僧侶による天体観察と占星術を禁止してしまいます（大宝令もおおむね同じ）。また，これに前後して，陰陽寮関係の知識を持つ僧侶が，天皇の命令（勅命）により，次々と還俗させられていきます（表14）。

　これは，僧侶と一般官僚の区別を厳密にする，唐制に倣ったものとされています（橋本政良「勅命還俗と方技官僚の形成」村山他『陰陽道叢書』1）。唐にも道僧格という法律があって，道士と僧侶が勝手に占星術などを行うことは禁止されていたと思われるからです（諸戸1990）。

　さてこの中で，大宝3年に還俗した隆観(りゅうかん)は新羅僧行心(こうじん)の子で，算・暦に詳しい人物とされています。その出自から考えて，彼は儀鳳暦(ぎほうれき)の計算に通じていた

表14　大宝期の勅命還俗

記　　　事	法　名	還俗名	技　術
文武4（700）8・乙丑	通　徳	陽侯史久爾曽	其芸
	恵　俊	吉　宜	其芸（医術）
大宝元（701）3・壬辰	弁　紀	春日倉首老	（陰陽）
	恵　耀	鰈兄麻呂	（陰陽）
8・壬寅	信　成	高金蔵	（陰陽）
	東　楼	王中文	（陰陽）
大宝3（703）10・甲戌	隆　観	金　財	芸術・算暦
和銅7（714）3・丁酉	義　法	大津連意毗登	占術

表15　日本の律令が規定する陰陽寮の職員

事務官・労務	陰陽頭1　助1　允1　大属1　少属1　使部20　直丁3		
技官・教官・学生	（陰陽）	陰陽博士1　陰陽師6　陰陽生10	
	（暦）	暦博士1　暦生10	
	（天文）	天文博士1　天文生10	
	（漏刻）	漏刻博士2　守辰丁20	

養老職員令9陰陽寮条による。

表16　唐の天文台職員

事務官	太史令2　丞2　令史2　書令史4　楷書手2　亭長4　掌固4	
技　官教　官学　生	（暦）	司暦2　保章正1　暦生36　装書暦生5
	（天文）	監候5　天文観生90　霊台郎2　天文生60
	（漏刻）	挈壷正2　司辰19　漏刻典事16　漏刻博士6　漏刻生360　典鐘280　典鼓160

『唐六典』巻10・太史局による。

と考えられます。暦に関して言えば，大宝律令施行の少し前から，頒暦造りにも使われ始めた儀鳳暦は，計算が面倒でした。従来の平朔法から定朔法への変更があり，加えて日食計算もあって，しかも月の視差（「蝕差」）まで考慮しています。それまでの元嘉暦法を，氏族内部での世襲で継承していたと思われる陽胡史氏でも，これを理解するのは難しかったでしょう。還俗僧隆観（金財）の採用は，こうした事情とも関係するかもしれません。

　大宝令制下の陰陽寮の職制は，この次の養老令のものと，あまり変わりがないとされているので，それを表15に示しました。数字は職員の定員です。ただし大宝令の当初は，天文部門は陰陽部門に属して，独立していなかったようです（細井2008a）。

　比較のために，モデルとなった唐の国立天文台の制度も掲げます（表16）。
　唐の場合は，天体観測の実務を行う天文観生が90名もおり，天文部門が充実しています。また，漏刻（精密水時計）と報時を扱う漏刻部門も，唐の方が人員を非常に多く配備しています。もともと，こうした技術を有していなかった日本では，これほど多数の人材を集めることもできなかったし，また人件費も出せなかったことでしょう。

　ただし，唐の司暦2（暦算担当），保章正1（暦算教育）に対して，日本で

第3章　暦道賀茂氏の成立

は，暦算業務と暦算教育を兼任する暦博士が1名ですが，のちに権暦博士が置かれたり，造暦宣旨を天皇より賜って，暦算業務に預かる者が置かれます。よって暦部門に関しては，日本が唐にくらべて，さほど見劣りするわけではありません。これは頒暦用の暦原稿も，また七曜暦（しちようれき）も，基本的には1種類を造ればいいのであって，人数が要らなかったからでしょう。

とはいえ，天文観測官が少ない点は，日本の暦法の在り方にも影響を及ぼしています。養老令の注釈書である『令義解』（雑令秘書玄象条）によれば，天文生が天体観測の実務に当たったようです（のちに観天文生1員を設置）。しかしこの人数では，1日中，四方八方の天空を見張っているわけにはいきません。平安時代になっても，こうした天体観測は，戌時と寅時（定時法なら19:00～21:00と3:00～5:00）と，1日に2回だけだったことが指摘されています。

これでは，独自に日月五惑星の運動を観察して，オリジナルの暦法を編集するというわけにはいきません。もっとも，無理に独自の暦法を造らなくても，唐で施行された最新暦法を輸入すればいいので，問題はなかったということもできるでしょう。

ただし日本の天皇は，律令の建前上，唐の皇帝と対等な「天子」ということになっています。それなのに自ら天の有様を観察して，独自の暦法を制定できなかったのは，天子としては名前負けです。日本はいろいろな面で，唐の国力・技術力に及びませんでしたが，この点でも日本律令国家の首脳部は，天皇が天子であることが，実は建前に過ぎないことを認識していたはずです。

陰陽寮暦部門が造る暦には，具注暦（ぐちゅうれき）と七曜暦とがありました。具注暦は具注御暦・頒暦をさします。天皇以下，臣下に至るまでが使う日々のカレンダー，つまり常用暦のことです。一方，七曜暦は，日月五惑星の毎日の位置を記したものです。現在残っている中世以前の七曜暦には，愛知県西尾市の岩瀬文庫所蔵の，室町時代のものがあります。次に，その内容を図56に掲げましょう。

日・月はもちろん太陽と月，歳星は木星，熒惑（けいこく）は火星，塡星は土星，太白は金星，辰星は水星です。これらは当時，存在が知られていた太陽系の五惑星です。要するに，天球に張り付いた状態の恒星に対して，天球上を移動する，七つの天体の毎日の位置を記したのが七曜暦なのです。ちなみに七曜暦中の星座名（二十八宿名）は，大崎正次氏によると，虚（水瓶座・小馬座）・危（水瓶座・ペ

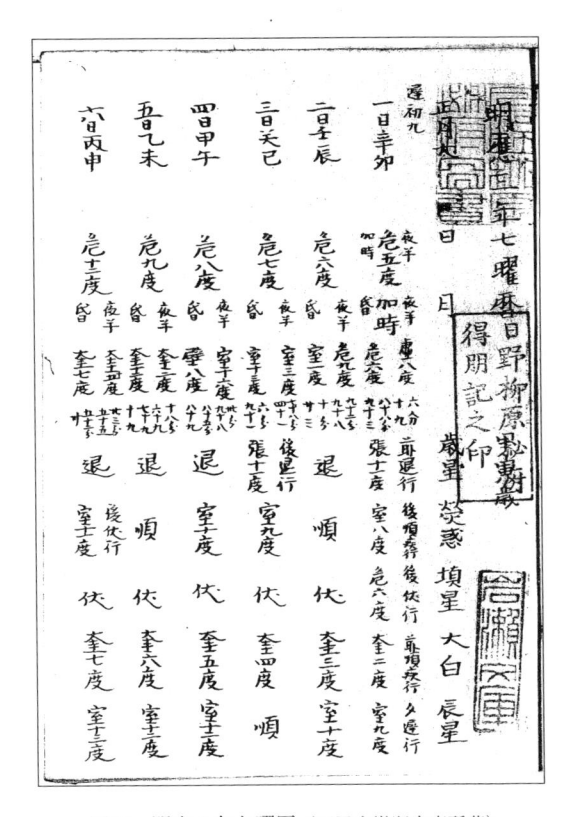

図56　明応3年七曜暦（西尾市岩瀬文庫所蔵）

ガスス座）・室（営室，ペガスス座）・奎（アンドロメダ座・魚座）という対応になります。惑星の動きについては，順は順行（西から東），退は逆行（東から西），伏は見えない状態を意味します。填星（鎮星，土星）は，ちょうど太陽がある危宿にさしかかったため，見えなくなった（伏）のでしょう。またこの岩瀬文庫の七曜暦は，古代のものとほぼ同じ形式・計算方法のものだと言われています（田畑2009）。

　この七曜暦は，毎年正月1日の朝賀(ちょうが)の後に行われる節会(せちえ)の場で，天皇に献上されました。11月1日の具注御暦・頒暦を奏上する御暦奏(ごりゃくそう)とは別の儀式です。その原稿は，前年の12月11日に暦博士より陰陽寮に進められます。6月21日が期限の頒暦，8月1日が期限の具注御暦（天皇用具注暦）より，締め切りがか

第3章　暦道賀茂氏の成立　145

なり遅れます。さらに，律令の規定では，七曜暦は一般の貴族官人の所有が禁止されています。つまり，養老職制律20玄象器物条には，

> およそ玄象器物，天文，図書，讖書，兵書，七曜暦，太一雷公式，私家有つを得ず。違すらば徒一年。私習また同じ。……

とあります。これは，日月五惑星の位置をふまえて，天文博士が占星術（平安時代以後は「天文道」とよばれる）を行い，天皇や国家にこれから起こる出来事を占うからです。これらの星と星とが同じ星座（宿）にあれば，それ自体が異変になりえますし，またこの七曜暦の計算と違う運動を天体がすれば，非常に大きな天変となるからです。だから七曜暦は，陰陽寮と天皇だけがもつべきものだったのです。

　この他，中星暦というものもあります（『延喜式』陰陽寮式）。これは，82年ごとに1回造るもので，真夜中に南中する星を観測し，歳差を補正するためのものです。大衍暦で一行は，昔の記録（「古史」）と観測記録（「日官候簿」）により，1年あたりの歳差を通法3040分の「三十九分太」としているので（『新唐書』暦志3上），82年で太陽の位置は1度西に退くことになります（加地1956）。これに基づき，歳差が1度に達するごとに，天文博士の協力を得て，天象の変化を確認したものが中星暦なのでしょう。年数から見てこの中星暦は，大衍暦時代に始まったものです。

3　律令国家における暦専門家の養成

　ところで，律令では，暦博士とともに，陰陽寮に暦生を置き，新たな暦の専門家の養成をするつもりでした。陰陽寮の学生は，亀卜のような，もとからあった占いを担う集団（卜部）の子孫や，博士の子，一般人で13歳以上16歳以下の，聡明な者を取る規定でした（養老雑令7取諸生条および『令義解』）。年齢から見て，簡単な漢文の読み書きや，九九の暗記のような，初中等教育相当の事柄は一応済ませていることを前提としていたようです。

　ところが，この陰陽寮の後継者の養成が当初はうまく機能していませんでした。『続日本紀』天平2年（730）3月辛亥（27日）条に引用する太政官奏は，

> また陰陽・医術及び七曜・頒暦等の類は，国家の要道にして，廃闕するを

えず。但し諸博士を見るに，年歯衰老す。若し教授せずんば恐らくは業を絶つことをいたさん。望み仰ぐらくは，吉田連宜，大津連首，御立連清道，難波連吉成，山口忌寸田主，私部首石村，志斐連三田次等の七人，おのおの弟子を取り，まさに業を習わしめん。その時服食料はまた大学生に准ぜん。その生徒は陰陽・医術は各三人，曜・暦は各二人。

と，聖武天皇に要請しています。「弟子を取らせましょう。さもないと陰陽・医術と七曜暦・頒暦の術が断絶してしまいます」と指名された術者の中の，吉田宜（吉宜）と大津首（意毘登）は，大宝の勅命還俗で，僧侶から医師・陰陽師となった人物です。要するに，大宝律令施行後，そこで意図されていた，暦を含む陰陽寮と医術（典薬寮・内薬司）の教育制度が，まったく機能していなかったのです。

ではなぜ，うまく機能していなかったのか。これは，もとはといえば，学校での公教育で知識や技術を伝えるという制度自体が，日本では律令国家以前はなかったからです。

現代の私たちにとって，個人的には関係のない若い人が，学校に入学し，クラスで教育を受けることが当たり前になっています。しかし，それまでの倭国では，技術や知識は，氏や部などの集団内で伝承されていました。つまり地縁・血縁にある，濃密な人間関係によって，これらは伝授されていたのです。たとえば，同じ占術でも，亀卜は壱岐・対馬・伊豆の卜部により，代々継承されました。

先に，元嘉暦法を陽胡史氏が伝習していたのだろうと推測したのもこのためです。しかし，より複雑な儀鳳暦を陽胡史氏が簡単に理解できたとは思えません。だからこそ，儀鳳暦を陰陽寮内の学校で，新たに教える必要があったのでしょう。

このほか，天武・持統時代までは，僧侶が陰陽寮関連の術を担っていました。そもそも元嘉暦法を倭国に伝えた人物は，百済僧観勒です。こうした術は，仏教そのものではありませんが，僧侶は為政者の関心を得るため，あるいは仏教の補助学（たとえば占星術用）として，宗教というこれまた濃密な師弟関係の中で，盛んに習得されていました。

6～7世紀の，いわゆる飛鳥・白鳳時代は，外来宗教である仏教が倭国内で

大いに広まった時代です。当然，僧侶も引く手あまたであったので，出家志望の弟子たちも随分多かったことでしょう。その素養のある僧侶が，彼らの仏教修行のついでに占術や暦術を学んでいる限り，これらの諸術は確実に次代に継承されました。芸術・算暦に詳しい隆観は，天武天皇の皇子である大津皇子の変に連座して，飛驒に左遷された新羅僧行心の子です。行心は，天文卜筮に詳しいとされています（『懐風藻』大津皇子伝）。よって隆観の暦術も，父行心からの相伝であった可能性が高いと思われます。

　ところが，下手に唐の真似をして，僧侶の陰陽寮博士兼任を禁止したところ，思わぬ支障が起こってしまいます。つまり，暦法をはじめとする，陰陽寮の術だけを学ぼうという志望者が現れなかったことです。それが，先ほど見た天平2年（730）の状況です。

　そもそも，陰陽寮の諸術を学んでも，陰陽寮以外ではあまり応用が利きません。大学寮で，官吏の基礎教養である儒教（明経）や，律令運用に必要な法律学（明法），調庸の計算や測量など，色々な場面で必要とされる算術を学んだ方が，まだ役人としての就職に有利です。

　それに，陰陽寮の博士になったところで，陰陽博士・天文博士が正七位下相当，暦博士は，従七位上相当です（大学博士は正六位下，助教は正七位下相当）。一方，仏教僧は本人の能力次第で，上は僧綱，寺院の三綱になれるかもしれず，悪くても，税免除などの特権が得られます。大宝令以前の彼らにとって，占術や暦術は，これがあれば陰陽寮にも就職が可能という，いわばオプションに過ぎませんでした。恐らく，こうした就職面での不利のために，陰陽寮には，学生の志望者が現れなかったのでしょう。

　そこで，天平2年になって，政府は，奨学金の制度を設けたわけです。この奨学金を受給する学生を，後世，「得業生」とよぶようになります。平安時代には，通常の学生を一度経験した後，次の段階として，得業生採用試験（得業生試）を受けてなるので，今日で言うと，大学院生に近くなります。しかし設置当初は，先ほどの太政官奏からも窺えるように，政府が必要とする分野の，学生支援のための奨学金制度だと考えた方がよいと思われます（細井2004）。得業生の性格については議論がありますが，ここでは深入りしないでおきましょう。

奨学金制度の効果の程は，いかがだったのでしょうか。翌年の太政官議によると，学生の中には，暦術を学ぶために奨学金を受けておきながら，実際にはそれを省略して卒業しようという，ずるい人間もいたようです。しかし，全般的には，後継者もぼつぼつ現れて，制度設置の目的は達せられたようです。陰陽部門では，大津首の子と思われる大津大浦や海成が，8世紀後半には活躍しています。暦部門でも，志斐氏やその係累の中臣氏の活動が見られます。奨学金取得は，一種の特権です。勢い，天平2年の太政官奏で指名された博士たちの子孫が，奨学生の採用では何かと有利であったのでしょう。このため，陰陽寮の諸術は，世襲により伝承される傾向がでてきました。

　ところで，この天平2年前後は，暦部門の運用に，様々な変化があったようです。まず，同年の太政官奏によると，頒暦用の具注暦計算を学ぶ奨学生が2名，七曜暦計算を学ぶ奨学生2名が設置されています。要するに，暦部門は，さらに暦日専攻と七曜暦専攻とに分かれたわけです。さらに，天平3年の官議（『令集解』学令13算経条）などによると，後者は大学寮算科に置かれました。七曜暦のための奨学生の身分は，算科の学生（算生）だったと考えられます。そして，算生全員に，宇宙論の教科書『周髀算経（しゅうひさんけい）』が必修科目として習得が義務づけられました。要するに，算術の専門家の卵に，複雑な暦計算も習得させようとしたわけです。

　さらに，藤原仲麻呂が権力を握ると，彼は陰陽寮改革に着手します。まず天平宝字元年（757）に，陰陽寮を唐風に太史局（たいしきょく）と改称すると，大学寮の算科を陰陽寮の暦科と合体させます。大衍暦（だいえんれき）のところでも述べたように，仲麻呂は暦を重視していました。よって，この制度改革は，自分と自分が擁立する淳仁天皇の治世の到来を，新暦法の大衍暦を採用することでアピールするための，強力なテコ入れであったのです。恐らく，暦科を算科と合体させることで学生の暦算能力を高め，難解な大衍暦を理解させようとしたのでしょう。太史局での大衍暦学習の結果，7年後に，首尾よく暦法改定が実現したのです。

　天平宝字8年の仲麻呂政権崩壊後，太史局の官制がどのようになったのかは，今ひとつわかりません。ただし，8世紀末までには，算科は大学寮に戻り，七曜暦専攻も陰陽寮暦部門に統合されました。9世紀になると，暦博士には暦日担当と七曜暦担当がいます。よって，算科と陰陽寮の分離の際に，権暦

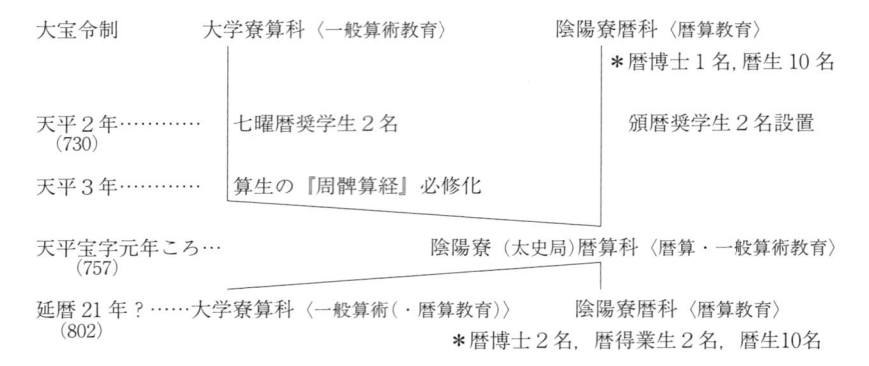

```
大宝令制        大学寮算科〈一般算術教育〉        陰陽寮暦科〈暦算教育〉
                                              ＊暦博士1名，暦生10名
天平2年………      七曜暦奨学生2名              頒暦奨学生2名設置
 （730）
天平3年………      算生の『周髀算経』必修化
天平宝字元年ころ…                陰陽寮（太史局）暦算科〈暦算・一般算術教育〉
 （757）
延暦21年？……大学寮算科〈一般算術（・暦算教育）〉  陰陽寮暦科〈暦算教育〉
 （802）                                        ＊暦博士2名，暦得業生2名，暦生10名
```

　　図57　8世紀における暦算教育制度の変遷　〈　〉内は主な教育目的
　　　　（細井2004の図を改変）

博士一員が増設され，1名が七曜暦担当となったのではないでしょうか。
　以上の複雑な変遷を図示すると図57のようになります。

4　暦道賀茂氏の台頭

　暦部門は，前節でも触れた，暦算技術者による技術の世襲的継承に加えて，実子以外の弟子をも組みこんで，学閥の形成が進んでいきました。これは，大学寮の諸学問の分野でも見られた現象です。そして学閥間での論争と，博士などの地位をめぐる争いが起こります。たとえば『続日本後紀』承和3年（836）7月朔条には，

　　この月，元は頒暦により，小月となす。しかるに更に七曜暦により，改めて大月となす。また八月大を改めて小となし，九月小を改めて大となす。時に暦博士二人あり。その執見，同じからず。議者討論して，七曜の説をもって得となす。故に改めてこれに従う。

とあります。これは，暦月1日をいつにするかを争ったものです。つまり，太陽と月の黄道上の位置が一致する時刻が朔であり，この朔時刻を含む日が暦月1日になります（進朔の場合は，進朔限の時刻以後に朔がある場合，暦月1日を次の日とする）。一方，七曜暦でも，太陽と月の位置は，もちろん計算します。この場合，進朔の問題をめぐって，8月・10月の1日をいつにするかで争って

います（細井・竹迫2013）。平安時代の具注暦には，2人の暦博士がともに署名するのが原則です。恐らく，七曜暦の暦博士が，暦日の暦博士が造った暦への署名を拒否したのでしょう。なお承和3年7月朔条にこの記事は載っていますが，この月の暦日を修正する論争ですから，論争自体は恐らく前年にあったものと思われます。

　こうした暦日，そして日月食の予報をめぐる論争が，9世紀以降に頻発していたことが，史料からわかっています。こうした論争は，単純な計算ミスをめぐるものではなく，主に経験値や，唐・新羅から入ってきた暦書の影響による，暦法の運用をめぐって発生したものです。

　たとえば，元慶元年（877）4月1日の日食については，観測地から見て日没後の時刻に起こる「夜日食」の場合，暦博士は，日食予報を出すべきかどうかが論争となりました（『日本三代実録』）。それまでも，暦博士は夜日食予報を具注暦に載せるかどうかで，長年揺れていました。なにしろ平城京や平安京と唐の長安や洛陽では時差もあり，もともとの暦法の精度も，今より悪いわけです。それで，計算上は夜中に起こる日食であっても，実際には夕方（あるいは日出後）に起こる心配が，ぬぐい去れなかった面もあると思われます。

　この時の朝廷は，暦道以外の諸道博士からも意見を出させました。その結果，夜日食も，どうやらすべて予報を出すことで決着したようです。昼でも夜でも日食があれば，慎まなければならないというのが理由でした。

　このような論理も，中国にないわけではありませんが（『易緯萌気枢』），これでは日食にともなう廃務（政務の停止）が頻繁になり，行政に支障を来します。それで通常は，都で実現するはずの日食のみを予報するわけです。しかし元慶元年の場合，海外から来た理屈をこねくり回す明経や紀伝の博士たちがいて，政府首脳にもっともだと思わせてしまったようです。背後には，前年に即位した幼帝・陽成天皇の外戚である，権力者藤原基経の思惑もあってのことでしょう。陽成天皇を天子として権威づけるための，過剰な演出だったわけです。同時に，暦博士以外の知識人や貴族たちが，暦に多大な関心を抱いていたことがわかります。恐らく現場の暦博士たちは，不本意ながらこれに従わざるを得なかったのでしょう。このため，京都では見られない日食の記事が史書にも大量に記録されています。

また，9世紀に，暦注が重視されるようになった結果，暦博士に陰陽師が任じられる事例が増えました。この場合の陰陽師とは，陰陽寮の官職としての陰陽師ではなく，そこから発展した，陰陽道の呪術を使う呪術師といった意味です。もともと，暦道は高い計算能力を必要とするため，大学寮の算科に近い性格をもっていました。しかし，暦注が重要になると，同じ陰陽寮に属した関係もあり，陰陽師で暦算ができる者が，暦博士になったり，造暦宣旨を貰うようになるのです。

　さて，10世紀に入ると，日食予報の正否をめぐって，暦博士同士の論争が多発します。その中で顕著だったのが，大春日氏と葛木(かつらぎ)氏の対立でした。

　大春日氏といえば，五紀暦(ごきれき)・宣明暦(せんみょうれき)の採用に尽力した真野麻呂(まのまろ)の名前が，これまで何度も登場しました。大春日氏は，その真野麻呂の段階で，すでに暦術を5代世襲していたと称される名門でした。どこまで信用するかはともかく，大衍暦導入に尽力したのも，大春日氏であることを暗示する伝承があります(『年中行事秘抄』十一月・奏御暦事「天平宝字七年，真野麿の祖父船主，四種の暦を造進して以降，交蝕度に合い，時候あやまたず。国家もちいて今に相続す」)。これに対して，葛木氏は，暦道では10世紀になって台頭した氏族のようです。

　まず，『醍醐天皇日記』延喜17年条(917)によると，葛木宗公(むねきみ)と大春日弘範(ひろのり)が，何についてかはわかりませんが，論争をしています。このとき，宗公は宣明暦説に拠っていたのに対して，弘範は『会昌革』に基づいていました。この書物は，唐の会昌年間(841〜846年)に作成された，宣明暦の修正に関わるものと考えられます。この論争は，結局，宗公の主張が認められました。

　続いて延喜19年(919)正月1日の日食をめぐって，暦博士の宗公と弘範とが論争します。この段階では宗公が暦博士なので(『西宮記』12)，弘範が権暦博士だったようです。

　　十二月廿二日。右大臣，暦博士らを召し，明年正月一日の日食，廃務すべ
　　きや否やの由を勘申せしむ。　　　　　(『扶桑略記』裡書・延喜18年12月条)
　　廿二日。暦博士らを陣頭に召し，日食の事を論ぜしむ。弘範申すところ，
　　ただ先儒の草により，正文あるなし。よって宗公申すところに随う。
　　　　　　　　　　　　　　　　　　　　(『貞信公記』延喜18年12月条)
　　廿八日。博士らに，同日の食を廃務すべきや否やの由を勘申せしむ。博士

ら申していわく,「宗公の申すに依れ」と。夜食は廃務すべからずの由,定めおわる。また外記を召して仰せていわく,「朝拝を止めよ」てえり。

(『扶桑略記』裡書・延喜18年12月条)

廿八日。宗公の申すに依り,夜剋の日食は廃務すべからずの状,明経・紀(伝)博士,勘申しおわる。よって中務省に仰すことまたおわる。諸儒らを陣頭に召して申せしむ。　　　　　(『貞信公記』延喜18年12月条)

　論点は,夜に日食が起こる場合,廃務(政府の機能停止)を行うかどうかでした。そこで,宗公の主張が容れられて,夜日食の時の廃務が停止されました。元慶元年4月以来の,異常な日食予報の在り方がようやく是正されたわけです。ただし,夜日食の予報は,元慶当時,諸道博士の勘文(かんもん)が出されて綿密に協議された結果,決まったものです。よって,弘範の主張が,「先儒の草(昔の博士の書き付け?)しかない」と却下されたのは腑に落ちません。あるいは,夜日食以外にも,何か論点があったのかもしれません。

　また,承平6年(936)・7年には,暦博士となった弘範と,新たに権暦博士となった葛木茂経(しげつね)とが論争をしています(『日本紀略』)。10世紀前半は,どうやら大春日氏と葛木氏が,定員2名の暦博士を独占する体制だったようです。高田義人氏によると,このころの大学等の諸道でも,課試(試験)の際に,同門・近親者を避けるため,二つ以上の門流が形成されました。暦道も同じであったわけです(高田2012)。『本朝世紀』天慶元年(938)10月17日条によると,日食の有無と関わって,翌年正月1日をいつにするかで,両者は争いました。

　　また大納言伊望(これもちきよう)卿,今日,諸卿と共に明年の暦本,同じからざるの由を定めらる。その故は,博士大春日朝臣弘範の造り進す暦の日数は,三百八十三日と注す。……権博士葛木茂経の進すところの本は,三百八十四日と注す。……弘範朝臣,癸卯をもって今年十二月晦となし,甲辰をもって,明年正月朔となす。即ち申していわく,「正月朔,日蝕あり。正見すべし。よって退き定むるところなり」とうんぬん。茂経宿祢,壬寅(まいら)をもって今年十二月晦となし,癸卯をもって明年正月朔となす。即ち申していわく,「彼の朔,正見すべきの蝕なし。更に進退すべからず。……」

　つまり,弘範の主張はこうです。計算上は,正月1日は癸卯日だが,朔の時

第3章　暦道賀茂氏の成立　153

刻に日食が起こり，朝廷の元日の行事に差し支える。そこで，この日を12月30日（晦日）として，翌甲辰日を正月1日とする具注暦を造った，と（つまり進朔）。これに対して，茂経は，日食は起こらないので，暦日をいじる必要はないと主張しました。論点は，陽暦での日食を，実際に起こる日食とするかという点と，日没時刻です。なおこの問題は，日食のところで触れることとします。

さて，次は天暦4年（950）で，暦博士賀茂保憲（かものやすのり）と大春日益満（おおかすがのますみつ）が小庭に召され，対論をしました。この時は，算博士　県奉平（あがたのともひら）も陪席していました。

> 明年五月，保憲，丁酉をもって朔となし，益満，戊戌をもって朔となすなり。保憲，宣明暦により作り進す由を申す。益満は会昌革の由を申す。宣明暦は，貞観年中，大春日真野麻呂，くだんの経を用うべき由を申し，官符を下すことおわんぬ。会昌革は申請せらるるに入らず。
>
> （『北山抄』4・省試の判により儒士を召し問う事）

宣明暦は，太政官符を下して認定したものだが，『会昌革』はそうではないという，ある意味では官僚的な判断で，保憲の勝ちとなったようです。この論争について，少し補足をすると，翌年の天暦5年5月1日は，宣明暦での計算では辛酉，進朔して壬戌となるので，丁酉か戊戌かという問題は起こりえません。ただしこの月朔は，計算では大余57（辛酉）・小余6341分で，宣明暦の進朔限6300をわずかに超える数値です。つまり「丁酉」か「戊戌」かではなく，「辛酉」か「壬戌」かをめぐって，両者が争った可能性が高いと思われます（竹迫氏のご教示による）。なぜ，進朔限を超えているのに進朔をすべきではないと保憲が主張したのかは，よく分かりません（なお『暦日原典』では進朔して，「壬戌」朔としています）。

ここでも，大春日益満は，『会昌革』による宣明暦の修正を主張しています。一方，この時の論争相手の暦博士は，賀茂保憲です。これまでの経緯から考えて，保憲は暦道に関しては，大春日氏と対立する葛木氏の弟子という可能性が高そうです（山下1996）。保憲が，大春日氏が伝写したものとは別の『大唐陰陽書』写本を所持していることも，つじつまが合います（細井2005）。

保憲の父は，賀茂忠行という，六壬式占（りくじんしきせん）を得意とする陰陽師です。しかし，その地位はあまり高くないので，賀茂氏は陰陽道の世界では新興氏族だったろ

うと思われます。ところが保憲は、卓越した能力を発揮して、陰陽師として台頭しました。暦道でも、まだ暦生だった天慶４年（941）に造暦宣旨を得て、暦博士の弘範とともに暦編纂に携わることになります（『別聚符宣抄』）。

　葛木氏・賀茂氏との論争で、大春日氏は「先儒の草」や『会昌革』のような、長年の世襲氏族ならではの蓄積に基づいて、自説を主張しました。先例が重視される平安貴族社会の中で、保憲は、符天暦の導入のところで見たように、暦道を先例墨守の風潮の例外であるとしています。これは、賀茂氏が暦道の新興氏族であったことと、関係があるでしょう。符天暦の導入も、これと関係ありそうです。保憲は、大春日氏の主導で採用された宣明暦や、『会昌革』に代わる新たな権威を、大陸の新暦法に求めたと考えられています。

　符天暦が、宣明暦に代わるものとして採用されなかったのも、あるいは大春日氏の反対があったのかもしれません。とにかく保憲以後、しばらくは大春日氏と賀茂氏が、暦博士もしくは造暦宣旨を蒙って、暦道を支配する状況が続きました。ただし、暦博士が大春日益満、権暦博士が保憲の子の光栄であった天延２年（974）に、保憲は造暦宣旨を蒙る輩として、従四位下という、陰陽師としては破格の待遇を受けました（『朝野群載』15）。暦博士を息子に譲った後も、保憲が隠然たる影響力を持ち続けたことによって、賀茂氏がだんだん大春日氏を圧していったのだという山下克明氏の推測は、恐らく当たっているでしょう。

　ところで大春日氏は、10世紀末の長保元年（999）11月１日に、暦博士大春日栄種の名前が暦奥書に見えます（『御堂関白記』）。ところが、翌長保２年（1000）に、陰陽頭惟宗正邦が藤原行成のところにやってきて、次のように言いました。

　　御暦を造り送るの期、已に過ぐ。これ彼の道、博士を未だ未だ任ぜざるの由を申し、進めざるの間、奏進の間、漸くもって近々なり。もしくは彼の道の懈怠により、さらにその責めを蒙るか。よって、予め申すところなり。
　　　　　　　　　　　　　　　　　　　　　　（『権記』９月26日条）

当時、11月１日の御暦奏の儀式は、かなり形骸化していました。しかし天皇が使う翌年の暦（具注御暦）は、原稿を８月までに提出することになっています。ところが、暦道が、不服を言ってその原稿を提出しないので、自分は責

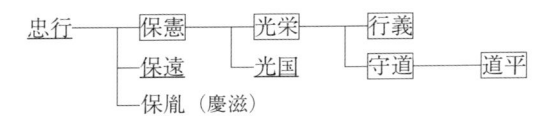

```
忠行─┬─保憲─┬─光栄─┬─行義
     │      │      └─守道───道平
     ├─保遠 └─光国
     └─保胤（慶滋）
```

図58　賀茂氏略系図（□が暦道継承者，下線は暦道以外の陰陽師）

　任を取れないと，陰陽頭正邦は言うのです。形式上，御暦は，暦博士が属する陰陽寮から，天皇に進めるためです。
　実は，少し前の正暦5年（994）に，保憲の孫で権暦博士だった賀茂行義が亡くなりました。また，陰陽頭正邦がうろたえた日の数ヶ月前，一条天皇が，行義の父である光栄に，弟の光国への暦道習伝を命じて，拒否されるという事件もありました（『権記』7月9日条）。保憲亡きあとの光栄は，すでに暦博士を経験後，大炊頭の官職を得て，造暦宣旨も受け，大春日栄種と並ぶ暦道の大物でした。恐らく，長保2年の暦原稿提出前になって栄種が亡くなり，大春日氏には適当な後継の博士候補がいなかったのだと想像されます。そこで，一条天皇は，陰陽道ですでに実力が評価されていた光国を暦博士に取り立て，光栄と2人体制で暦を造らせようとしたのでしょう。
　ところが，光栄は，暦道は自分の子孫に継がせるべきだと主張して，勅命に背いたわけです。9月になって，暦博士がいないから，御暦の原稿を進められないと言い張った「彼の道（＝暦道）」も，山下氏の推測通り，事実上は光栄を指していたはずです。
　この結果，誰が暦博士に任じられたのかはわかりません。ただし，寛弘元年（1004）の暦は，前年の長保5年（1003）11月1日付けで，暦博士賀茂守道・権暦博士中臣義昌が署名をしています。守道は光栄の子，中臣義昌（のち大中臣姓）は，陰陽道・天文道の名族である，中臣志斐氏の流れを汲む人物と思われます。
　さて，賀茂氏が暦道の支配を進める過程で，保憲と縁の深い，宿曜師を利用したと言われています（山下1996）。最初に造暦宣旨を蒙り，光栄とともに暦を造った宿曜師は，興福寺の仁宗です（『小右記』長和4年〔1015〕7月8日条）。彼は，長徳元年（995）8月19日に，造暦宣旨を蒙ったとされています（天理図書館所蔵『天文秘書64 符天暦日躔差立成』）。もっともこの年は，光栄の

他に，大春日栄種が暦博士に任じられており，造暦には人が足りていたようです。よって，ひょっとすると，仁宗が造暦宣旨を貰ったのは，栄種が亡くなった長保2年なのかもしれません。

では，なぜ造暦の相手が，宿曜師なのでしょうか。前に述べたように，暦博士が2名いるのは，主に暦日を計算する暦日担当と，七曜暦担当がいるからです。具注暦を造るとき両者が署名するのは，暦日担当者が計算した原稿を，七曜暦担当者がチェックして，連帯責任を負うためでしょう。具注暦の朔と，七曜暦での太陽と月の位置とが，違っても困ります。

恐らく，天体の位置を計算する宿曜師は，七曜暦担当にふさわしいと考えられたのだと思います。また符天暦という，宣明暦以外の暦法でチェックをすることは，念が入ってよいとされたのかもしれません。光栄は，息子がまだ未熟なうちに，弟光国や大春日氏側の人物が暦博士に就任することを妨げるため，第三者で，実は仲のよい宿曜師を造暦のパートナーに推薦したという想像もしてみたくなります。

その光栄が長和4年（1015）6月7日に亡くなると，7月8日には，その子で暦博士の賀茂守道の申請で，「故仁宗法師の例」に倣い，仁統法師とともに暦を造ることが命じられています（『小右記』）。

また，長元3年（1030）3月に守道が没すると，今度は，宿曜師証昭に造暦宣旨が下り（『小記目録』7月4日条），守道の子で暦博士の道平とともに，暦を造りました。これは，両者が仲違いする長暦2年（1038）まで続きます（両者の対立は桃1990を参照）。

一方，先ほどふれた大中臣氏は，義昌の後も，権暦博士大中臣栄親を輩出します。しかし，その後，正権暦博士・造暦宣旨とも，賀茂氏が独占するようになりました。賀茂氏による陰陽道支配は，他氏族を門弟に組み込んでいくことで達成されると，高田義人氏は考えています。大中臣氏も，賀茂氏の門弟として，暦博士になっただけだったのかもしれません。あるいは彼らは大春日氏の弟子であって，暦に署名はしても，造暦の実務には関わらせて貰えなかった可能性もありえます。そうした中で，賀茂氏は，暦を業務とする他氏を完全に支配下に置いてしまったのでしょう。

そののち，賀茂氏は宿曜師をも造暦の実務からは追い出すことで，朝廷での

第3章　暦道賀茂氏の成立　　157

暦道支配を完成したのです。ただし，他の暦道諸氏とは違い，寺院という独自の足場をもつ宿曜師は，暦日や日月食について，その後も頻繁に賀茂氏に論争を挑むこととなったのです。

5　頒暦制度の衰退

　暦道賀茂氏が台頭する10世紀ころ，律令国家の頒暦制度も形骸化していきました。ここは，山下克明氏の研究に添って説明したいと思います。
　前にも述べたように，律令国家では陰陽寮が中心となって，天皇・皇后・皇太子用の具注御暦各2巻と，官司に頒布する頒暦166巻を造りました。御暦は特に御暦所を設け，陰陽助・属らが預(あずかり)（実務責任者）に任じられ，作成を監督しました。ところが，頒暦の方は，数がだんだん減っていくのです。10世紀後半に，左大臣 源 高明(みなもとのたかあきら)が編纂した儀式書『西宮記(さいきゅうき)』6・十月旬には，十一月儀の御暦奏について次のように書かれています。

　　少納言・内竪二人，日華門より入り，頒暦の南に立つ。机を舁(か)かしめて退出す。百廿巻。六十巻は弁官，十二巻は内侍，四十八巻は局に留む。

　60巻は，弁官を通じて，在京の諸官司に頒布したと考えられます。12巻は，後宮(こうきゅう)十二司に1本ずつ，48巻は外記(げき)局に留められ，宮中の殿舎・曹司に配られたと推測されています。ここで問題は，頒暦の数が120巻に減らされていることです。
　実は，これに先立つ『本朝世紀』天慶4年（941）11月1日条には，御暦奏の際の，次のような深刻な事態が記されていました。

　　また中務省，陰陽寮・暦博士らを率いて，例により御暦・頒暦に候す。しかるに今日，天皇南殿に御さず。よって上卿(しょうけい)，外記に仰せて，御暦をすなわち内侍に付して奏せしむ。また頒暦を局に進めおわる。くだんの頒暦は，先例に背きその数ただ十一巻なり。彼の寮申していわく，「所司（＝図書寮）紙なしと称して，いまだに料紙をやらず。よって，しばらく有るに従いて，書きまいらすところなり。あいついで，またまた催しまいらすべし」とうんぬん。

　南殿（＝紫宸殿(ししんでん)）に朱雀天皇の出御がなく，天皇用の具注御暦を内侍に預け

たことはまだしも，外記局に進めた頒暦はわずか11巻に過ぎませんでした。これは，頒暦用の料紙を用意すべき図書寮が，紙がないと言って，陰陽寮に支給しなかったためです。

　この時は，陰陽寮が図書寮に紙を請求して，残りの頒暦を進めると言っています。しかし，正暦4年（993）11月1日の御暦奏の時には，ついに頒暦がまったく用意できなくなってしまいました。

　　ただし人給暦（＝頒暦）の辛櫃，このたび舁き立てず。寮官申していわく，「今年，図書寮，折紙（料紙の誤りか）をわたさず。また頒暦を書き進らさず。よって舁き立てざるなり」てえり。甚だ違例たり。

この日は，実は19年に一度の，朔旦冬至の祝いの日（＝朔旦旬）でもありました。例年の御暦奏に増して，大々的なセレモニーが行われるこの日の儀式でさえ，図書寮は頒暦の料紙を陰陽寮に渡さないくらいです。紙の遅配・欠配が，常態化していたことがわかります。11世紀末から12世紀初頭の，大外記中原師遠が編纂した，『師遠年中行事』によると，

　　内侍所に暦（＝具注御暦）を付す。諸司に給う分暦（頒暦），絶えて久しくこれなし。

とあります。

　それでも，暦の回帰年である朔旦冬至の年は，朔旦旬といって，盛大な儀式を行うため，御暦奏が華やかに行われ，陰陽寮から頒暦も献上されました。もっとも，そのときの頒暦の数は，『為房卿記』寛治2年（1088）11月1日条（『朔旦冬至部類』）によると，

　　その南に人給暦の辛櫃を立つ（黒漆の辛櫃に殿上料一巻を納む。往古は百二十巻を納む）。

とあって，わずか1巻に過ぎませんでした。

　この，朔旦旬の頒暦献上は，さらに形骸化が進みます。久安元年（1145）の時は，具注御暦を載せる案（＝台）が，わずかに陰陽寮の倉庫にあるだけでした。御暦を容れる漆塗りの筥や頒暦を容れる漆塗りの辛櫃はすでに紛失していると，陰陽頭賀茂守憲は，内大臣藤原頼長の質問に答えています（『台記』同年閏10月16日条）。

　朝廷儀式の復興に熱意を燃やしていた頼長は，これを聞いて筥や辛櫃を作り

直させ，朔旦旬での頒暦献上を実現しました。また，実際に頒暦を諸司に配るところまで行っています。博学の頼長は，陰陽道にも強い関心を示していました。

　頒暦を諸司に配ることは，保元の乱での頼長の失脚で，再び途絶えたと思われますが，朔旦旬の頒暦奏上は，鎌倉時代も続きました。その都度，御暦の筥・案，頒暦の辛櫃も新調されます。頒暦は弁官局に3巻，外記局に3巻，殿上に1巻の都合7巻が，辛櫃に容れられ，奏上されるのが例となります。外記局には，戦国時代に入るまで，頒暦が渡っていました（遠藤2011）。また，この朔旦旬での御暦奏は，鎌倉時代になると，暦道賀茂氏が自身をアピールする場となり，安倍氏の陰陽寮官人が参加することを拒否するようになるのです。

　さて，頒暦が衰退しても貴族たちは，陰陽師に直接注文をすることで暦を手に入れることができました。摂関家には，暦博士や陰陽頭などが新暦を持参していますし，大納言藤原実資は，陰陽師笠善任に料紙を渡し，暦を書かせて持参させ，褒美に紙に包んだ疋絹を賜っています（『小右記』長和3年〔1014〕10月2日条）。また，摂関家では，暦家から暦本を借りて文殿（書庫）に置き，家政機関や家司のための暦を写させたようです。暦道の陰陽師たちは，高級貴族には専用の暦を進めて褒美を貰い，また中級以下の貴族官人には暦本を貸して，収入を得ていたと推測されています。こうして出回った暦が，再転写・再再転写を繰り返して，利用に供されました。転写されると，暦跋の造暦者の署名が省略され，御暦奏の11月1日という日付や書写年月日のみが書かれたり，暦跋自体が省略されることもありました（遠藤2011）。

　平安時代末期の話だと思われますが，『宇治拾遺物語』76には，

　　これも今は昔，ある人のもとになま女房有けるが，人に紙乞ひて，そこなりけるわかき僧に，「仮名暦書きてたべ」といひければ，僧，やすき事にいひて，書きたりけり。はじめつかたは，うるはしく，「神仏によし」「坎日」「凶会日」など書きたりけるが，やうやう末ざまになりて，あるひは，「物くはぬ日」などかき，又「これぞあれば，よくくふ日」など書きたり。

と，女房が若い僧に紙を渡して，仮名暦を書いて貰う場面があります。特に宿曜道に通じた密教僧は，暦を書いて渡すことも多かったのでしょう。なおこの話は，僧のいたずらが昂じて，「はこすべからず（トイレをしてはいけない）」

という暦注を続けざまに書いたため，それを真面目に守った女房は，尻をかかえて苦しんだということになっています。

　もっとも，中下級官人や庶民にとって，あまりにも細々とした暦注は，必要のないものでした。奈良時代には，すでに，中央・地方の官司や寺院で暦日の需要が高まり，紙や木簡への必要な暦日情報の書写が行われていました。こうした，紙や木簡の略暦の作成が常態化し，大量に流通するようになった結果，政府による頒暦は，必要性がなくなっていったのでしょう。

　それに，律令国家体制の変質にともない，必要な量の紙を図書寮は供給できなくなっていました。これは，図書寮における製紙工房である紙屋院（かみやいん）への，地方からの紙原材料の未進や，地方製紙業の発達による機能の衰微が指摘されています。この結果，紙屋院では，反故紙をすき返した宿紙（しゅくし）の生産に特化していきました。

　紙の供給が減っても，朝廷では政務に必要な文書が，相変わらず大量に作られ続けました。そのうえ紙に文書を書く習慣が，在地にも浸透していきます。土地をめぐる紛争でも，裁判の当事者主義が進むと，土地の権利については，売券などの文書にしっかりと明記してもっていなければなりません。こうした，一般社会での紙需要の増加も，頒暦料紙の欠配につながったと想像されます。

　暦が日本に定着したにもかかわらず，頒暦が行われなくなるのは，以上のような理由が複合してのことでしょう。中央政府の力が弱くなったから頒暦制度が衰退したとは，簡単には言えないと思います。

III
暦をめぐる習慣

第1章 貴族と暦

1 時令思想と年中行事—季節と政治—

　平安貴族は，年中行事を重視しました。平安貴族も，人によってはかなり多忙で，お陰で睡眠時間も不規則でした。これが，彼らの短命さの原因でもあるようです。それにもかかわらず，彼らが，いつも遊んでいるかのようなイメージを持たれるのは，彼らが，頻繁に朝廷の年中行事に参加しているからです。宴会では，酒を飲み，ご馳走を食べ，歌を取り交わしたり，楽器を演奏したりします。私も，昔ある知り合いから，「平安時代の貴族って，年がら年中遊んでいたのでしょう？」と言われたことがあります。歌を作ったり，演奏したりすることを，古典では「遊び」（「管弦の遊び」など）と言います。年中行事ですから，確かに年がら年中遊んでいると言えなくはありません。もちろん，貴族自身も，そこで楽しんではいたでしょう。

　しかし，現代でも政治家のパーティ，企業人や外交官が出席するレセプションが，気楽な場だとは言えません。本当は出たくないけどこれも仕事だから，と参加する出席者もいるでしょう。これは恐らく，平安貴族も同じです。次に，平安時代の主な年中行事を，正月だけに限って列挙してみます（山中1972，藤井1997などによる）。

　　正月
　　　1日　四方拝（天皇が清涼殿東庭で属星・天地四方・二陵を拝む），供御薬（中務省・宮内省が屠蘇などを天皇に献上する），朝賀（大極殿で天皇が群臣から新年の祝賀を受ける），小朝拝（殿上人以上が，天皇を拝する），元日節会（天皇が群臣に宴を賜る），奏七曜御暦
　　　2日　二宮大饗（皇后・皇太子が群臣に饗宴を賜る）
　　　3日　朝覲行幸（天皇が父母の御所に赴いて拝賀する）
　　　4・5日　大臣家大饗（大臣家が太政官官人を饗応する）

上卯日　卯杖（邪気を払う杖を，大学寮・大舎人寮・諸衛府などが天皇・皇后・皇太子に献上）
5日　叙位儀（位階を授ける）
7日　白馬節会（天皇が紫宸殿などに出御し，青馬が牽かれ，群臣を宴す）
8日　女王禄（女王に絹・綿などを支給），女叙位（女官への叙位），御斎会始（大極殿で『金光明最勝王経』を読経）
11日　除目（人事異動）
14日　御斎会終，内論議（内裏で御斎会担当僧が議論する）
15日　主水司献七種粥（七種粥の天皇への献上），宮内省御薪（官人が宮内省に御薪を納める）
16日　踏歌（渡来人の子孫が足を踏みならして歌舞），女踏歌
17日　大射（官人等が弓を競う）
18日　賭弓（近衛・兵衛官人が，二手に分かれて弓を競う）
21日（21〜23日の子の日）　内宴（天皇が皇太子・王卿・文人を召し詩作）

　中には，朝賀のように，平安中期以降は行われなくなり，小朝拝に取って代わられる行事もありますが，全体的に多いことは間違いありません。
　では，平安貴族はなぜ，年中行事に頻繁に参加したのでしょうか。この理由は，いろいろあると思います。形骸化した儀式を，伝統として墨守しただけというケースもあれば，天皇と近臣の主従的な関係を，拝賀や饗宴を通じて再確認し，強めるという場合もあるでしょう。ただし，年中行事が平安時代に固定化するのには，時令思想の影響もあると思われます。
　中国にも，『荊楚歳時記』に見られるような，たくさんの年中行事がありました。一方中国の君主は，殷周時代より，「天子」を自認していました。人間は，天の支配下にあり，皇帝は天子だから，世界の支配を天から委任されているというのが，中国歴代王朝の論理です。当然，天の子だから，天体の運行をよく知り，その結果である季節の変化に，忠実な政治を行わなければならないとされました。たとえば，春は，物が成長する時期なので，死刑を行えません。逆に，秋は刈り入れの時期でもあり，空気が冷たく殺伐としてくるので，刑罰を行うのによい時期です。これを，時令思想と言います。
　日本にも，律令国家制度とともに，時令思想がもちこまれます。養老断獄律

28条によると，立春以後，秋分以前は，死刑を決することができないとされています。また，この期間でなくとも，朔・望・晦・上下弦・二十四気（入節日と中気当日であろう）は，死刑を決することを，奏上できませんでした。

　ちなみに，自然災害が頻発すると，中国では天人相関説に基づいて，政治がよくないせいだとされました。要するに，天災＝人災です。天子が，天の意志に忠実でない政治を行うと，陰陽のバランスが崩れて災害が起こるとされたのです。これと時令思想が結びつけば，季節にあった行動をとらないと，大きな禍が引き起こされることになります。

　たとえば日本では，大晦日の夜に，宮中の疫鬼を追い出す追儺という行事があります。方相氏とよばれる，疫鬼の追い出し役をする人物が面をかぶり，「儺声」とよばれる声をあげ，宮中を走り回り，目に見えない疫鬼を追い出すのです。これに続いて，他の貴族たちも走り回りました。ところが延喜7年（907）に，普通の背丈の人が方相氏の役目をしたところ，翌年，疫病が流行しました。これは，疫鬼を追い出せなかったからだと，噂されました（『西宮記』6・裏書）。迫力がなかったから，ということになるでしょう。

　『古今和歌集』仮名序は，有名な次の言葉で始まっています。
　　やまと歌は，人の心を種として，万の言の葉とぞ成れりける。世中に在る人，事，業，繁きものなれば，心に思ふ事を，見るもの，聞くものにつけて，言ひ出せるなり。花に鳴く鶯，水に住む蛙の声を聞けば，生きとし生けるもの，いづれか，歌を詠まざりける。力をも入れずして，天地を動かし，目に見えぬ鬼神をも哀れと思はせ，男女の仲をも和らげ，猛き武人の心をも慰むるは，歌なり。

3月上巳や七夕・9月9日の重陽節など，二十四節気に基づく季節ごとに，漢詩の会や和歌の会が朝廷では催されました。これらは遊興ではありますが，仮名序にもあるように詩歌には，鬼神をも動かす，一種の呪術的な効果があったとみることもできます。季節ごとに，それに合った詩歌を詠むことも，時令思想に基づいて，季節を整える呪術的な意味があったとは言えないでしょうか。

　9世紀より，儀式が年中行事として盛んになるのは，暦による時間と季節感が定着し，さらに，行事がそれぞれの季節に行われる理由を，陰陽五行説的に

解釈するようになったせいだと思います。8世紀から行われていた白馬節会を,『日本文徳天皇実録』仁寿2年（852）正月甲戌条は,「豊楽院に幸(みゆき)す。もって青馬を覧じ,陽気を助くなり。宴を群臣に賜うこと常の如し」とします。陰陽五行説的には,春は東方＝青色の季節であり,青馬は春の陽気を助けるものだという,暦の理屈が述べられているのです。

　この他に,毎月1,11,16,21日に行われた政務である旬政(しゅんせい)は,10世紀の朱雀朝には,夏冬二孟旬の年中行事へと変化します。8月に,信濃国望月御牧から貢上される馬を臣下が牽く駒牽(こまひき)も,同じく10世紀には,その名から仲秋名月の行事と観念されました。また,追儺で疫鬼を射るのに使う弓矢は,もともとは木工寮(もくりょう)が作っていたのに,『儀式』『延喜式』といった9世紀後半以後の規定になると,漏刻(ろうこく)を管理する守辰丁(しゅしんちょう)の仕事になります。儀式と時間の結びつきが,強く意識されるようになったことがわかります。

　こういうわけなので,儀式の年中行事化は,暦博士の陰陽師化と共鳴し合っているように思えるのです。

2　暦注と貴族

（1）『御堂関白記』の暦注

　具注(ぐちゅう)暦は陰陽寮で造り,天皇をはじめ,貴族や役所に渡りました。現在と違うのは,その年月日に,膨大な吉凶の注意書が付けられている点です。だから,「注を具(そな)えた暦」とよばれるのです。

　前近代のカレンダーとしての暦には,具注暦の他に仮名(かな)暦(ごよみ)があります。一方,具注暦は,漢字・漢文で記されているので,「真名暦(まなごよみ)」ともよばれます。仮名暦は仮名で書かれた暦で,鎌倉時代になって普及しました。仮名暦にも暦注はついていますが,具注暦よりも数が少なく,節気・くゑ日（凶会日）・重日・復日(ふくび)・坎日(かんにち)・神吉日(かみよしにち)などが載り,十二直も当初はなかったかもしれません。これらは,仮名を使う貴族女性や,あるいは武士などに,重視された暦注だとされています。なお,中世になって,紙に記した暦の需要が武士・庶民層にまで広まると,摺暦(すりごよみ)（版木で印刷した暦）も登場します。

整った具注暦は，一番最初に暦首があり，次に暦月ごとに月建（干支を暦月にあてたもの）が記されています。また多くの場合は，墨で界線を引き，暦日の部分は，上段・中段・下段に仕切り，必要事項を書き込みます。上段には日付・干支・納音・十二直，中段は二十四節気・七十二候・月の位相など，下段は大歳・重・復・凶会などの暦注が記されました。ただし中段を界線で上下にわけている具注暦は多く，頭書を除いて第一段・第二段・第三段・最下段とよぶ場合もあります。また十二直の書かれている位置を「中段」として，中段の暦注を，「中段下段の中間」に書かれた暦注（雑注）とよぶ研究者もいます。
　『御堂関白記』（藤原道長の日記）が書かれた具注暦で，実際にどのように暦注が記されているかを見ましょう。まず最初に暦首として，紙２張にわたって，暦注の解説があります。貴族たちはこれを参考に，暦注を調べることになります。なお実物はもちろんタテ書きで，「　」内は朱書，（　）内は本書の筆者による註です。

　　長徳四年具注暦日　戊戌歳「十干は土，十二支は土，納音は木」一年は三百五十四日
　　大歳は戊戌に在り「（朱書省略）」　大将軍は午（南）に在り　大陰は申（西南西）に在り
　　歳徳は中央に在り「（朱書省略）」　歳刑は未（南南西）に在り　歳破は辰（東南東）に在り
　　歳殺は丑（北北東）に在り　黄幡は戌（西北西）に在り　豹尾は辰（東南東）に在り
　　　　右の大歳以下の方位神（歳徳以外の八将神）がいる地は，工事をしてはいけない。壊れて修理が必要な場合は，歳徳・月徳・歳徳合・月徳合・天恩・天赦・母倉の日は修理しても構わない。
　　歳は降婁（戌の十二次名）
　　　　右の今年の支の方角にある国は福があるので，攻めてはいけない。
　　正月小　二月大　三月小　四月小　五月大　六月小　｝（この年の暦月の
　　七月大　八月大　九月小　十月大　十一月大　十二月小　　大小）
　　歳徳　月徳　天恩　天赦
　　　　右の上吉の日は，諸事に用いてどれも大いに良ろしい。宮室，城廓の

修営，堤防・井戸・竈・門・扉の修理，土木工事，家や碓・磑などを修理するのは，修造に正しくない月であっても，壊れて修理が必要な場合は，修理すべきである。並びに用いて吉である。また歳徳合・月徳合の日も用いて良い。

歳位　歳前　歳対　歳後　母倉　<u>満・平・定・成・収・開</u>（下線部は十二直）
　　右の次吉の日は，これを用いるべきである。だが軽凶や凶会と同じ日は用いるべきではない。歳位の暦注は天皇の吉に，歳前は公候以上の吉に，歳対・歳後は庶人以上が通じて吉に用いる。

二十四節気　朔・満月・上下弦・晦　<u>建・除・執・破・危・閉</u>（下線部は十二直）
　　右の軽凶の日は，用いてはいけない。上吉と同じ日なら用いても問題ない。晦日は除服と解除に用いる場合のみ吉である。

単陽　単陰　純陽　純陰　陽錯　陰錯　行佷　了戻　陰陽倶錯　陰道衝陽　陽破　陰衝　絶陽　絶陰　歳博　遂陣　陰位　三陰　孤辰　陰陽衝破　陰陽衝撃　陰陽交破
　　右の凶会日（くえにち）は，上吉の日であっても，用いてはいけない。

往亡日（おうもうにち）　遠くに行く，官職に任じられる，移徙（わたまし），女を呼ぶ，婦人を娶る，家に帰る，祭祀をする，以上のことをしてはいけない。大凶である。

帰忌日（きこにち）　遠くに行く，移徙，女を呼ぶ，婦人を娶る，以上は大凶である。

血忌日（ちいみび）　死刑および針で刺し，血を出してはいけない。凶である。

月殺（がつさつ）　この方位と支の日は，動き出ること・客を寄せることを避ける。上吉と併せれば用いても構わない。

九坎（きゅうかん）　この坎日（かんにち）は，出行と種蒔きと屋根を葺くことが凶である。

厭日は出行すべきではない。鎮め攘うことに利がある。厭対日は吉事と種蒔きをすべきではない。

人神のいる身体の部位には針灸をすべきではない。

日遊神のいるところは，土を動かし建物を掃除すべきではない。また産婦はすべて避けるべきである。

重日と復日　この日に凶事をしてはいけない。必ず重なり，必ずまた起こる。吉事に用いるのは良い。

三伏日　金気が伏蔵する日である。(三伏は5月中夏至の後の3番目の庚〔初伏〕・4番目の庚〔中伏〕・7月節立秋の後の最初の庚〔末伏〕。酷暑のなか，秋の気〔金気〕が夏の気〔火気〕に取って代わろうとして火気に伏せられている状態とされる)

社日　民に命じて土を祭る日である。(社日は2月中春分・8月中秋分に近い戊日で，春は五穀豊穣を，秋は収穫感謝を祈る)

臘日　いわゆる先祖を五祀する日である。療病と嫁娶りをすべきではない。(臘日は12月中大寒に近い辰日〔前後同じ日であれば前の辰〕とされる。12月8日〔臘月8日＝臘日〕とは別)

無翹日　嫁聚はすべきではない。姑を妨げ凶である。(節月で，正月亥日，2月戌日……12月子日と，12月から逆に配当した十二支の日。すべて厭日の翌日である)

没日・滅日　この日は暦の余分の日で陰陽が足りず，正しい日ではない。だから用いてはならない。

日蝕・月蝕　この日は太陽と月が道を同じくなったり，対称となって影が掩い映る。だから用いてはならない。

三鏡　この日は葬送がある。往来これに乗ずれば大吉である。

続いて，7月の月首と「一日」の部分を引用します(図59・60)。一日は頭書

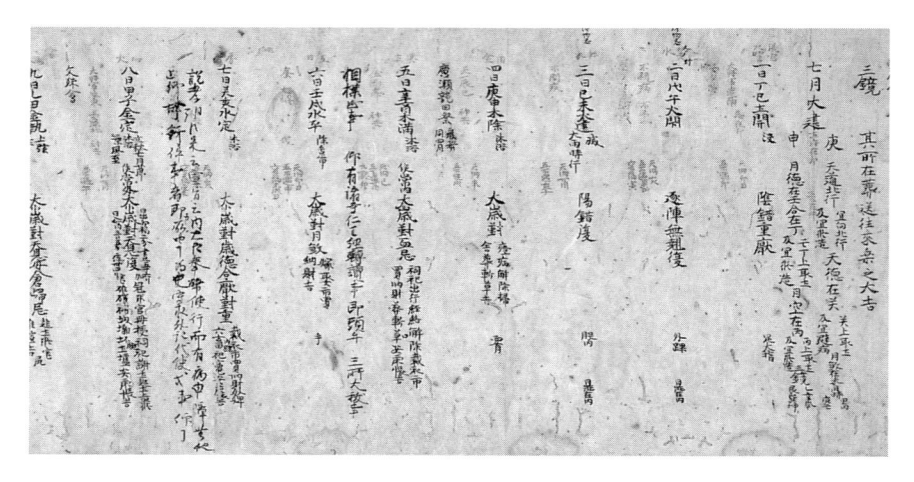

図59　長徳4年7月具注暦(『御堂関白記』，陽明文庫所蔵)

図60　長徳4年7月具注暦（『御堂関白記』）　斜字体は本書筆者による説明

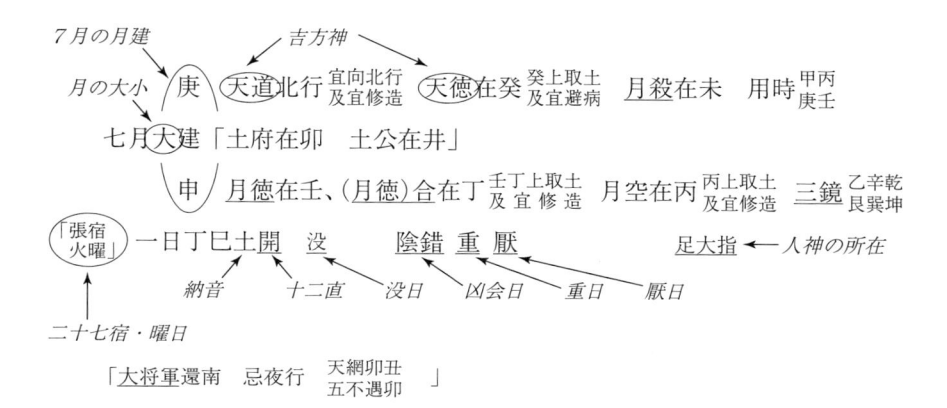

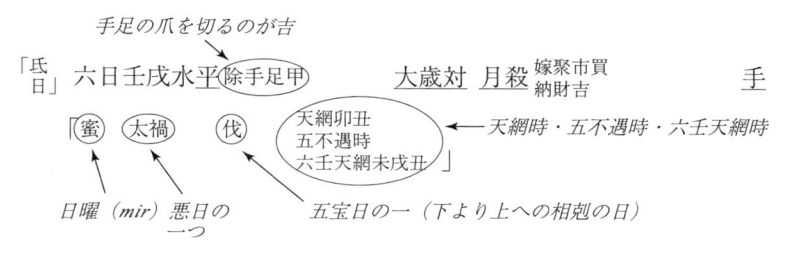

頭書／上段／中段（上・下）／下段

主な注記項目：
- 7月の月建（庚）
- 月の大小（七月大建）
- 吉方神：天道北行（宜向北行及宜修造）、天徳在癸（癸上取土及宜避病）
- 月殺在未
- 用時：甲丙庚壬
- 「土府在卯　土公在井」
- 月徳在壬、（月徳）合在丁（壬丁上取土及宜修造）
- 月空在丙（丙上取土及宜修造）
- 三鏡：乙辛乾艮巽坤
- 二十七宿・曜日：張宿・火曜
- 一日丁巳土開　没　陰錯　重　厭
  - 納音／十二直／没日／凶会日／重日／厭日
- 足大指 ← 人神の所在
- 「大将軍還南　忌夜行　天網卯丑　五不遇卯」

（中略）

- 「氐日」六日壬戌水平（除手足甲）……手足の爪を切るのが吉
- 大歳対　月殺　嫁娶市買納財吉　　　手
- 蜜（日曜（mir））／太禍（悪日の一つ）／伐（五宝日の一　下より上への相剋の日）
- 「天網卯丑　五不遇時　六壬天網未戌丑」← 天網時・五不遇時・六壬天網時

（中略）

- 「心火」八日甲子金定　立秋七月節 沐浴 涼風至（二十四節気・沐浴に吉・七十二候）
- 候常外　大小歳対　天恩　復　腕
- 日出卯初二分　昼五十六刻　加冠拝官冊授祠祀謝土起土上梁修（『延喜式』に見える二十四節気ごとの日出時刻／1日百刻制での昼の時間）
- 日入酉三刻五分　夜卌四刻　宅磴碓補城郭坏土壚安床帳吉
- 「大将軍遊東　土公遊北」　神吉 ← 祭祀に良い日
- 天網酉　五不遇午　六十卦（7月節始卦）
- ㊤ ㊦

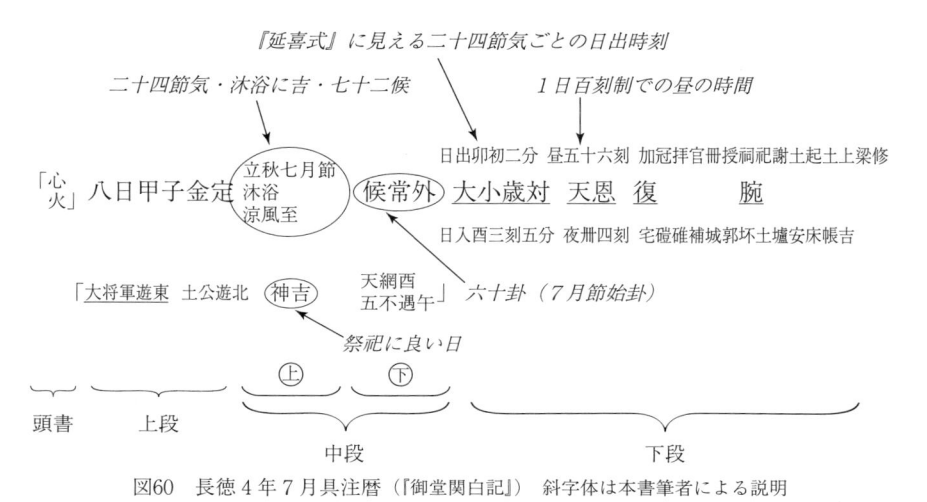

の下に天界（一番上の界線）が引いてあり，日と日の干支・納音・十二直が書かれ（上段），次の界線の下に没日の表記があります（中段上）。次の界線・その次の界線の間は空欄で（中段下），その次には凶会日などが記されています（下段）。なお筆者がアンダーラインを施しているのが，暦首に解説が載っている暦注です。

　暦跋（暦の巻末）には，次の署名があります。御暦奏(ごりやくそう)で暦を天皇に奉った建前上の日，つまり前年11月1日の日付です。

　　　　長徳三年十一月一日　　　正六位上行暦博士大春日朝臣栄種
　　　　　　　　　　　　　　正五位下行大炊権頭兼播磨権介賀茂朝臣光栄

　後世になると，折本形態の折暦(おりごよみ)や，綴暦(つづりごよみ)なども登場しますが，通常の具注暦は，巻物で1年1巻です。ただし藤原道長が日記に使った暦は，書き込み用に間明(まあき)（空白行）が2行（1日分計3行）もあって量が多く，1〜6月，7〜12月の，2巻仕立てです。間明があると紙を余計に使うため，このような暦を使うのは，最高級の貴族です。もともと間明は暦博士が付ける暦注以外に，暦を入手した貴族が予定を書き込んだり，宿曜(すくよう)以下の朱の暦注を書きこむために，10世紀に生まれたと推測されます。そして日記を書き込むために，その行数が増えていったわけです。

　こうした暦注は，大部分が暦注のマニュアル本である『大唐陰陽書』（大衍暦(だいえんれき)の暦注とされる）によって付けられます。大衍暦以前は，元嘉暦(げんかれき)・儀鳳暦(ぎほうれき)それぞれの暦注書によって，記されていたはずです。ただし，干支のように，前の年から連続しているものや，日月食のように，天体計算によって決められるものもありました。暦注は，日々の様々な吉凶を示します。その多くは，時間を神秘的に解釈する，漢易(かんえき)によって中国で生まれたものです。

（2）暦注と生活

　遅くとも，7世紀終わりの日本では具注暦が使われました。このことは，木簡に写された暦にも，ある程度の暦注があることから確認できます。また藤原京跡右京九条四坊からは，次のような短冊形（011型式）の木簡（205×32×3mm）が発見されています。（『日本古代木簡集成』図428番，図61）

　　・「　　　　遊年在乾　　　絶命在離忌　　　甚

```
　　　年卅五　　　　　　　　　　　　占者
　　　　　　　禍害在巽忌　　生気在兌宜　　吉」
「　　　　　　　（三）
　　　　　　　□月十一日庚寅木開吉
・宮仕良日
　　　　　　　時者卯辰間乙時吉　　　　　」
```

　先に，裏面について言うと，3月1日が庚辰で，藤原京の時代（持統4〜和銅3年，690〜710年）というと，慶雲2年（705）です。3月節清明は3月6日乙酉なので，この日は節月3月寅の日であり，十二直は「開」で問題ありません。ちなみに，「木」は，庚寅の納音です（190頁）。この木簡は，数え年35歳のある官人が，宮仕えに出るのによい日時を，誰か占い師（陰陽師？）に占って貰い，3月11日の卯辰（5:00〜9:00）がよいという結果が出たことを示しています。陰陽寮の陰陽師が，時には暦注を使って，官人のために占いをする事例が，すでに8世紀初めには見られるらしいことを示す，貴重な史料です。

　表面は，『吉日考秘伝』（賀茂在盛撰，長禄2年〔1458〕）・八卦図によれば，「☰戌亥乾皆連」にあたり，年35，遊年（乾＝北西）・絶命（離＝南）・禍害（巽＝南東）・生気（兌＝西）の，いずれも一致します。なお遊年は，修宅・動土・女を嫁す・移徙・遠行等を忌み，絶命は，「添修」に宜しくなく，風病を出し，官事しきりにならび，田蚕を遂げません。禍害は，修を興すべからず，「人口技」何れも水に落ち，疾病連綿，官事口舌。生気は，屋宇を修造し，広く楼台を置き，あるいは道路を開くのによいとされます。要するに方角禁忌です。

　しかし一方で，干支などによって，日ごとにやってはならことがあれこれある暦注の考え方が，すぐに貴族官人に浸透したとは思えません。

　正倉院に，天平18年（746）の儀鳳暦時代の具注暦が残っています。写経所の下級官人と思われるのが，この具注暦の持ち主ですが，暦を

図61　藤原京跡右京九条四坊出土木簡（橿原市教育委員会所蔵）

第1章　貴族と暦　173

日記帳に使っていました。平安時代の貴族が暦に日記をつける，その先駆けと言えます。ところで３月11日の欄には，「沓着け始む。また女沓を買得す。また冠を着け始む」と書き込んでいます。しかし暦注によれば，この日は凶日でした。凶会日の一つ「絶陰」で万事に凶であり，十二直も「危」でした。せっかく靴や冠をおろすのに，不吉な日を選んだことになります。たまたま，凶会日や十二直が重んじられなかったというのではなく，貴族官人はまだ，暦注の禁忌に神経質ではなかったと解釈した方がよいのではないでしょうか。

奈良時代の貴族官人は，藤原京に続き，平城京の官司に勤務していました。しかし，彼らは「ゐなか」，つまりヤマト政権時代以来の，自分の本拠地とのつながりも強く，農繁期には，そこへ帰っていました。

養老仮寧令１給休暇条で，政府は貴族官人に，５月と８月それぞれ15日ずつ，田暇を与えることにしています。これは貴族官人が，田植えと刈り入れの準備・監督に行くための休みです。都市民となって，農作業からは縁遠くなった，平安貴族との違いです。

農地の近くには，仮設的な作業場・宿泊施設として仮廬が建てられました。百人一首でも有名な天智天皇の歌，

　　秋の田の　かりほのいほの　苫を荒み　わが衣手は　露に濡れつつ

（『後撰和歌集』秋中・302）

とある通りです。そこでは，昔ながらの自然暦で，農業が行われていたはずです。『万葉集』８には，忌部首黒麻呂の歌として，次のものが収録されています。

　　秋田刈る　仮廬もいまだ壊たねば　雁が音寒し　霜も置きぬがに（1556）

まだ，刈り入れの仮廬を撤去していないのに，もう雁が飛来して，霜も降っている。今年は冬が来るのが早いと，黒麻呂は実感しました。黒麻呂が，自分の田では，仮廬の撤去と雁の飛来，霜の降るのが同じ時期に来るという，自然暦の知識があったのです（上野2000）。

一方，頒暦に載っている二十四節気や，それを細分した七十二候の名称は，中国華北地方の気候に基づいていました。だから，「ゐなか」のこうした自然暦の季節感とは，必ずしも合致していません。奈良時代の暦注は，人びとの心を十分につかむには到っていなかったはずです。

明治時代になって，太陽暦を採用したのちも，都会以外の地域では，新暦とともに長らく旧暦が使い続けられました。伝統的な生活習慣と結びついた旧暦とその暦注を，捨てることが難しかったからです。しかし，およそ1300年前に旧暦が採用された際には，人びとは似たような反応を，政府の頒暦に対して見せたのではないでしょうか。

　なお現在各地で，「畦越」「足張種」「白和世種」など，近世の農書にも見られる稲の品種が記された古代の木簡が出土しています。平川南氏は，これを郡司のような在地の首長層が，種籾を人びとに分け与えたときの付札だと理解しました。そして諸史料から，早稲・中稲・晩稲といった品種によって，作付け時期をずらすなどの農業指導をしていたと指摘します。そのうえで，国家財政を支えるために徴収される米を作る稲作と，農民自身の食料としての雑穀や山野河海の資源との違いに注意を向けています（平川2003）。郡司層や「ゐなか」に帰省した貴族官人は，経済的に価値の高い稲の生産量を増やすため，具注暦の記載を目安として，政策的に稲作指導をしたに違いありません。暦日とともに二十四節気や七十二候などの暦注も，恐らくこのような機会を通じて，地域社会に浸透したものと思われます。

　ただしこうした上からの農業指導に，果たしてどのくらい効果があったのでしょうか。古代の木簡や文献史料に見られる，農作業に関わる月名は暦月だと思われます。しかし暦月は，中気が第1日目にあるときと30日目にあるときとでは，太陽暦的に言えば約1ヶ月の差があります。農民が，こうした暦の知識に習熟することも必要でしょう。近世の農法がそのまま古代に遡るのではなく，暦を利用しての農業が定着するまでには，相当な試行錯誤があったような気がします。なお本書ではまったくふれていませんが，歴史上の気候変動が，暦を使っての農業の成立にどのように影響したのかも，気にかかります。

　さて，宮都の生活に話を戻しましょう。平安時代になると，暦注は貴族官人に浸透し始めます。このことは，平城天皇が思い切って暦注を削除したときの，貴族たちの態度でわかります。この天皇は，儒教合理主義の立場から，大同2年（807）に，具注暦より多くの暦注を取り除きました。要するに，権威ある儒教経典には載っていないから，迷信だと断じたのです。

　ところが藤原薬子の乱がおきると，退位後も実質的な権力を握っていた平

第1章　貴族と暦　　175

城太上天皇は政治的な実力を失い，嵯峨天皇の主導権が確立しました。すると貴族たちは，さっそく嵯峨天皇に，暦注は必要だと奏します。このため暦注は，復活することになりました。

　　公卿奏していわく，「謹んで大同二年九月廿八日の詔書を案ずるにいわく，『日者は虚しく伝え，千妖輻湊し，占人は妄りに告げ，万忌森羅たり。また大会小会の言，歳対・歳位の説，天恩は五辰に発し，将軍は四仲に行く。これらは並びに堪輿雑志に出で，正しきを挙ぐる典にあらず。宜しく賢聖の格言により，もっぱら暦注を除け』てえり。臣等商量するに，暦注の興るや，歴代行い用いる。男女の嘉会は人倫の大なり。農夫の稼穡は，国家の基なり。伏して望むらくは，物の情に因循し，旧により注を具えん。……」並びにこれを許す。　　（『日本後紀』弘仁元年〔810〕九月乙丑条）

つまり，平安貴族たちは，9世紀初めにはすっかり暦注のとりこになっていたのです。少し時代が下って，摂関家の祖である藤原師輔（908～960年）は，子孫に次のような訓戒を残しています。

　　先ず起きて属星の名字を称すること七遍（細字省略），次に鏡を取りて面を見，暦を見て日の吉凶を知る。次に楊枝を取りて西に向かい手を洗え。次に仏名を誦して尋常に尊重するところの神社を念ずべし。次に昨日の事を記せ（細字省略）。次に粥を服す。次に頭を梳り（細字省略），次に手足のつめを除け（丑の日に手のつめを除き，寅の日に足のつめを除く）。次に日を択びて沐浴せよ（細字省略）。沐浴の吉凶（細字省略）……

（『九条右丞相遺誡』）

毎朝，暦を見て日の吉凶を知り，日記を書き記せとあります。暦に日記を記すのは，単に日付の備忘のためだけではありません。ある暦注の日に，ある行事をしたことがあるか，その結果はどうだったかの記録になるからです。

奈良時代の貴族官人が，ときには帰省した「ゐなか」には，野山や川や森に，先祖代々なじんでいた自然神が宿っていました。こうした神々が活動するイメージが，貴族官人の精神世界を形成していたはずです。『万葉集』3には，天平5年（733）11月の大伴氏の氏神を祭ったとき，大伴坂上郎女が歌った歌が載っています。

　　ひさかたの　天の原より　生まれ来る　神の命　奥山の　賢木の枝に　し

らか付く　木綿（ゆふ）取り付けて　斎瓮（いはひへ）（＝かめ）を　斎ひ掘りすゑ　竹玉を
　　しじに貫き垂れ鹿じもの　膝折り伏して　たわやめの　おすひ取りかけ
　　かくだにも　我は祈ひなむ君に逢はじかも（379）

　この氏神は，大伴氏の「ゐなか」（＝故郷）に鎮座する神で，近辺の奥山の榊の枝や竹などで作った神具で，氏の女性が祀ったのでしょう。これにくらべると，暦注に出てくる，大歳とか大将軍とかいった神々は，新しいけれどひどく人工的で，「近代的」だったに違いありません。

　しかし，貴族たちが平安京に移ると，だんだん「ゐなか」とのつながりを弱め，都市住人化していきます。平城京にくらべて，平安京はヤマトからは離れているからです。その結果，彼らと「ゐなか」の神々との縁は，薄くなります。だから，新しい居住空間である平安京には，その都市空間を象徴する，新しい神々が必要でした。また，「ゐなか」の生活で季節のリズムをなした祭祀にかわる，時間のめりはりも，ほしかったに違いありません。都市独自の信仰は，平城京時代にも生まれていますが，この新しい信仰が，貴族の生活をより強く支配するようになるのは，恐らく平安遷都後だと思われます。

　この都市信仰の中でも，とりわけ平安京らしいのが，実は，暦注に盛り込まれた陰陽道的信仰です。なぜなら，唐の長安をまねて碁盤の目のように造成された，平安京の都市空間は，どこにいても東西南北が明快だからです。あとで見る方違（かたたが）えは，ある暦日にはある方向に，恐ろしい神（たとえば大将軍）がいるから行うものです。つまり貴族は，暦注を見ることで，方角などのタブーをさけて，より安全な生活を送ろうとしたのです。生の自然環境から離れた都市生活を送るようになると，生活実感に基づかない知的・観念的な危険性が，気になってきます。ちょうど今日，都会の乗り物の中で，風邪やインフルエンザを貰わないためにマスクをしたり，ウイルスや雑菌を消毒するため，建物の入口に消毒薬が置いてあるのと，暦注は感覚が近いのでしょう。食品の賞味期限や消費期限が気になるのも，同じだと思います。

　また平安京には，桓武朝の政策もあって，日本各地から人びとが移り住んできました。したがって，どこか特定の地域の季節の祭りも，平安京には定着しにくかったはずです。つまるところ，平安京上空にもある，太陽と月の運行を数的に表現した具注暦が，時間の基準としてもっとも客観的でした。また人間

も動物なので，日照時間と季節の変化に対応した，具注暦に記される二十四節気には，生理的にも納得しやすかったはずです。

　永藤靖氏は，10世紀初めに編纂された『古今和歌集』が，全20巻のうちの最初の6巻を四季にあて（春上下，夏，秋上下，冬），総歌数の32％がここに収められていることを指摘します。『古今集』の冒頭には，在原元方（ありわらのもとかた）の年内立春（新年の前に立春が来ること）の歌,

　　年の内に　春はきにけり　ひととせを　去年とやいはむ　今年とやいはむ

が置かれ，春の部の最後には,

　　今日のみと　春をおもはぬ　時だにも　立ことやすき　花のかげかは

という，凡河内躬恒（おおしこうちのみつね）の三月尽日の歌が置かれています（暦月3月が春月の終わり）。平安貴族は季節に敏感でしたが，彼らの季節感は，二十四節気や暦月といった暦の時間に基づいていました。確かに太陽の高度や日照時間は，二十四節気を目安に，強くなったり弱くなったりします。だから立春になると，寒気は余計に厳しくなるにもかかわらず，日射しに春を感ずることが可能です。

　しかし，自然暦で暮らす人びとは，今日が立春の日かどうかではなく，それぞれの地域で，異なる季節感をもっていたはずです。他方で，貴族は暦の観念によって，季節の変化を感じ取るようになったのです。

　また，桜が，くる年ごとに花をつけ散っていくように，時間は繰り返されるという時間感覚を，「円環的時間」とよびます。これと，時間は1回限りだという，「直線的時間」の感覚が，社会学や人類学では対比されます。平安貴族の円環的時間感覚は，具注暦の浸透によって強められたものとも言えそうです。

　平安時代史研究の基本史料は，貴族の日記ですが，平安貴族の間で具注暦に日記をつける習慣が広まったわけは，今述べたような具注暦の時間をしっかりと組みこんだ，貴族の精神世界が成立したためです。

　平安貴族は，暦注の書き込まれた暦に，日記をつけていきます。そして，日々の出来事が，次に暦注と結びつきます。たとえば，『小右記』長和3年（1014）年12月17日条によると，荷前（のさき）（陵墓に幣物を供える12月の行事）を，復日（暦注で万事くり返す日）に行ってよいかどうかが議論となっています。すると『小右記』の記主・藤原実資（ふじわらのさねすけ）（957～1046年）は，養父実頼（さねより）らの日記を見て，復

日は避けていると担当者にしらせました。このことがまた，『小右記』を読んだ未来の平安貴族に，「荷前は復日を避けるものだ」という時間感覚を，再認識させることになります。

　こうして，日記は暦注と結びついて，貴族たちの先例として尊重され，暦日に基づく時間感覚が，さらに貴族たちの精神世界に浸透していったのです。

　12世紀の書物である，『中外抄』下巻・30条の中で，当時の碩学である大江匡房は，日記をつけることを，漢才に対する「やまとだましひ」とよんでいます。唐風の儀礼ではなく，平安貴族社会で長年洗練されてきた儀式作法が，日記に記録されるからです。この意味での「やまとだましひ」は，具注暦に記された暦日と，暦注の時間意識でもあったわけです。

　以上のように，陰陽道や暦注の定着は，平安貴族の都市住民としての本質と，深く関わっていたと言えます。ちなみに，中級の平安貴族は受領（今でいうと県知事）として，またその家人たちは，目代（受領の代官）や受領の供人として，任国に下っていきました。その地域での行事に，受領や目代として参加することもあったと思われます。そうした場では，彼らの暦日意識を反映して，日本各地の民俗行事に「節供」だとか「冬至」だとかいった，都と同じ名称と意義とが与えられたでしょう。その結果として，地域差を越えて，日本中で同じ名称の年中行事が行われ，同じ季節感が共有されるようになるのだと，私は想像しています。

第2章　暦注の種類

　暦注(れきちゅう)の種類は多いので，ここでは主要なもののうちの，ほんのいくつかを取り上げて解説します。なお日月食は，別に説明したいと思います。
　暦注の日を選ぶ方法を，撰日法と言います。二十四節気による節月で，日取りを決めるものを「節切り」，暦月で決めるものを「月切り」，これらに関係なく決めるものを「不断」と言います。宣明暦(せんみょうれき)以前は節切りが多く，貞享暦(じょうきょうれき)では月切りが多いとされます。

1　干支と大歳

　干支とは十干十二支のこと（表17）で，暦においては最も重要な概念です。六十進法に基づき，年・月・日を表すもので，特に十二支は，時刻・方位にも配されて普及しました。なお大衍暦(だいえんれき)時代の暦では，「丙」のかわりに「景」が使われることがあります。これは，唐初代皇帝である高祖の父・李昞(りへい)の諱を避

表17　十干十二支

大　余　表

きのえ 甲	きのと 乙	ひのえ 丙	ひのと 丁	つちのえ 戊	つちのと 己	かのえ 庚	かのと 辛	みずのえ 壬	みずのと 癸
0甲子	1乙丑	2丙寅	3丁卯	4戊辰	5己巳	6庚午	7辛未	8壬申	9癸酉
10甲戌	11乙亥	12丙子	13丁丑	14戊寅	15己卯	16庚辰	17辛巳	18壬午	19癸未
20甲申	21乙酉	22丙戌	23丁亥	24戊子	25己丑	26庚寅	27辛卯	28壬辰	29癸巳
30甲午	31乙未	32丙申	33丁酉	34戊戌	35己亥	36庚子	37辛丑	38壬寅	39癸卯
40甲辰	41乙巳	42丙午	43丁未	44戊申	45己酉	46庚戌	47辛亥	48壬子	49癸丑
50甲寅	51乙卯	52丙辰	53丁巳	54戊午	55己未	56庚申	57辛酉	58壬戌	59癸亥

十　干

	木	火	土	金	水
兄	甲	丙	戊	庚	壬
弟（女弟）	乙	丁	己	辛	癸

けたものです（平川1994）。

十干（甲乙丙丁戊己庚辛壬癸）は，もとは旬日10日の名称（その3倍で1ヶ月）で，十二支（子丑寅卯辰巳午未申酉戌亥）は，12暦月の名称です。また，両者を組み合わせて日を表す干支紀日法が，殷代の甲骨文にみられます。中国の史書や，日本古代の歴史書である六国史では，日付も干支で表記しました。たとえば，孝謙天皇の即位記事は，『続日本紀』天平勝宝元年（749）条に，

　　秋七月甲午，皇太子受禅，即位於大極殿（皇太子，禅を受けて，大極殿に位に即きたまう）

とあります。この「甲午」が，干支紀日法による「日」の干支で，計算では7月2日に当たります。「二日」とか「二十日」とかいった，日子による紀日法に比べてわかりにくいのですが，国家編纂の正式の歴史書では，このような古風な表記法が，当初は行われました。

やがて，戦国時代になると，仮想の天体である大歳の位置で，年に十二支を割り付ける大歳紀年法が起こります。つまり，歳星（＝木星）とは逆の方向に動く，大歳のいる方角が，その年の支となります。そして秦漢移行期ころに，年ごとに六十干支を当てる，干支紀年法に発展しました。これが，現在の「えと」の起源です。干支年が一巡して，生まれた年と同じ干支年を迎えると，「還暦」です。なお歳星と大歳の関係は，「コラム　中国の星座」（46頁）をご覧ください。

漢代以後の暦法は，干支を数字化した大余（干支表の数字）を用いて，暦日を計算します。また漢代の易学では，干支が卦爻と複雑に結びついて，神秘性を深めました。宇宙を象徴する卦は，算木で表される易の形象で，64卦あります。爻は陽（ー）または陰（- -）で，六段重ねて一卦を構成します。また十二支に，十二獣（鼠牛虎兎竜蛇馬羊猿鶏犬猪）を当てるようになりますが，これ

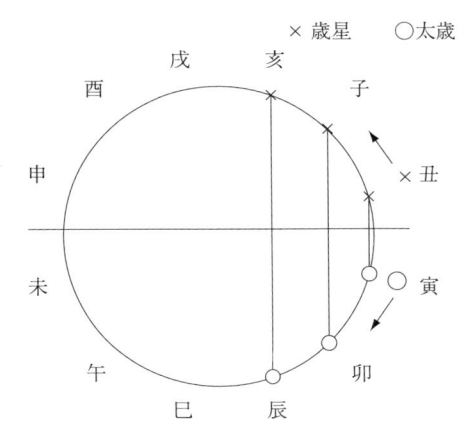

図62　大歳の運行（川原1996による）

は，1世紀の『論衡(ろんこう)』が初見とされます。

　日本列島では，弥生時代・古墳時代の遺構より出土する鏡に，十二支が見られます。倭人社会には，大陸からの移住者や外交により，干支が持ち込まれたと考えられます。倭国製品としては，隅田八幡宮人物画像鏡の「癸未年（＝503か）」の銘や，稲荷山古墳出土鉄剣銘の「辛亥年（＝471）七月中記」に，干支紀年法が見られます。これは5世紀のヤマト政権が，干支紀年法を使用したことを証明します。

　また，推古天皇の時代は，陽胡 史 祖玉陳(やごのふひとのおやたまふる)が暦法を修得しました。このことが影響したのか，この時代の制作とされる，天寿国繡帳(てんじゅこくしょうちょう)銘や法隆寺金堂釈迦三尊像光背銘などに，干支紀日・紀年法が見られます。

　養老4年（720）に完成した『日本書紀』は，初代天皇とする神武天皇の即位年を辛酉年（B.C.660）としますが，これは推古天皇9年辛酉（601）より，1部1260年だけ遡らせて設定したとの説が有力です。知識人である『書紀』の編者は，干支の特定の倍数年ごとに大事件が起こるとする，中国の讖緯説を知っており，日本の歴史の年代を「推測」するのに使ったということになります。

　8世紀の律令の，特に神祇令を見ると，様々な祭祀の式日（定例日）が，干支で決められています。たとえば，収穫した新穀を神に感謝して捧げる新嘗祭は，「仲冬下卯」（11月2番目の卯日）に行うと規定されています。もともとの新嘗祭は，もっと別の方法で，日次を決めていたはずです。しかし干支紀日法が，朝廷や官人たちに定着したので，式日決定に便利なように，だいたい11月中旬となるこの日に決められたのでしょう。

　三上喜孝氏は，兵庫県氷上郡山垣遺跡出土木簡で，郡人に稲を支給する日次が，「巳日」「午日」「未日」などと，十二支で表記されていることに注意を向け，「少なくとも郡家のレベルでは，干支による日付表記が行われる場合があったことを示すものであろう」と述べています。このような十干ぬきの，十二支で日次を表記する事例は，他にもあります。

　また，木簡によれば，大宝律令制定の大宝元年（701）以前の日本の年紀は，干支で記されていました。出土した木簡が干支年で記されていれば，大宝令施行以前という可能性が高いことになります。

大宝令施行以後の公文書は，年号表記が原則となりますが，干支年も併用されました。たとえば，神亀5年（728，戊辰年）の山代真作 墓誌は，

> 天下知るところの軽天皇（＝文武天皇）の御世以来，四継に至り仕え奉るの人河内国石川郡山代郷従六位上山代忌寸真作　戊辰十一月廿五日□□□□，また妻京人同国郡郷蚊屋忌寸秋庭　壬戌六月十四日□□□を移す。

と，妻とともに亡くなった年が干支で記されており，その他にも，いくつかの事例が東野治之氏によって紹介されています（東野2004）。

古代・中世の年号は，祥瑞や災異，あるいは天皇や将軍の代替わりを機に，しばしば改元されます。また，年の途中に改元されることも少なくありません。すると，年数を通しで数えるためには，干支年を使った方が便利でした。

奈良時代の説話を，多く集めた『日本霊異記』という書物があります。その中巻・第24縁には，楢磐島という人物が，閻魔王の使いの鬼に対して，干飯と牛を賄に与えて，命を免れる話が載っています。そこで，鬼は磐島の身代わりとして，生年の干支が磐島と同じ，率川社の易者を身代わりとすると言っています。また，古代の戸籍には，猿女とか羊売など，生まれた年の十二支によるとみられる，名前も見いだすことができます。干支年もしくは十二支年は，奈良時代には庶民にも，ある程度は浸透していたのでしょう。

さらに9世紀後半より，貴族社会に流行した陰陽道は，干支を媒介に時間の循環と方位とを結びつけて種々の占いを行い，禁忌を強調しました。早い例では，『続日本紀』天平宝字2年（758）8月丁巳条に，次の記事があります。

> 勅すらく，「大史（＝陰陽頭）奏していわく，『九宮経を案ずるに，来年己亥はまさに三合に合うべし』と。その経にいわく，『三合の歳は，水旱疾疫の災あり』と。聞くならく，摩訶般若波羅密多は，これ諸仏の母なり。……」

陰陽寮が，干支年で三合厄（大歳・害気・太陰の合）にあたる年だと報告したので，淳仁天皇は，『大般若経』の読誦を勧めています。また昌泰4年（901）に，文章博士三善清行が，六甲（60年）を一元，二十一元を一蔀として，一定年数ごとに大変革が起こると主張して，延喜と改元されました（『革命勘文』）。以後，辛酉・甲子年が来るたびに改元する，革命・革令説が，朝廷においては近世末まで行われました。

第2章　暦注の種類　183

干支（または十二支）は，暦計算の基本サイクルなので，実に様々な暦の禁忌と結びつき発展します。たとえば，平安時代以降は長寿を願って庚申日に徹夜をする，庚申待（こうしんまち）の習慣が広まります。これなどは中国の道教信仰に由来します。また密教はインドで生まれた仏教の一派ですが，唐に伝播して，中国の多彩な思想・信仰を吸収してから日本に伝わりました。その中にも，干支に関わる信仰がありました。

　北斗七星の各星を，自身の本命星（ほんみょうしょう）として祭る儀礼があります。これは，暦の本命日と関係があります。本命日とは，通常は，生年干支の日を指し，天皇は1年に6回，本命日祭を行うことが，9世紀には定まっていました。応和元年（961）には，村上天皇の本命日を，生年（＝生まれた年の）干支とするか，生日（＝生まれた日の）干支とするかで，暦道の賀茂保憲（かものやすのり）と法蔵法師が争い，前者とする保憲が正しいとされました（速水1975）。

　本命日の考え方が，密教の本命星供（ほんみょうしょうぐ）（属星祭（ぞくしょうさい））に発展します。これは，生年支に対応する北斗七星の星を，本命星（属星）として祭るものです。そして修法を行うのは，生年干支の日とされました。たとえば，甲子年生まれの人は，甲子日（本命日）に，貪狼星（どんろう）（子の本命星）を修します。本命星は，次の通りです。うさぎ年（卯）生まれの筆者なら，文曲星（ぶんきょく）が本命星で，生年干支の癸卯の日に，文曲星供を修して貰えばよいわけです。

　　貪狼星子（こもん）　巨門星丑・亥　禄存星（ろくぞん）寅・戌　文曲星卯・酉
　　廉貞星（れんてい）辰・申　武曲星（ぶきょく）巳・未　破軍星（はぐん）午

　紛らわしいことに，属星祭には当年星供もあって，こちらは年齢によって九曜（七曜と羅睺・計都）のどれかが当年星（当年属星）とされ，節分などに供養されました。また図63に示したように，生まれた年の十二支に対応する七曜（日月と木・土・火・金・水星）が本命曜（ほんみょうよう）として，人の一生の禍福を支配するとも考えました。

　さらに，元辰星（げんしん）を祭る，元辰供もあります。これは，本命星の裏星として，元辰星（これも，北斗七星の各星）を想定し，その化身である，元辰仏を祭るものです（速水1975）。

　密教の星祭りは諸説がありますが，わりあい一般的と思われる解釈を掲げました。

(七星の星名，対応する七曜も記している)

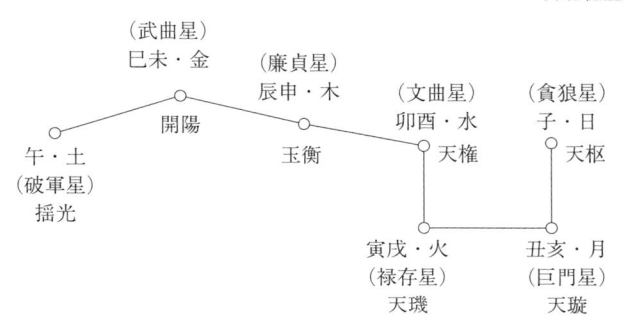

☆北極星

(武曲星)
巳未・金
(廉貞星)
辰申・木
(文曲星)
卯酉・水
(貪狼星)
子・日

午・土　　　開陽　　　玉衡　　　天権　　　天枢
(破軍星)
揺光

寅戌・火　　　丑亥・月
(禄存星)　　　(巨門星)
天璣　　　　　天璇

図63　北斗七星

　このほかに，後世のことですが，室町幕府の朝鮮宛外交文書でも，干支年（「竜集」）が使われました。これは，朝鮮王国が明の年号を，日本は日本年号を使っていたので，双方に差し支えないようにするためです。ある国の年号を使うことは，観象授時の観念の延長で，その国に服属する証しとなってしまいます。よって，外交の場面では，ニュートラルな干支年が使われたわけです。

　さて，干支の読み方です。10世紀初めころに，日本では干支に「えと」という通称が，使われるようになりました。五行説に基づいて十干に五行（木火土金水）を配して，兄・弟とすることに由来します。またそれぞれを，甲・乙・丙・丁……という具合によびます。陰陽道で使われた書物『五行大義』（巻2）によれば，五行は弟（女弟）が他行の兄の妻となることで混交し，展開するとされています。

　　　　　＊　　　　　＊　　　　　＊

コラム

庚寅年銘大刀

　2011年，福岡県福岡市西区の元岡古墳群G6号墳で，紀年銘の象嵌が入った大刀が発見されました。平成23年（2011）9月21日の，福岡市教育委員会による記者発表資料によると，墳丘規模は直径18m，石室は両袖式単室の横穴式石

第2章　暦注の種類　　185

室（玄室幅1.6〜2.1m，全長2m，天井高1.8m，羨道の長さ3.0m，幅1.3m，高さ1.4m）。X線撮影で浮き上がった文字は，次のように釈読されています。

　　　大歳庚寅正月六日庚寅日次作刀凡十二果□（「練」カ）

　この古墳は，7世紀中ごろの築造と考えられています。そこに近い庚寅年で，正月6日が庚寅の日となる年を『日本暦日原典』などの長暦で探すと，元嘉暦では，西暦570年1月27日しかありません。よって，この大刀の製造年は，欽明天皇時代（『日本書紀』によれば，欽明天皇31年）となります。欽明朝は，百済から暦博士が交代でヤマトの大王宮廷に来て，暦を造っていたことが知られています。また「太歳○○」という年表記は，「百済本紀」という，『日本書紀』の参考史料となった百済の歴史書にもあるので，時期的に符合します（『日本書紀』継体天皇25年条）。

　また，「大歳」という表記は，『日本書紀』にもしばしば登場します。倭国文化への百済文化の影響は大きなものがありますが，時間表記についてもそれが言えることを，再確認させてくれるものと言えるでしょう。

　このように，金石文や木簡などに，干支年が記されている場合は，長暦類と，遺跡や出土地層の考古学的年代判定とを併用することで，具体的な年次を判断することができます。（以上，坂上2012を参照）

衰　日

　平安貴族の日記に，しばしば登場する衰日も，干支に関係します。以下，土田直鎮氏（村山他『陰陽道叢書』1）により，説明したいと思います。

　衰日は，「御衰日，百事を避くべし」（『西宮記』巻3裏書・承平8年〔938〕4

表18　行年衰日

年　　　　　　　齢	衰　日
1，8，16，24，32，40，41，48，56，64，72，80，81，88，96	寅・申
2，7，9，14，17，22，25，30，33，38，42，47，49，54，57，62，65，70，73，78，82，87，89，94，97	卯・酉
3，10，18，26，34，43，50，58，66，74，83，90，98	子・午
4，11，15，19，23，27，31，35，39，44，51，55，59，63，67，71，75，79，84，91，95，99	辰・戌
5，6，12，13，20，21，28，29，36，37，45，46，52，53，60，61，68，69，76，77，85，86，92，93，100	丑・未

月11日）とされる，凶日です。生まれた年の十二支と対応する支の日を避ける生年衰日と，行年衰日がありますが，生年衰日は，ほとんど使われていないとされます。実用されている行年衰日は，表18のようになります。

また，衰日の年齢は，数え年と同じく，正月が来ると増える場合と，立春が過ぎると増える場合とがあり，注意が必要です。要するに暦月，節月の二通りがあるのです。

＊　　　　＊　　　　＊

2　月　建

暦算の基準である11月は，建子月ともよばれます。そして暦月は，順に建丑月（12月），建寅月（正月）……などとよばれました。毎月に，十二支が割り当てられているわけです。これは，北斗法ともよばれ，昏（ひぐれ時）に現れる目立つ星座である，北斗七星の斗柄（ひしゃくの柄の先）の指す方角に対応しているとされます。

最初に，前近代の方位の名称を，北斗七星つきの図で確認してください（図64）。この図は北を向いたときの空で，下に北の地平線があります。上が南というのは，上の方に向かって延長線を伸ばすと，線は天球上を，自分の頭の上をぐるっと通って，南の地平線に達するという意味です。

さて，古い時代（周の時代ともされます），冬至を含む11月の昏に，太陽が沈んで北斗七星が現れると，図65（次頁）のようになっていました。つまり，北斗が，子（北）の方向に「建

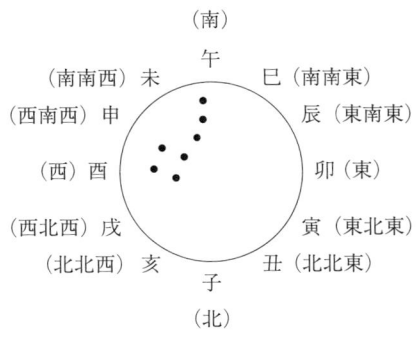

図64　前近代の方位の名称

表19　月　建

月　建	建子	建丑	建寅	建卯	建辰	建巳	建午	建未	建申	建酉	建戌	建亥
暦　月	11月	12月	1月	2月	3月	4月	5月	6月	7月	8月	9月	10月

第2章　暦注の種類　　187

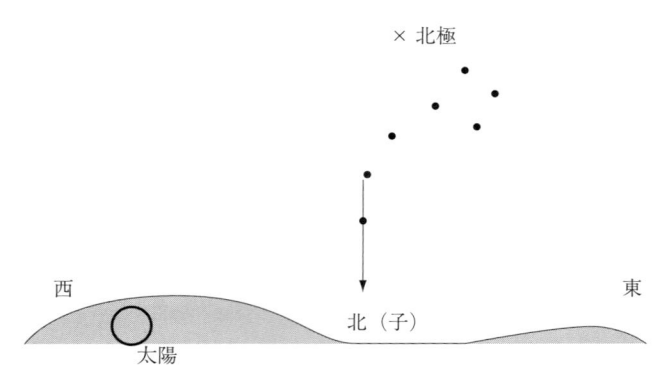

図65　11月日暮れ時の北斗七星

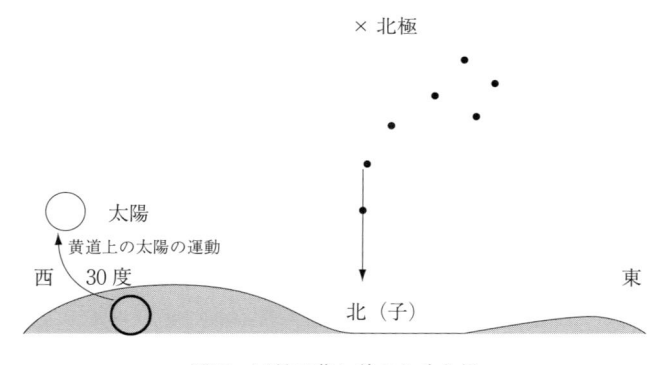

図66　12月日暮れ前の北斗七星

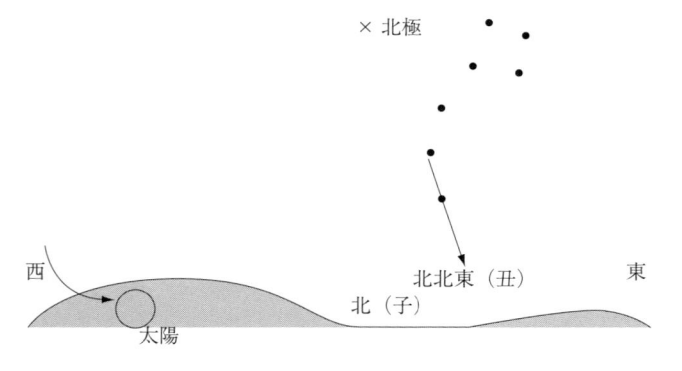

図67　12月日暮れ時の北斗七星

つ」わけです。このため中国では，太陰太陽暦の11月が子月（建子月）とされました（藪内1989）。

　平均朔望月(さくぼうげつ)は約29.5日です。太陰太陽暦の1ヶ月（暦月）は，1朔望月です。太陽は，現代の度数でいうと，1日1度弱だけ，黄道を西から東に移動します。だから，ひと月たつと，だいたい30度くらい東に移動します。そこで，1ヶ月後の同じ時刻の北の空は，図66のようになるはずです。

　このときの太陽が，西の山に沈むころ，北斗七星の向きは，図67のようになっています。天球は，北極を中心に，1日1回転してみえます（地球の自転のせいです）。

　つまり，日暮れ時に，北斗七星が姿を現すと，その斗柄は北北東，つまり丑の方角を指しています。だから，12月は，「丑月」（建丑月）となったのだとされます。おおよその目安としては，30度×12ヶ月＝360度と考えればいいわけです。

　この知識があり，さらに具注(ぐちゅうれき)暦を持っていれば，そこには日没時刻が載っているので，北斗七星の斗柄の向きで，「今，何時か？」がわかります。歳差(さいさ)現象があるので，各時代ごとの知識が必要ですが。

　平安時代の都には漏刻(ろうこく)がありましたが，時計台や腕時計のような，「只今」の時刻を知る手段はありません。そこで貴族たちは，北斗七星を見て時間を知りました。8世紀の遣唐使船が，夜の海上で時間がわかったのも，恐らくこの北斗法によるのでしょう。

　なお具注暦の月建には，十二支に加えて十干も配当されていますが，これは省略します。

3　納　　音

　暦注の上段に見える，木・火・土・金・水の五行のことです。七曜と間違えそうですが，曜日は，暦上部の欄外に記入され，納音(なっちん)は2日連続で同じものが続きます。

　一方，中国の音階は，宮（ド）・商（レ）・角（ファまたはミ）・徴(ち)（ソ）・羽（ラ）の，五音とされます。事物は変動するとき音を発するので，干支も音をともな

表20　納音

納音	日の干支					
土(宮)	庚午	辛未	戊寅	己卯	丙戌	丁亥
	庚子	辛丑	戊申	己酉	丙辰	丁巳
火(徴)	丙寅	丁卯	甲戌	乙亥	戊子	己丑
	丙申	丁酉	甲辰	乙巳	戊午	己未
水(羽)	丙子	丁丑	甲申	乙酉	壬辰	癸巳
	丙午	丁未	甲寅	乙卯	壬戌	癸亥
金(商)	甲子	乙丑	壬申	癸酉	庚辰	辛巳
	甲午	乙未	壬寅	癸卯	庚戌	辛亥
木(角)	戊辰	己巳	壬午	癸未	庚寅	辛卯
	戊戌	己亥	壬子	癸丑	庚申	辛酉

うとされました。そこで，人は，その生まれた年の干支の音が本命所属の音となります（『暦林問答集』）。また，それぞれの音は，五行に配当されます。よって，たとえば庚午年生まれの人は，宮音を得て，気を土に受けて，生まれた人ということになります（表20）。

　この納音の五行は，日の干支にも対応して，暦注として記入されるわけです。中国では，先秦より漢初にかけて，五行説が，音律理論と結合した占術に発達します（武田時昌「五音と五行」武田2011）。唐代には，こうした五音法による数術が流行しましたが，その後，衰退するそうです（宮崎純子「音韻による土地占い」武田2011）。内田正男氏によると，日本でも納音は，暦注としてはあまり重視されていないそうです。

4　十二直

　暦の上段にある十二直は，毎日の吉凶を表す暦注で，「たのみたさとやあなおひと」と覚えます。節月とは，二十四節気の十二節で，1年を区切った1ヶ月のことです。表21の通り，節月正月の寅の日は「建」，卯の日は「除」と配当します。なお，節月がかわると，同じ十二直が，2日連続で続きます。たとえば，節月正月の30日目が癸亥としたら，この日の十二直は収（納）です。次の日は甲子となりますが，この日が2月節だとすると，十二直は，やはり収です。この繰り返しを「跳」とよびます。古代の暦の断簡が見つかったとき，暦日の数字が欠損していても，十二直が踊っていることを発見すれば，節月がわかり，暦年代を比定する手がかりとなりうるのです。

　なお，十二直は，中世の仮名暦にも載せられており，それだけ気にされた暦注だったと思われます。参考のために，仮名暦注による吉凶を記すと，次のよ

表21　十二直

十二直＼節月	正	2	3	4	5	6	7	8	9	10	11	12
建	寅	卯	辰	巳	午	未	申	酉	戌	亥	子	丑
除	卯	辰	巳	午	未	申	酉	戌	亥	子	丑	寅
満	辰	巳	午	未	申	酉	戌	亥	子	丑	寅	卯
平	巳	午	未	申	酉	戌	亥	子	丑	寅	卯	辰
定	午	未	申	酉	戌	亥	子	丑	寅	卯	辰	巳
執	未	申	酉	戌	亥	子	丑	寅	卯	辰	巳	午
破	申	酉	戌	亥	子	丑	寅	卯	辰	巳	午	未
危	酉	戌	亥	子	丑	寅	卯	辰	巳	午	未	申
成	戌	亥	子	丑	寅	卯	辰	巳	午	未	申	酉
収	亥	子	丑	寅	卯	辰	巳	午	未	申	酉	戌
開	子	丑	寅	卯	辰	巳	午	未	申	酉	戌	亥
閉	丑	寅	卯	辰	巳	午	未	申	酉	戌	亥	子

うになります。

建（たつ）：入学，元服，柱立，出門，奴婢抱等に吉
除（のぞく）：神事，祭礼，薬調合，煤払，針・灸等に吉
満（みつ）：嫁娶，屋作，移徙（わたまし），裁衣，竈塗，出門等に吉
平（たいら）：屋作，移徙，嫁娶，裁衣等に吉
定（さだん）：神事，祭礼，屋作，移徙，嫁娶，裁衣，奴婢抱，牛馬を飼等に吉
執（とる）：諸事不吉，禽獣・魚鼈（ぎょべつ）を狩捕する等に吉
破（やぶる）：諸事不吉，邪気を払い，祟りを祈る等に吉
危（あやぶ）：諸事不吉，殊に高き所へ上るべからず。竹木を伐る等に吉
成（なる）：神事，祭礼，屋作，移徙，元服，嫁娶，出門，裁衣，酒・醤油造等に吉
納（おさん）：屋作，移徙，元服，嫁娶，種蒔，竹木を植え，禽獣を捕える等に吉
開（ひらく）：入学，元服，嫁娶，屋作，移徙，出門，薬調合等に吉
閉（とづ）：諸事不吉，但し，水防を建て，堤を築き，穴を塞ぐ等に吉

なお，十二直で，節月11月子日が「建」なのは，「月建」のところで見たように，冬至（11月中）ころ，北斗七星の斗柄が，子の方角に建（た）ったからだとされます。

5　七十二候・六十卦

　七十二候は，暦の中段にあります。北魏の正光暦で初めて使われたとされます（藪内1989）。二十四節気をさらに三気にわけ，一気を5日としたものです。命名は『礼記月令』によるとされています（島1971）。ただし，その名称は中国の華北の気候によっており，日本の季節感には合いません。このため，後世になると名称が変更されたり，入れ替えられたりする例が見られます。なお，よく知られる「半夏生」も七十二候のひとつで，武始交を「とらはじめてつるむ」と読むのは，暦道の口伝とされています（渡邊1984）。なお半夏生は，現在は7月2日ころで，太陽黄経100度の時であり，半夏がこのころに生ずるとされます。

　正倉院文書の暦には七十二候はありませんが，福岡県太宰府市の観世音寺で見つかった宝亀11年（780）の具注暦（頒暦の転写）には，七十二候があります。

　次に，宣明暦時代の七十二候を掲げます。なお二十四節気に付したカッコ内は，現代の定気による日次です。日次は，グレゴリオ暦を使う現代でも，年ごとに若干変わります。一方，古代の暦の二十四節気は，平気（平均の節気間隔）なので，本来の定気の時刻とは若干ずれています。

　　　正月節立春（2月4日）
　　　　　　初候　東風解凍（とうふうこおりをとく）
　　　　　　次候　蟄虫始振（ちつちゅうはじめてふるう）
　　　　　　末候　魚上氷（うおこおりをのぼる）
　　　正月中雨水（2月19日）
　　　　　　初　獺祭魚（かわうそうおをまつる）
　　　　　　次　鴻雁来（こうがんきたる）
　　　　　　末　草木萌動（そうもくきざしうごく）
　　　二月節驚蟄（3月6日）
　　　　　　初　桃始華（ももはじめてはなさく）
　　　　　　次　倉庚鳴（そうこうなく）

　　　　末　鷹化為鳩（たかけしてはととなる）
二月中春分（3月21日）
　　　　初　玄鳥至（げんちょういたる）
　　　　次　雷乃発声（かみなりすなわちこえをはっす）
　　　　末　始電（はじめていなびかりす）
三月節清明（4月5日）
　　　　初　桐始華（きりはじめてはなさく）
　　　　次　田鼠化為駕（でんそけしてうずらとなる）
　　　　末　虹始見（にじはじめてあらわる）
三月中穀雨（4月20日）
　　　　初　萍始生（うちくさはじめてしょうず）
　　　　次　鳴鳩払其羽（めいきゅうそのはねをはらう）
　　　　末　戴勝降于桑（たいしょうくわにくだる）
四月節立夏（5月5日）
　　　　初　螻蟈鳴（ろうこくなく）
　　　　次　丘蚓出（きゅういんいず）
　　　　末　王瓜生（おうかしょうず）
四月中小満（5月21日）
　　　　初　苦菜秀（くさいしょうず）
　　　　次　靡草死（びそうかる）
　　　　末　小暑至（しょうしょいたる）
五月節芒種（6月6日）
　　　　初　蟷螂生（とうろうしょうず）
　　　　次　鵙始鳴（もずはじめてなく）
　　　　末　反舌無声（はんぜつこえなし）
五月中夏至（6月22日）
　　　　初　鹿角解（しかのつのおつ）
　　　　次　蜩始鳴（ひぐらしはじめてなく）
　　　　末　半夏生（はんげしょうず）
六月節小暑（7月7日）

　　　　初　温風至（おんぷういたる）
　　　　次　蟋蟀居壁（しっそつかべにおる）
　　　　末　鷹乃学習（たかすなわちがくしゅうす）
　六月中大暑（7月22日）
　　　　初　腐草為蛍（ふそうほたるとなる）
　　　　次　土潤溽暑（つちうるおってあつし）
　　　　末　大雨時行（たいうときにゆく）
　七月節立秋（8月7日）
　　　　初　涼風至（りょうふういたる）
　　　　次　白露降（はくろくだる）
　　　　末　寒蟬鳴（かんぜんなく）
　七月中処暑（8月23日）
　　　　初　鷹祭鳥（たかとりをまつる）
　　　　次　天地始粛（てんちはじめてしじまる）
　　　　末　禾乃登（くわすなわちみのる）
　八月節白露（9月7日）
　　　　初　鴻雁来（こうがんきたる）
　　　　次　玄鳥帰（げんちょうかえる）
　　　　末　群鳥養羞（ぐんちょうしゅうをやしなう）
　八月中秋分（9月23日）
　　　　初　雷乃収声（らいすなわちこえをおさむ）
　　　　次　蟄虫坯戸（ちっちゅうこをとず）
　　　　末　水始涸（みずはじめてかる）
　九月節寒露（10月8日）
　　　　初　鴻雁来賓（こうがんらいひんす）
　　　　次　雀入大水為蛤（すずめたいすいにいりはまぐりとなる）
　　　　末　菊有黄華（きくにこうかあり）
　九月中霜降（10月23日）
　　　　初　犲乃祭獣（おおかみすなわちけものをまつる）
　　　　次　草木黄落（そうもくこうらくす）

　　　　　末　蟄虫咸俯（ちっちゅうことごとくふす）
　十月節立冬（11月7日）
　　　　　初　水始氷（みずはじめてこおる）
　　　　　次　地始凍（ちはじめてこおる）
　　　　　末　野雞入水為蜃（きじみずにいりてはまぐりとなる）
　十月中小雪（11月22日）
　　　　　初　虹蔵不視（にじかくれてみえず）
　　　　　次　天気上騰地気下降（てんきしょうとうしちきかこうす）
　　　　　末　閉塞而成冬（へいそくしてふゆをなす）
　十一月節大雪（12月7日）
　　　　　初　鶡鳥不鳴（やまどりなかず）
　　　　　次　武始文（とらはじめてつるむ）
　　　　　末　荔挺生（れいていいずる）
　十一月中冬至（12月22日）
　　　　　初　丘蚓結（きゅういんむすぶ）
　　　　　次　麋角解（びかくげす）
　　　　　末　水泉動（すいせんうごく）
　十二月節小寒（1月6日）
　　　　　初　雁北郷（かりきたにむかう）
　　　　　次　鵲始巣（かささぎはじめてすくう）
　　　　　末　野雞始雊（きじはじめてなく）
　十二月中大寒（1月20日）
　　　　　初　雞始乳（にわとりはじめてにうす）
　　　　　次　鷙鳥厲疾（しちょうれいしつす）
　　　　　末　水沢腹堅（すいたくふくけん）

六十卦については，さわりだけ説明します。宇宙を象徴する易の六十四卦のうちの，坎・震・離・兌を冬・春・夏・秋に配当して，二十四節気にもこの4卦の六爻（初・二・三・四・五・上）をあてます。また1年を60で割った6日734分2秒（大衍暦は6日265分85秒）ごとに，六十四卦からこの4卦を除いた残り六十卦を配当するわけです。この6日余りを「卦位」（「地中の策」）とよびま

す。実は暦注の六十卦は，復・臨などの12卦を内・外にわけて計72卦とします。ただしこの内外24卦と次の卦との間隔は，卦位の半分です。よって同じく72でも，1年を等分した七十二候とは必ずしも日時が合致しません。『新唐書』暦志には，大衍暦の六十卦一覧が載っています。

6　没日・滅日

　没日（もつにち）・滅日（めつにち，めちにち）は，暦の中段にあります。節月（＝平気(へいき)の場合は，1年を12等分したもの）を1ヶ月とし，1年を365日余とする純粋太陽暦の感覚は，中国にもありました。一方で，1ヶ月＝30日とする感覚も古代中国にはあったようです。それを反映するのが，この暦注です。湯浅吉美氏の解説がわかりやすいので，参考にして説明します（湯浅2009）。

　平年を30日×12ヶ月＝360日とすると，余りは1年の日数（たとえば宣明暦の場合365.2446日）－360日＝5.2446日となります。さらに，宣明暦の1日は8400分なので，5.2446日×8400分＝44055分（通余）。1年をこの通余で割ると，3068055分（1年）÷44055分＝69.641。つまり，69.641日に1日の割合で引くと，1年は360日になります。そのとき，この日を「没日」と名付けます。これは，1ヶ月を30日とする太陽暦で，残りの5.2446日を余分の日として配当する，一種の方法です。このような太陽暦が，古代中国のどこかで使われたのでしょうか。それが，暦注に取り込まれたのでしょうか。

　滅日は，平均1朔望月（宣明暦は29.53059日）と，1ヶ月（30日）の差に基づいています。つまり，252000分（8400分×30日）－248057分（8400分×29.53059日）＝3943分（朔虚分）。これを1ヶ月の日数（248057分÷8400）で割ると，3943分÷248057分×8400＝133.5225分。これが1日あたりの不足分です。この不足が集積して，1日になるごとに「滅日」とします。8400分÷133.5225分＝62.91日なので，62日か63日ごとに，滅日を設けることになります。

　具注暦の暦首には，暦の余分の日で，陰陽が足りず，正しい日ではないから用いてはならないとあります。日本では，11世紀より，没日を忌む例があります。また鎌倉時代ころより，滅日を忌む例が見られます。方違(かたたが)えの日数を数えるときも，この日を除く例が見られます。

また，正倉院文書の暦には，没日はあるのに，滅日の記載がありません。このため岡田芳朗氏は，儀鳳暦の暦注には，滅日がなかったのではないかと推測しています（岡田1981）。

7　坎　日

暦の下段にある坎日は，具注暦では「九坎」と書きます。15世紀の暦解説書である賀茂在方撰『暦林問答集』では，「九坎は九星の精なり。またいわく，天の河伯と名づく。それ虚・危両宿の下に九星あり。これを九坎星と名ずく」とあって，この日は百事に凶とされました。古代・中世では，かなり気にされた暦注です。

表22　坎日（節月）

正月	2月	3月	4月	5月	6月	7月	8月	9月	10月	11月	12月
辰日	丑日	戌日	未日	卯日	子日	酉日	午日	寅日	亥日	申日	巳日

『紫式部日記』寛弘6年（1009）条に，「正月一日，言忌もしあへず。坎日なりければ，若宮の御戴餅のこと，とまりぬ」とあります。この日は丁巳で，立春は正月3日のため，12月節で坎日は巳の日でした。それで，子どもの成長を願う戴餅の行事が避けられたわけです。

8　大歳位・前・対・後と小歳位・前・対・後

この暦注は，暦の冒頭に記される八将神の大歳（その年の十二支）とは区別が必要で，具注暦の下段にある吉日です。なお，次に見る凶会日に当たると，凶会日の方が優先され，この暦注は暦には記されません。具注暦には，凶会日を除いて，表23（次頁）のように毎日記されています（仮名暦にはないとされます）。組み合わせは，位・後・対・前の順番が，季節ごとに循環している形です（干支番号は180頁参照）。また儀鳳暦時代の，正倉院文書の暦には「歳位・歳前・歳対・歳後」と記載されています。

『暦林問答集』には，歳位は王者の位，歳前は公侯の位，歳対は卿大夫の位，

表23　大歳神・小歳神の位置

大 歳 神 の 位 置					小 歳 神 の 位 置				
干　　支	春	夏	秋	冬	干　　支	春	夏	秋	冬
0甲子～9癸酉	大歳位	後	対	前◎	0甲子～3丁卯	小歳位	後	対	前◎
10甲戌～15己卯	大歳対	前	位	後○	4戊辰	小歳前	位	後	対●
16庚辰～20甲申	大歳位	後	対	前◎	10甲戌～14戊寅	小歳対	前	位	後○
21乙酉～26庚寅	大歳対	前	位	後○	21乙酉～23丁亥	小歳後	対	前	位●
27辛卯～41乙巳	大歳前	位	後	対●	27辛卯～33丁酉	小歳対	前	位	後○
42丙午～47辛亥	大歳後	対	前	位◎	34戊戌	小歳後	対	前	位●
48壬子～52丙辰	大歳前	位	後	対●	42丙午～44戊申	小歳位	後	対	前◎
53丁巳～58壬戌	大歳後	対	前	位◎	53丁巳	小歳前	位	後	対●
59癸亥	大歳位	後	対	前◎	59癸亥	小歳位	後	対	前◎

干支番号は表17大余表を参照（180頁）

歳後は庶人の位とあります。ただし同書は，大歳位をその年の大歳（つまり子歳は子），大歳前をその次の支（同じく丑），大歳対を反対の支（同じく午），大歳後をそのひとつ前の支（同じく亥）としており，明らかに古代のものとは違っています。

　小歳位・前・対・後の性格は，はっきりしません。大歳とは違い，配当されない日もあります。たとえば戊辰の次の己巳～癸酉の5日間には，小歳位・前・対・後の暦注はつきません。

　なお，表23では，大歳，小歳とも，位・後・対・前の組み合わせが同じものには，同じ印を付けています。

9　凶会日

　暦の下段にある，凶日を示す暦注で，24種類あります。ただし仮名暦では，単に「くゑ日」と記されます。凶会日に当たると，具注暦下段の暦注である，大歳位・大歳前・大歳対・大歳後は記されません。陰・陽の調和がうまくいかず，万事に凶の日とされます。ただし『枕草子』242段には，

　　ことに人にしられぬ物，凶会日，人の女親の老いにたる。

とあるので，10～11世紀までは，貴族もあまり気にしなかったようです。暦注にもはやり，すたりがあるわけです。撰日法は節切りです。表24に示すのは，

表24　凶会日（節月）

月	凶　　会　　日
正月	辛卯（三陰）　庚戌（陰錯）　甲寅（陽錯）
2月	己卯（陰道衝陽）　乙卯・辛酉（陰錯）
3月	甲子・乙丑・丙寅・丁卯（絶陰）　戊辰（単陰）　壬申・戊申（狐辰）　庚辰（陰位）　甲申（行狼）丙申（了戻）甲辰・庚申（陰錯）癸亥（絶陰）
4月	戊辰（絶陰）　己巳（陰錯絶陽）辛未・癸未（陰錯）乙未（行狼）　己亥（陰陽衝破）丙申・戊午（歳博）丁巳（陽錯）己亥（陰錯狐辰）　丁未（陰錯了戻）癸亥（陰陽交破）
5月	丙午・戊午（陰陽倶錯）　壬子（陰陽衝撃）
6月	己巳（陰陽倶錯）丁未・己未（陽錯）癸丑（陽破陰衝）丁巳（陰錯）　戊午・丙午（遂陳）
7月	乙酉（三陰）　甲辰（陰錯）　庚申（陽錯）
8月	己酉（陰道衝陽）　乙卯（陰錯）　辛酉（陽錯）
9月	丙寅・戊寅（狐辰）甲戌（陰位）庚寅（行狼）　辛卯・壬辰・癸巳・甲午・乙未・丙申・丁酉（絶陽）戊戌（単陽）壬寅（了戻）庚戌（陽錯）　甲寅（狐辰陰錯）
10月	乙丑・丁丑・己丑（狐辰）己巳（陰陽衝撃）戊戌・己亥（絶陽）　丁巳・癸丑（陰陽交破）辛丑（行狼）壬子（歳博）
11月	戊子・壬子（陰陽倶錯）丙午（陰陽衝撃）　癸亥（陰錯）
12月	戊子・壬子（遂陳）丁未（陰陽交破）癸丑（陽錯）癸亥（陰錯）

主に『簠簋内伝』（室町時代の陰陽道書）によりますが，暦の注釈書によって細部に異同があります。

　なお，儀鳳暦時代の正倉院文書の暦では，三月節壬申日に狐辰が記入されていません。しかもこの日には「歳位」と記されているので，誤脱でもなさそうです（岡田1981）。儀鳳暦の凶会日は，大衍暦とはルールが少し違っていたのかもしれません。

10　その他の暦注

　その他の暦注のうちの若干の撰日法を，表25（次頁）に掲げます（主に渡邊1984による）。なお往亡・血忌・帰忌の撰日法は，「コラム　暦の断簡の年次比定法」（87頁）で示しました。

　吉凶については，暦首のところ（168〜170頁）で掲げているので，参照してください。このほかの暦注も，暦首には書いてありますが，撰日法については省力します。

表25　暦日につく暦注の例

暦注	撰日法	正月	2月	3月	4月	5月	6月	7月	8月	9月	10月	11月	12月
大　禍	節切	亥	午	丑	申	卯	戌	巳	子	未	寅	酉	辰
狼　藉	節切	子	卯	午	午	午	卯	酉	酉	卯	卯	午	酉
滅　門	節切	巳	子	未	寅	酉	辰	亥	午	丑	申	卯	戌
厭	節切	戌	酉	申	未	午	巳	辰	卯	寅	丑	子	亥
厭　対	節切	辰	卯	寅	丑	子	亥	戌	酉	申	未	午	巳
無　堯	節切	亥	戌	酉	申	未	午	巳	辰	卯	寅	丑	子
月　殺	節切	丑	戌	未	辰	丑	戌	未	辰	丑	戌	未	辰
復　日	節切	甲庚	乙辛	戊己	丙壬	丁癸	戊己	甲庚	乙辛	戊己	丙壬	丁癸	戊己
重　日	不断	巳	亥										
天　赦	節切	春　戊寅			夏　甲午			秋　戊申			冬　甲子		
月　徳	節切	丙	甲	壬	庚	丙	甲	壬	庚	丙	甲	壬	庚
月徳合	節切	辛	己	丁	乙	辛	己	丁	乙	辛	己	丁	乙
天　恩	不断	甲子	～	戊辰		己卯	～	癸未		己酉	～	癸丑	
母　倉	節切	亥子	亥子	巳午	寅卯	寅卯	巳午	丑未辰戌	丑未辰戌	巳午	申酉	申酉	巳午

　なお，暦首にあって，年ごとの方位に吉凶がかかる八将神や歳徳神(としとくじん)については，次の「都城と方違え(かたたがえ)と陰陽道」でふれたいと思います。

第3章　都城と方違えと陰陽道

　古代の都である都城，方角禁忌である方違え，そして平安時代に貴族の間で流行し，その後は日本の民俗にも，大きな影響を与えたのが陰陽道（おんようどう，おんみょうどう）です。この三者は暦を介して，互いに深く結びついていました。

　古代日本の都城は，7世紀末に造営された藤原京が最初です。都城とは，律令国家の中枢として造られた，政治のための都市のことです。天皇の居所である内裏と，政務空間である朝堂院（ちょうどういん），各役所，貴族や役所で働く役人と，その家族が集住する居住空間が，ひとつの場所に集められました。中央集権国家を建設するためには，こうした国家の頭脳に当たる空間が必要とされたのです。だから都城は，計画的に作られた都市空間です。碁盤の目のように，直線道で仕切られた中に建物が造られました。だから東西南北が明瞭です。『万葉集』には，

　　大君は　神にしませば　赤駒の　はらばふ田居を　京師（みやこ）となしつ（4260）
　　大君は　神にしませば　水鳥の　すだく水沼（みぬま）を　皇都（みやこ）となしつ（4261）

とあります。都城は，何もなかった空き地や田畑に突如出現して，天皇（＝大君）の偉大さを人びとに見せつけ，驚かせた施設でもありました。

　こうした都城には，古くからの信仰や禁忌が乏しいので，暦のような新しい，人工的な禁忌が受け入れられやすい環境だったのです。

　そして平安時代から貴族社会で流行する陰陽道では，方角が重要でした。陰陽道では特定の方位に神々がいて，その吉凶で貴族の行動をしばりました。だから陰陽道は，東西南北が明瞭な都城でこそ，発展しやすい呪術だったのです。

　この吉凶をもたらす神々は，暦首に暦注の解説が載っている，歳徳神や八将神が代表的で，これに，王相（おうそう），のちに金神（こんじん）などが加わっていきます。これらの神は年ごとに，諸神の方位表（表26・27，次頁）に示す方角にいるとされました。なお遊行日は，別の方角にいることになっています（表28，次頁）。

表26　歳徳神の方位

年の干	歳徳の方位（としとく）	歳徳合
甲己	寅卯の間	きのえ（甲）の方	己
乙庚	申酉の間	かのえ（庚）の方	乙
丙辛	巳午の間	ひのえ（丙）の方	辛
丁壬	亥子の間	みつのえ（壬）の方	丁
戊癸	巳午の間	ひのえ（丙）の方／つちのえ（戊）の方	癸

渡邊1984による。

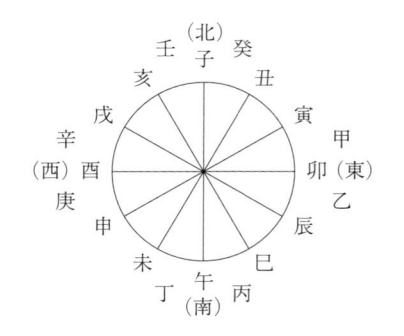

図68　方位への十二支配当

表27　八将神の所在方位

神＼歳	大歳	大将軍	大陰	歳刑	歳破	歳殺	黄幡	豹尾
子	子	酉	戌	卯	午	未	辰	戌
丑	丑	酉	亥	戌	未	辰	丑	未
寅	寅	子	子	巳	申	丑	戌	辰
卯	卯	子	丑	子	酉	戌	未	丑
辰	辰	子	寅	辰	戌	未	辰	戌
巳	巳	卯	卯	申	亥	辰	丑	未
午	午	卯	辰	午	子	丑	戌	辰
未	未	卯	巳	丑	丑	戌	未	丑
申	申	午	寅	寅	未	辰	辰	戌
酉	酉	午	未	酉	卯	辰	丑	未
戌	戌	午	申	未	辰	丑	戌	辰
亥	亥	酉	酉	巳	丑	戌	未	丑

表28　大将軍の遊行日

甲子日〜戊辰日	卯方
戊子日〜壬辰日	中宮（屋内）
丙子日〜庚辰日	午方
庚子日〜甲辰日	酉方
壬子日〜丙辰日	子方
巳日ごとに本所に還る	

本所以外は各5日間。

　このうち歳徳神は、「としとく神」として仮名暦にも記され、今日でも恵方巻などに信仰の痕跡がうかがわれる吉神です。歳徳神のいる方角は恵方、または明の方と言い、表26の通りです。ちなみに、五行の土に当たる「戊」の方は中央です。室町時代の書物の『簠簋内伝』によれば、歳徳神は、八将神の母で頗梨采女とされ、その方角は諸事によいとされていました。
　ところが、一般に貴族たちは、凶をもたらす八将神の方角をより恐れて意識していました。たとえば、大将軍という神がいる方角は、「三年ふさがり」と言います。室町時代の『暦林問答集』によると、これを犯すと大凶とされまし

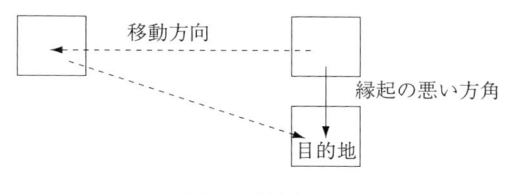

図69　方違え1

た。『新撰陰陽書』によれば「居礎、立柱、上棟、修造、移徙(わたまし)、嫁娶、竈を塗る、井を掘る、垣を築く、出軍、葬埋、起土、百事これを犯用せば、大凶」とあります。

　さて、大将軍がいる方向であっても、たとえば土塀が崩れていれば、修理しなければなりません。平安京は、しばしば盗賊の出る、甚だ物騒な場所でした。崩れた塀を放置するのは危険です。しかし今年が酉年なら、大将軍が午（南）にいます。それなのに南の土塀を修理すれば大将軍の祟りによって、盗賊以上にひどい目に遭うかもしれません。また「摂政になれますように」と神仏に祈って、首尾よく望みが叶ったとします。そこで、神仏への感謝（奉賽）として、仏塔を建てようとしました。ところが自分の寺の敷地が、本宅の南の方角にあったら、どうしましょうか。ここで登場する解決方法が、方違えです。以下、主として大将軍を例に、他の方位神にもふれながら、方違えを説明したいと思います。

　方違えというと、古典の時間などに習うのは、ある縁起の悪い方角（凶神のいる方角）に行く際、遠回りをすることでその方角を避けることとされます（図69）。

　この方違えの始まりは、9世紀後半の貞観年間とされています。『醍醐天皇日記』延喜3年（903）6月10日条には、次のように記されています。

　　大臣（＝左大臣藤原時平）いわく、「前代、天一・太白を忌まず。貞観以来この事あり。以後、中院に御するの方閉(かたふたがり)の例、いまだ詳らかならず。ただし仁和法皇（＝宇多天皇）の御時、方閉によりて、いそぎ曉の神饌を進め、もって忌みを避く。この例を見るに、神饌を供する時刻はつぶさに式に存ず。しかるに早速とうんぬん。このたび御さずといえども、何の憚りあらん」とうんぬん。

第3章　都城と方違えと陰陽道　203

この貞観年間の例は，『日本三代実録』を検証すると，まさに忌避すべき方角を避けて，遠回りして目的地に到る方違えでした（岡本充弘「院政期における方違」村山他『陰陽道叢書』1）。なお，天一神（てんいつしん）とは，もとは北極星の精だったとされる神で，干支日により，特定の方角にいました。禁忌の方角は，万事を忌むとされますが，癸巳日〜戊申日の16日間は，天に昇って禁忌が無くなるため，暦には癸巳日に「天一天上」と記されます。もうひとつの太白神（たいはくじん）は，太白（金星）の精です。ただし，実際の金星の運動とは関係なく，暦月の1日は東，2日は巽（東南），3日は南……8日は艮（東北），9日は天，10日は地にいて，その方角は避けねばならないとされていました。

　ところで，大将軍が南にいる時の，屋敷の南の崩れた塀の修理や南の寺の造営は，どうすればいいのでしょうか。まず方角禁忌の神には，遊行日と言って，何日間か，本来の方角を留守にすることがあります。少々の工事なら，その間にさっと済ませばよいのです。しかし，地震でひどく倒壊して，修理が大規模工事となると，どうしたらいいのでしょうか。寺の仏塔なら，なお一層のこと，簡単には完成しません。

　そこで10世紀に登場したのが，第二の方違えです（図70）。つまり自分の邸宅とは別の場所（知人や家司（けいし）の邸宅）に移るのです。11世紀までは，この移る先の場所を，「旅所（たびしょ）」と言いました。この行為で，自分の邸宅（本所）の，たとえば南の方角が，南の方角ではないことになります。だから南側での土木工事をすることができるようになるわけです。

　10世紀半ばに活躍した陰陽師である文道光（ふみのみちみつ）は，「方角禁忌は本人から見ての方向だ」と主張しています。

　しかし，同時期に活躍した賀茂保憲（かものやすのり）は，別の意見を述べています。両者の主張を見ることができる『村上天皇日記』天徳4年（960）10月23日条を，次に掲げましょう。

　　保憲申していわく，「式の御曹司に遷御の後，四十五日に満たずんば，よって御忌，なお内裏に留む」とうんぬん。道光申していわく，「御忌，身に従うべし。然らばすなわち，これより彼の院を指して，大将軍に当たるべし」とうんぬん。

　村上天皇が，内裏から式御曹司に移って45日以内なら，本来の居所（本所）

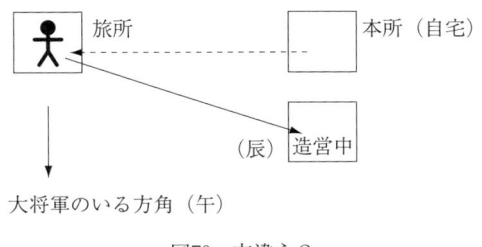

```
        ┌─┐       ┌─┐
        │人│旅所    │ │本所（自宅）
        └─┘← ─ ─ ─└─┘
          │              ┌──┐
          │         （辰）→│造営中│
          ↓              └──┘
    大将軍のいる方角（午）
```

図70　方違え2

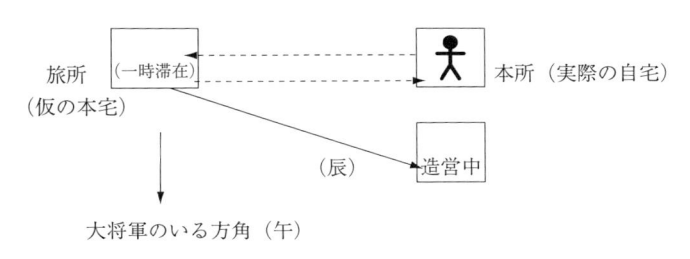

```
        ┌────┐           ┌─┐
  旅所  │(一時滞在)│← ─ ─ ─│人│本所（実際の自宅）
 (仮の本宅)└────┘           └─┘
          │              ┌──┐
          │         （辰）→│造営中│
          ↓              └──┘
    大将軍のいる方角（午）
```

図71　方違え3（派生型の場合，旅所滞在は節分の1泊のみで可）

である内裏から見て南の方角（この年は申年）に，大将軍がいる。これが保憲の意見です。彼が言うように，本人移動後も45日間は，本来の居所（本所）から新居（旅所）に方角の原点が移らないというのが，実はより一般的な感覚だったようです。個人とその居住する家との一体感を窺わせる点で，私には興味深く感じられます。

　この保憲の考え方に基づいて，工事の前に知人・家司の邸宅など（旅所）に移って45日間滞在し，方角の原点をそこに移してから，また自宅（本所）に帰ってくるのが，第三の方違えです（図71）。

　これにより，この貴族にとっては，自分の実際の邸宅（本所）の南の方角が，南の方角ではないことになります。なぜなら彼は，たまたまその邸宅（本所）に，「仮住まい」しているだけだからです。だから南側の寺に塔を建てても，本宅（旅所）から見れば東南東（辰）であって，大将軍を犯したことにはなりません。

　ところで，45日間も本宅を離れているのは，本人も，旅所を提供して居座られる方にとっても，不便な話です。そこでこの発想に基づいて，もっと便宜的

な第三派生型の方違えが考案されました。

　二十四節気の四立（立春・立夏・立秋・立冬）の前日を，節分と言います。この，季節の変わり目の直前である節分に，別の場所（旅所）に移り，一晩を過ごすのです。こうして新しい季節を迎えた場所が，その人の本宅となり，方角の原点となるのです。

　なお同じ節分でも，特に春の節分（立春の前日）の方違えが重視されました。これは，前にも述べましたが，立春が，1年の始まりという観念があったからです。ただし，節分には関係なく，単純に45日間の方違えをしている場合もあります。また，王相方（王相神のいる方角）のように，15日で移る禁忌もあります。こうした15日とか45日という期間は，各節気の期間の，約15日から来ているのでしょう。ただし没日は，この数字に入れないようです。こういうところで，暦の時間は陰陽道にとって重要なのです。

　話は脇道にそれますが，現代でも，春の節分（2月3日ころ）には豆まきをします。この豆で，鬼を追い払うことになっていますが，「福は内」と唱えて，家の中の福の神に向かっても豆はまくので，理屈が合いません。豆は，もともとは神への供物だったのではないかという説があります（宮本常一氏）。また，平安時代の貴族が屋敷を出て別の屋敷に入るときには，陰陽師が反閇という儀式を執り行います。この時も五穀などをまくので，これが今日の豆まきに何らかの影響を与えているのかもしれません。

　第三の方違えと派生型との関係ですが，時期的に変化したのではなく，陰陽師の間で意見が対立していて，派生型の方が優勢だったということかもしれません。小坂眞二氏は，大将軍に関して，春の節分の方違えをしても，最初の45日間は毎夜の方違えが必要で，次からは一季ごとに一夜の方違えでよいとしています（小坂「物忌み・方違と陰陽道の勘申部門」村山他『陰陽道叢書』1）。

　さて，12世紀の半ばくらいからでしょうか，院政期になると，「本所」と「旅所」の名称が入れ替わります。これが，第四の方違えです（図72）。方違えをする貴族は，節分の日に家司や妻の家を仮に譲り受け，そこを仮の本宅とします。第三の場合と同じようですが，この際に，その家の所有を証明する券文なども一時的に貰い受け，「本所」とする点が違います。そして，その家で1泊して，本来の自宅に戻ります。この本来の自宅が，この時期には「旅所」と

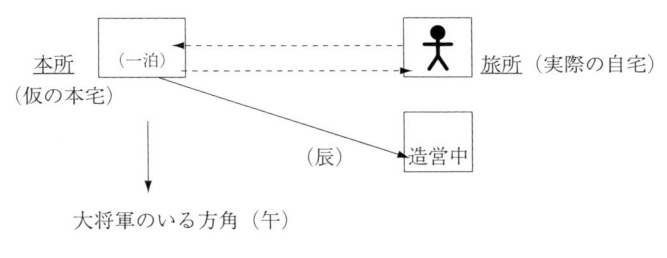

```
本所 ←---------- 🚶 旅所（実際の自宅）
(一泊)
本所
（仮の本宅）          （辰）→ 造営中
  ↓
大将軍のいる方角（午）
```

図72　方違え4

よばれます。つまり今，自分がいる旅所の南の寺は，本所（仮の本宅）から見て南ではないので，大将軍はいません。だから，この寺に塔を建てても，大将軍の祟りはないわけです。「本所」＝形式上の本宅・方角禁忌の原点という，この第四の方違えの方が，「旅所」＝形式上の本宅・方角の原点という第三の方違えより，しっくりするように感じます。

　ただしこの場合も，実際の自宅（旅所）に戻ってきて45日たつと，「旅所」に方角の原点が戻ってしまいます。その時には，また「本所」に行って一夜を過ごせば，原点は再び本所に移せます。

　なお「本所」でない家に方違えした場合は，そこに45日間滞在しなければ，犯土（＝土木工事）の方角禁忌の原点がその家に移らないと，陰陽師賀茂在憲(あきのり)は言っています（『玉葉』承安3年〔1173〕4月8日条）。つまりこの場合は，方違え3と同じで，しかも派生型は使えないということです。

　逆に，自宅以外の「本所」さえ用意できれば，一度の方違えだけで，禁忌をそちらに，簡単に移すことができるようになったわけです。本所の用意が可能な有力貴族にとっては，方違え4の方が，45日ごとの方違えをうっかり忘れた場合でも取り返しがきくので，便利だったに違いありません。

　なお方忌(かたい)みをする厳密な方位ですが，これは諸説があります。大将軍の場合は，正方位だけではなく，たとえば午（南方）にいる年なら，巳〜未（南南東〜南南西）が，避けるべき方位に当たるという意見があります（『暦林問答集』など）。一方，太白や天一・金神は，正方位だけに忌みがかかったとされます。太白は東方なら，東6町・南北各1町を忌み，6町以上遠くは，次第にその程をはからうと言われます（『簾中抄』）。方違えは複雑なので，以上はその概要

第3章　都城と方違えと陰陽道　　207

だけ述べました。

　人間には，何かしらの理由で，禁忌を求める習性があるようです。しかし度が過ぎると，今度は抜け穴が探し出されます。ユダヤ教でも，神に捧げられた土曜日が安息日とされ，労働が禁止されました。これは労働に対する休息を，人びとに保証する意味合いがありました。しかし，たとえば家の外にある荷物を中に運び込むことまで禁止されると困る場合がありますが，神の定めた律法を破ることはできません。そこで，家の中と外に，人が立って，外の者が荷物を窓まで持ち上げ，屋内の者が手から手で荷物を受け取って下に降ろせば，「荷物を運び込んだことにならない」という抜け穴を，律法学者が発明したそうです。

　いずれにせよ，方角禁忌は，暦が定める日付と季節が，平安時代の貴族男女の心にがっちりと食い込んでいたことを意味するのです。

＊　　　　　＊　　　　　＊

　コラム

暦と禁忌

　本章で取り上げた暦(れきちゅう)注には，干支のような計算の基礎になるもの，二十四節気・七十二候・日月食のような，天文学的なものもあります。しかし，多くは陰陽五行説などに基づいて複雑化した，抽象的な禁忌です。要するに迷信的なので，現代生活においては無視しても構わない，と言えそうな気がします。しかし人間の社会に根付いた習慣には，一見しただけではわからないような役割を担っている場合があります。

　時代が下り，17世紀となり，庶民にも暦が普及したころの話です。村々には，遊日(あそびび)という習慣がありました。これは会津地方では，正月は7日間，農作業をせず遊ぶ日です。また5月6日の田植えを強く忌み，朔日(さくじつ)・15日を，「遊ひ日」に指定する村もありました。この遊日は，忌み籠りなどのための日ですが，実際には労働休養日として，確保されていました。また，有力農民の家では，祝い事がなされる一方で，その家の奉公人は，自分のための農地の開墾や農作業（「ほまち」）をする日でもありました。そのために，主家での農作業は休みであることが必要でした（長島1991）。これによって，村の開墾地が徐々

に増えていく面もありました。

　ユダヤ教の安息日や，キリスト教の日曜日にも，世俗的な仕事の休業日という意味があり，それが宗教的な権威で守られていました。

　禁忌には，額面通りの意味と，実際に担っている機能とが，違っている場合があります。社会が変わり，その機能が形骸化したり，逆に負の側面が強くなると，それは単なる迷信となるわけです。暦注の意味も，そうした観点で考えなければならないでしょう。

　　　　　　　　＊　　　　　＊　　　　　＊

第4章　暦と天体現象

1　日食・月食

（1）日　　食

　暦注(れきちゅう)に載せられた重要な天体現象に，日食と月食があります。日食については，これまでも何度か言及しましたが，ここで日食とはそもそも何かを説明したいと思います。

　日食(きしょく)は，朔のときに地球上のある地点から見て，月が太陽の前面を通り，太陽が欠けて見える現象です。中国の陰陽五行説的に言えば，まさに「大陽」が，「大陰」（＝月）に犯されることだと言えます。月と太陽とが，十分に近いとき，月の軌道である白道と，太陽の（見かけの）軌道である黄道との交点（昇交点と降交点）の付近で，日食は起こります（図73）。月と太陽が，交点上で完全に重なって，月が太陽を掩(かく)うと皆既日(かいきにっ)食(しょく)です。ただし，太陽と月と地球の距離は一定ではないので，月の見かけの大きさが太陽より小さいと，月影の周りに太陽がみえる，金環日(きんかんにっ)食(しょく)となります。

　ところで，月は地球に近く，地球上のどの地点から見ているかで，月の位置に視差が生じます。このため日食は，ある場所では起こり，ある場所では起こらないのです。観測地点による食分の違いも，これが原因です。

　もともと中国暦法は，日食が起こる周期（太陽と月が同時に黄白道の交点に戻る周期）だけを計算していたので，特定の観測地（多くは都にある天文台）で観測すると，高い確率で予報は外れていました。しかし，三国時代の魏の，楊偉(ようい)が編纂した景初暦(けいしょれき)（237年施行）より，太陽と月の交点距離を用いた，本格的な日月食の計算が始まりました（大橋1999）。さらに，隋唐代の暦法は，月の視差をも計算するようになります。なお視差については，コラム「日食と視差」（115頁）ですでに触れています。

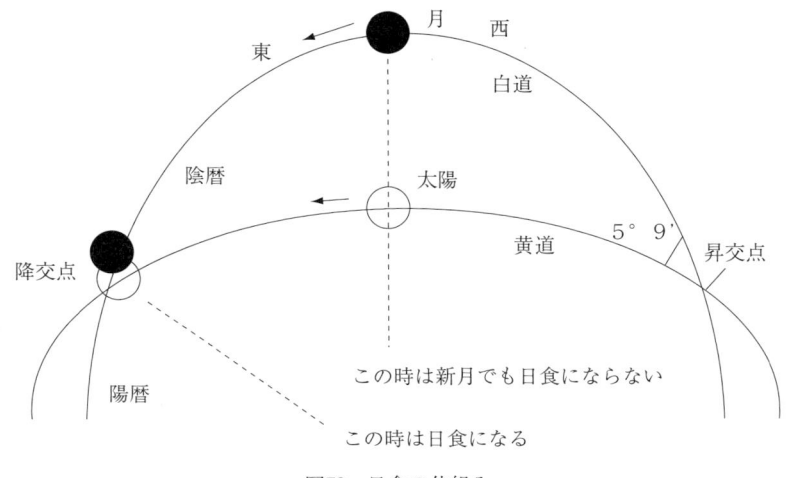

図73　日食の仕組み

　古代中国では，太陽は皇帝を象徴しました。このため日食は，皇帝の身に危険が迫っている，もしくは，皇帝の失政のために発生すると考えました。唐代に編纂された，晋の歴史書『晋書』の天文志を，次に掲げましょう（山田慶児・藪内清・坂出祥伸訳「晋書天文志」〔『中国の科学』〕による）。

　　君主に徳がなく，臣が国を乱せば，日は赤色で輝きがない。日の色が消えうせるとき，それが見られる国は栄えない。

　　昼間，日が暗くなり道行く人に影も見えず，夕暮れになってもそのまま続くときは，お上では刑罰がきびしく，民は生活を楽しめず，一年以内に大水害が起こる。

　　昼間，日が暗くなり，烏や鳥が鳴きさわぐときは，その国の政治が失敗しているのである。

　　太陽の中に烏が見えるときは，君主が愚昧で政治が乱れているのである。その国には白衣の会（白衣は喪服。重大な喪儀のこと）があり，また将軍が現れて旗揚げをする。

　　太陽のなかに黒点・黒気・黒雲があり，三つになったり五つになったりするときは，臣がその君主を追放する。

　　日食は陰気が陽気を侵し，臣の力が君主を圧倒するというシンボルであ

第4章　暦と天体現象　　211

り，国が滅亡する。

太陽の中の「烏」とか，「黒点・黒気・黒雲」とかは，太陽表面の活動である黒点です。また，「昼間，日が暗くなり，烏や鳥が鳴きさわぐ」とは，まさに皆既日食や深食（しょくぶん）（食分の大きい日食）を指すわけです。

もっとも，日食の場合，太陽の光がまぶしいため，部分日食ではよほど大きな食分（太陽が欠ける割合）でないと，予報なしでは気づくことはできません（日出日入時や大気状態によっては，少分でも見つかることがあります）。なお，大きな部分食でも，肉眼で見ると目を痛めて危険なので，かならず日食グラスなどを使って観察することが必要です。

日本でも，日食が政治に影響を与えた事例があります。次は，『日本紀略』天延3年7月1日（ユリウス暦975年8月10日）条に見える，皆既日食の記録の現代語訳です。渡邊敏夫氏による現代の計算では，京都での食分は1.01（1.0以上が皆既）でした。

　七月一日辛未。日食があった。食分は十五分の十一である。ある人は言う，「皆既だった」と。卯辰刻（＝5〜9時）に太陽が皆虧（か）けて，墨色のように光がなく，群鳥が乱れ飛び，衆星がことごとく現れた。天皇の詔書が出て天下に大赦した。死罪以下，通常の恩赦では赦されない者もことごとく赦した。日食の変による。
　十二日壬午。仁王会（にんのうえ）を行った。日食とたびたびの天変による。
　十三日癸未。命令を下して，相撲の節会（せちえ）を停止した。天変による。
　八月一日庚子。七大寺で読経を行った。去る月の日食による。
　九日戊申。十三の神社に幣帛（へいはく）を奉った。去る月の日食による。
　廿七日丙寅。去る安和（あんな）二年三月二十五日に流罪（安和の変）に処した者たちを都および戻せという太政官の命令が出された。去る月の日食による。

暦博士の出した予報では，食分15分の11，つまり食分70％程度だったのに，天文博士の観測では皆既となったので，都人は驚き恐れたのでしょう。太陽は，墨の色のように黒くなり，全ての星が現れ，動揺した鳥たち（鳥は鳥目で暗闇に対応できないので）が，バタバタと乱れ飛んだとあります。日食観測の経験のある，現代の天文学者によると，まさに的確な皆既日食の様子ということです。このため，朝廷は大あわてで，神仏に祈り，行事を中止し，安和の変

（左大臣 源 高明らが謀叛の罪で失脚した事件）で配流された人びとを，京都によび戻したわけです。これは，犯罪者を哀れみ許すのはよい政治だとされていたので，きっと神仏が喜ぶだろうという考えからです。

このように日食は恐れられていたので，暦博士は日食予報を出すことが義務づけられていました。律令では，次のようになっています。

表29　記録に現れる日食の実現率

年	的中率
691～ 782年	25.3%
783～ 918年	（この間不明）
919～1000年	61.9%
1001～1100年	67.5%
1101～1200年	68.1%
1201～1300年	70.8%

　およそ大陽虧くらば，有司あらかじめ奏せよ。皇帝事を視ず，百官おのおの本司を守り，務をおさめず。時過ぐらばすなわち罷れ。……
（養老儀制令7大陽虧条）

太陽が欠けたなら，担当の役所（＝陰陽寮）は，あらかじめ皇帝（天皇）に報告せよ。皇帝は政治をせず，すべての役人は役所を守り，仕事はするな。日食の時間が過ぎたら，退庁せよ。というのが大意です。これは，唐の制度の模倣でした。『延喜式』陰陽寮によると，暦博士は正月1日に陰陽寮へ，その年起こるはずの日食を報告しました。また，陰陽寮は，日食の8日以前に，中務省に申し送ることになっています。これは，日食による廃務を，朝廷全体に周知するためでしょう。

では，古代日本の暦博士が出した予報は，どの程度当たったのでしょうか。六国史や貴族の日記などの記録で日食の記録を探し，そのうちで，ほぼ確実に暦博士もしくは暦道が予報したと考えられるものを選び，現代天文学で日食が起こったかどうかを検証すると，表29のようになります。

竹迫忍氏によれば，日本の暦博士・暦道は，その時々に使っていた中国暦法に忠実に計算をして，日食予報を出していました。しかし，いかんせん，もとの暦法が不十分であるため，予報が外れるわけです。なお，「この間不明」とした8世紀末に，記録上の日食記事の実現率が上がります。これは実は，政府編纂の国史である『続日本紀』『日本後紀』が，この時期の外れた日食予報を記事としなかったからです（細井1995,2007）。恐らく，桓武天皇の方針によるものでしょう。また9世紀途中から10世紀初めは，夜の日食（地平線の下で日食が起こる場合）も予報を出すことに政府が決めたため，日食予報が頻発しま

第4章　暦と天体現象　213

した。つまり暦博士は，外れるとわかっている夜日食まで，予報を出していたのです。夜日食の予報が廃止されたのは，延喜19年（919）からのことです。

ところが，10世紀以降の日食予報は，実現率が非常に高くなります。内田正男氏は4割5分程度しか当たらないはずの宣明暦法なのに，このように高い実現率を示す点を不審に思い，記録の残り方がおかしいのではないかと考えました。しかしそのころの貴族の日記等を調べてみても，外れた日食予報もきちんと記録しています。

実は横塚啓之氏や竹迫忍氏が指摘する，陽暦法を考慮すると，この問題はだいたい解決します。大衍暦のところでも説明したように，地心からの観察を前提とした暦法の計算と，唐の長安・洛陽や日本の平城京・平安京のような地球上のある地点からの観察とでは，月の位置がだいぶずれています。これが視差です。

よって月が，黄道と白道の交点より下＝南側（陽暦）にある状態で，暦法上日食が起こる場合，視差の関係で観察地点から見ると，実際には起こらないことがあります。たとえば，『本朝世紀』天慶元年（938）10月17日条によると，翌年正月1日に，日食が起こるかどうかについて，この陽暦をめぐって，暦博士大春日弘範と権暦博士葛木茂経とが論争をしています。

　……弘範朝臣，癸卯をもって今年十二月晦となし，甲辰をもって，明年正月朔となす。即ち申していわく，「正月朔，日蝕あり。正見すべし。よって退き定むるところなり」とうんぬん。茂経宿祢，壬寅をもって今年十二月晦となし，癸卯をもって明年正月朔となす。即ち申していわく，「彼の朔，正見すべきの蝕なし。更に進退すべからず。何なれば，月，陽歴にあり，虧蝕すべからず。たとい蝕あるものといえども，日，酉初一分に入り，虧初は酉一刻なり。曽て正見すべからず。況んやまた月，陽歴にあり。専ら虧蝕なし。よってここに，たびたび進すところの勘文，具さに載せ，正見すべからざるの由を申すことすでにおわんぬ」とうんぬん。今日，諸卿あい定めていわく，「茂経，進すところの暦本を用うべし」てえり。弁官，宣旨をうけたまわることすでにおわんぬ（その宣旨，続ぎ納むなり）。

つまり，暦博士の大春日弘範は，陽暦法を採らずに日食が起こると言い，権

暦博士葛木茂経は陽暦法によって日食は起こらないと主張していたのです。計算上日食となるもののうち，陽暦での日食を除外すれば，予報的中率は上昇するわけです。

なお，具注暦でも天慶2年正月1日（グレゴリオ暦で1月28日，ユリウス暦は5日前）の日没は，酉初刻一分（＝17:00すぎ）だったと思われます（斉藤1996を参照）。よって日食の欠け始め（虧初）が酉一刻（17:24～17:53ころ）なら，この日食は，日没の数十分後の日食，つまり夜日食となります。とすると茂経の主張が正しいことになります。ただし宣明暦の1朔望月が，実際より微妙に長いため，徐々に実際の日食の発生時刻は，予報時刻に対して早まっていました（大橋2005）。弘範は経験的に—あるいは大春日氏の秘伝で—このことを知っており，そこで正月1日に日食が起こるとしたのかもしれません。

渡邊敏夫氏による現代の計算では，結局このとき京都では日食は起こりませんでした。実際に日食が起こるかどうかを天文博士が調べたなら，茂経が勝ちとなるわけです。

このように，暦道は中国暦法を習得した上で，補助的なテクニックをあれこれ駆使していました。このテクニックに，流派間の違いがあったことがわかるのです。

さて，律令国家時代の日食は，天子である天皇に異変が起こることを，天が知らせてくれる現象だったはずです。ところがその後，日本では日食の光自体が，天皇の身体に有害なものと考えるようになりました。このため，日食・月食予報が出ると，僧侶を集めて読経が行われ，天皇の侍臣が御所に集まり，天皇を守って一緒に籠もるようにようになりました。

鎌倉時代初期の故実書である『禁秘抄（きんぴしょう）』には，次のように日月食時の作法が記されています。

　　日月食
　　天皇の当年星が日曜・月曜に該当する年は特に慎みが重い。（割注省略）そうでない年も軽くはない。天皇はことさらに日月食の光にあたられない。食以前・以後であってもその夜光にあたられない。日食・月食とも同じである。ムシロをもって御殿をつつみ廻らして，供御のときのように，その光にあたらない。日食は夜明け前，月食は日暮れ前（月が出る前）に，廷

臣らは御所にやってきて籠もるべきだ。天皇に仕える御持僧や，その他の僧であっても，御修法を奉仕する。そのうえ御殿では読経を行う。最近では多くは薬師経である。……雨が降れば願いが叶ったとして読経を止め，まわりのムシロを撤去する。ただし御簾(みす)は上げない。全体的に天皇は特別にお慎みがあるべきである。　　　　　　　　　　（『禁秘抄』日月蝕）

　読経をするのは，雲をよんで，日食・月食を隠すためです。また，こうした天変は，発生後3日以内に雨が降ると，文字通り「水に流す」ことになるので，雨をよぶ意味もありました。

　黒田日出男氏によると，日月食の光を天皇が浴びることを恐れる考え方は，11世紀末から12世紀はじめにかけて，強まったものと推測されます。このことは，天皇の神聖さが極度に強まったことと関係があるのでしょう。

（2）月　　食

　月食は，同じく黄道と白道の交点付近で，地球の影が月面にかかると起こるものです（図74）。日食の場合は，地球上のどこから観察するかで，月と太陽の位置関係が違います（＝月の視差が大きい）。このため，それを補正した上で予報するのは，なかなか難しい話でした。ところが，月食は地球上のどこから見ても同じです（月が地平線の下にあったら見えないだけ）。

　中国において，月は，皇后や大臣などを象徴する天体でした。古代日本でも重んじられた，占星術書『晋書』天文志によると，次のように述べられています。

　　月は太陰（純粋な陰の気）の精(エッセンス)である。日に対比すれば女主（皇后）のシンボルである。徳(はたらき)について比べれば刑罰の意であり，宮廷の序列でいうと諸侯・大臣のグループにあたる。だから，君主が賢明なら月の運行は度数どおりであるが，臣が実権をにぎると，月の運行は軌道からはずれる。大臣が政務を処理して，軍事や裁判が当を失すると，月の運行は南にいったり北にいったりする。女主の外戚が政権を独裁すると，月は進んだり退いたりする。

　　月の色が変わるときは，災禍が起ころうとしているのである。

　　昼間，月が出ていれば，邪悪なものがいっせいに出てくる。君と臣とが

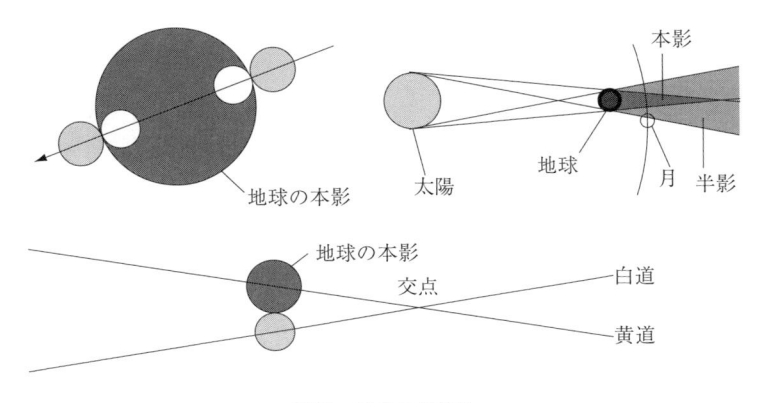

図74　月食の仕組み

明るさを奪いあう。女主の行ないが乱れる。北方の陰にあたる国（異民族の国）では軍隊が強くなり，中央（中国）では飢饉が起こる。天下に僭越なことをたくらむものが出る。

　数個の月が重なりあって見られるときは，その国は動乱によって滅亡する。　　　　　　　　　　（山田慶児・藪内清・坂出祥伸訳「晋書天文志」による）

このように，月食は，皇后や臣下に関わる天変だとされています。

このため，唐の皇帝の記録である『旧唐書』の本紀を見ても，月食の記事はあまり出てきません。皇帝にかかわる日食記事はありますが，月食は，特に廃后などの事件が起こった場合のみに載せられる例外です。

日本の場合も，最初の『日本書紀』には，月食が二例だけ載っていますが，次の『続日本紀』からは，月食記事はありません。これは日本古代の国史も，天皇の記録だからでしょう。なお，日本令のモデルとなった唐令には，日本令とは違い，儀制令に月食の規定があります（『唐令拾遺補』）。

　およそ大陽虧（か）くらば，有司（うし）あらかじめ奏せよ。その日，五鼓・五兵を大社に置く。皇帝事を視ず，百官おのおの本司を守り，務をおさめず。時過ぐらばすなわち罷れ。月蝕奏すらば，鼓を所司に打ちてこれを救え。……

　　　　　　　　　　　　　　　　　　　（開元七年儀制令10大陽虧条）

日本では，律令の編纂期（7〜8世紀）に，女性が天皇になることが珍しくありませんでした。さらに，天皇の祖先神とされた，太陽神アマテラス（天

照大神)は，女神です。中国の陰陽五行説では，太陽は皇帝の象徴であると同時に，陽の性である男性に他なりません。しかし，古代日本では，女性が天皇になるので，陰陽説ではつじつまが合いません。日本の律令編纂者は，困って，月食の規定を削除したわけです。

なお，9世紀の初めに成立した，仏教説話集の『日本霊異記』下・第38縁には，次のような月食記事があります。桓武天皇の延暦4年（785）の出来事です。

> 次の年の乙丑年の秋九月十五日の夜，夜もすがら月の面黒くして，光消え失せ，空闇し。同じき月の二十三日の亥時に，式部卿正三位藤原朝臣種継，長岡宮の島町にして，近衛の舎人雄鹿宿祢木積と波々岐将丸とに射られて死ぬ。彼の月の光失せたるは，是れ種継卿の死亡ぬる表相なり。

この月食は，渡邊敏夫氏によると皆既月食です。種継は桓武の腹心で，桓武と同様，母方は渡来人系氏族でした。そのため種継は，渡来人の集住地である山背国への遷都を推進し，夜を押して長岡京造営の突貫工事を監督していました。

> （桓武天皇が）平城に行幸するに至り，太子（＝早良親王）および右大臣藤原朝臣是公・中納言種継ら，ならびに留守たり。炬を照らし検を催すに，燭下に傷を被り，明日，第（＝邸宅）に薨ず。時年四十九。天皇甚だ悼みこれを惜しみ，詔して正一位左大臣を贈る。
>
> （『日本紀略』延暦4年〔785〕9月庚申〔28日〕条）

この種継暗殺事件は，一大スキャンダルに発展します。事件の首謀者には，歌人で有名な大伴家持（事件直前に薨去）がおりました。さらに，事件に関わったとして，桓武の弟で皇太子であった早良親王が廃太子され，淡路に配流される途中で，彼は抗議のハンガーストライキにより餓死します。ところが話はこれでは終わりません。その後，桓武周辺の人物を，次々と不幸が襲います。これは，早良の怨霊が原因だということになって，亡くなった早良の名誉回復，崇道天皇号の追贈へと展開するのです。中納言種継の死や，中納言家持の名誉剥奪，早良の失脚は，確かに臣下を象徴する月の異変という意味で，月食が予兆であったと見ることもできます。

ただし『続日本後紀』からは，月食の記事が国史に載るようになりました。

天皇の記録としての国史の性格に，何か変化が起きたのかもしれません。一方，月食の占星術的な意味も変わっていきました。先に見た鎌倉時代の初期の『禁秘抄』によると，天皇は日食の光（影）だけはなく，月食光に当たることも恐れています。

月食は日食と違って，欠ければ正視することができ，見つけやすい天変でした。よって平安時代の貴族の日記には，多くの月食記事が載っています。

（3）日月食論争

10世紀になると，日月食の予報をめぐってしばしば論争が起こりました。先に見たのは暦博士同士の論争ですが，これに符天暦を使う宿曜道や，宣明暦法に通じた算博士が加わり，しばしば暦博士・暦道の予報を批判しました。たとえば『中右記』嘉承元年（1106）12月1日条には，次のような記事があります。

　　今日未剋，少分の日蝕あるべきのよし，暦道，勘え奏するところなり。しかるに宿曜家僧明算・深算等，あるべからざるのよし，申文を進む。かれこれ相論の間，すでに日蝕なし。

暦道の賀茂家栄らが，未刻（＝13:00〜15:00）に小さな日食があると予報したところ，宿曜師の明算・深算が「日食は起こらない」と批判して，論争している間に日食は起こらないまま時間が過ぎていきました。

また算博士三善行康も，康治2年（1143）正月1日に日食予報を出した暦道を批判しています。

　　そもそも今日，大陽，虧け蝕ゆべきのよし，暦道注申するところなり。しかるに，旧年，算博士三善行康，勘文を奏していわく，「蝕あるべからず。『ゆえはいかん』てえれば，去交分八千四百の統法に遇う。暦うんぬん」……今朝既に蝕なく，よって宴会を行わる。行康，雄を称するの気ありとうんぬん。
　　　　　　　　　　　　　　　　　　　　　　　　　　（『本朝世紀』）

結局，行康の予想通り日食は起こらず，朝廷では元日の宴会が行われました。彼は，自らの計算を誇っている様子だったとのことです。

陰陽道研究の開拓者である斎藤励氏は，史料から検出した日月食論争での，暦道の分が悪いことから，暦道の技術力が低迷していたと批判しています。暦

博士も陰陽師の兼任となり，陰陽道のような怪しげな呪術を重視するから，非科学的になったと考えたわけです。

とてもわかりやすい理屈ですが，実際の暦道による日食予報の的中率が，平安時代にはよくなっているのは，前に述べたとおりです。ところが時代が下るにつれて，暦に対する貴族や学者の関心が深まった結果，暦道以外の人びとも暦法を学び，日月食予報を試みるようになりました。この結果，暦道の予報に異議を唱えるケースが頻繁に起こったわけです。

暦道こそいい迷惑ですが，それだけ日本の宮廷文化が発達した証拠と言えるでしょう。これも，暦の浸透の反映と言うことができるわけです。

2　朔旦冬至

朔旦冬至(さくたんとうじ)とは，二十四節気のうちの，11月中気(ちゅうき)である冬至（太陽黄経270度，今の12月22日ころ）と朔（新月）の時刻が同日になることを言います。言い換えれば，11月1日に冬至時刻があることを指します。

そもそも，冬至のころは昼の長さが1年で一番短く，以後，徐々に日が長くなります。このため，洋の東西を問わず，冬至は注目されました。キリスト教のクリスマスが，もともとは冬至祭であったことは有名です。中国でも，冬至は「一陽来復」として，陽気の初めて生じる日とされました。

また，中国の天文学者は棒（圭表(けいひょう)）を立てて，冬至ころの太陽の南中(なんちゅう)時に，最長となる日影を測定して，冬至を確認しました。そして，冬至から次の冬至までの時間を計って1太陽年を決定し，暦法を定めました。このため，日常のカレンダーの年初（正月1日）とは別に，中国暦法の計算では冬至を1年の出発点としました。毎年の暦は，前年の冬至（天正冬至(てんせい)）を起点に計算するのが定石でした。

漢の太初暦(たいしょれき)・四分暦(しぶんれき)はカリポス周期（19年＝6939.75日＝235朔望月(さくぼうげつ)），日本で長く使われた元嘉暦(げんかれき)はヒッパルコス周期（19年＝6939.6875日＝235朔望月）を採用しています。だから，12ヶ月×19年＝228ヶ月の間に7閏月を挿入することで，19年ごとに朔旦冬至となります。この19年を「一章」と言い，19年ごとに太陽年と朔望月の開始とが一致する（「章首」がめぐってくる）この仕組みを，「章

法」とよびました。

　漢の武帝は，黄老思想に基づいて，朔旦冬至を起点とする太初暦を制定して登仙を目指したとされます。天体現象が一巡することを，神秘的に捉えたわけです。

　日本でも，平安時代から江戸時代にかけて，この「時の始まり」を祝う朝廷の儀式が行われました。貴族たちから天皇に朔旦冬至を寿ぐ賀表が奉られ，恒例の叙位(じょい)も行われました。平安中期からは，11月1日に行われる旬政(しゅんせい)と合体して「朔旦旬(さくたんのしゅん)」となり，このころ形骸化した御暦奏(ごりゃくそう)も，この日だけは行われました。

　ところが天文学の進歩で，19年7閏月が成り立たないとの認識が生まれ，すでに北涼の玄始暦(ほくりょうのげんしれき)では，600年に221閏月を置いていました。元嘉暦は章法をとりましたが，麟徳暦(りんとくれき)（儀鳳暦(ぎほうれき)）に至って，太陽年と朔望月の整数倍を求めることを諦めてしまいます。なお宣明暦では，235朔望月が19年より24分の1日ほど長くなるので，24章（456年）で1日ほど朔時刻が進みます。当然，朔旦冬至の19年間隔も崩れてしまいました。これを「破章法」とよびます。日本では元嘉暦は章法ですが，儀鳳暦・大衍暦は破章法です。

　しかし奇妙なことに日本では，大衍暦時代である延暦3年（784）に，初めて朔旦冬至の祝賀が行われたのです。

　この初の朔旦冬至を挙行したのは，中国皇帝を真似て，強く天を意識していた桓武天皇です。彼が奈良時代の天武王朝と差別化しつつ，自己の王朝の正統性を示すために，朔旦冬至を持ち出したことはまず間違いないところです。

　しかもこの直後に，桓武天皇は大和の平城京より山背の長岡京に遷都をしました。平城京は，天武王朝の栄えた都です。そのため桓武は奈良の都を離れて，自分を支持する渡来人の多い，山背国を選んだとされます。朔旦冬至は，遷都とセットで演出されたものだったのです。

　しかしながら大衍暦も宣明暦も破章法であったので，当初こそ19年ごとに朔旦冬至を迎えていたものの，やがてずれが顕在化しました。それでも先例を重視する貴族たちは，章法の19年に固執します。ひとつには，大学の紀伝道で『漢書』などが学ばれたせいかもしれません。過去の中国の歴史書をみれば，おおむね章法を採用しているので，当然19年ごとに朔旦冬至となるのが尊重す

第4章　暦と天体現象　　221

べき古(いにしえ)の仕来りです。

　貞観2年（860）は，11月2日に冬至となるところを，文章博士菅原是善(すがわらのこれよし)らの意見で暦日を変え，朔旦冬至としました。以降は，例外はありますが，朔旦冬至が19年目になるように暦日を操作するのが恒例となります。これを「改暦」と言います。一方，その間に計算上の朔旦冬至があっても，「臨時朔旦冬至」あるいは「中間朔旦冬至」とよび，これを避けるために改暦をしました。

　時代が下って，豊臣政権期の文禄2年（1593）からは，計算上の朔旦冬至日に儀式を行うようになります。また明治3年（1870）には，開化の時分を理由に，朔旦冬至儀は廃止されたため，天明6年（1786）が，結局は最後の祝いとなりました。

　なお朔旦冬至より前に，日本では「朔旦雨水(さくたんうすい)」が章首として重視されたという説があります。朔旦雨水とは，正月中気の雨水の時刻が正月1日にくることです。通常の中国暦法は，前年の冬至を起点に計算をしました。これに対して，正月朔や正月中雨水を起点に計算をするのは，公式の暦法では元嘉暦だけでした。この元嘉暦は章法をとります。ところが桃裕行氏は，破章法である儀鳳暦時代にも，章法が重視された形跡があることを示しました。その上で，天平宝字7年（763）正月朔の暦日が操作され，朔旦正月中となっていることに注目しました。この月の計算上の朔は乙巳日ですが（大余41小余130），実際の暦は前日の甲辰日（大余40）を元日としています。正月中はこの甲辰日の，午前6時52分ころ（小余383）です。つまり朔旦雨水（の祝い）を出現させるために，暦日が操作されていたということになるのです。

　筆者は桃説に感銘を受け，他の状況証拠から，これは孝謙上皇が自己の権威を示すために行わせた改暦ではないかと考えました（細井2007など）。ただし，当時はまだ儀鳳暦なので，正月中は雨水ではなく実は啓蟄（驚蟄）です。しかし大衍暦施行の直前でもあるので，暦注だけ大衍暦を先行させることもありうると思っていました。

　しかしその後，竹迫忍氏の日食に関する論文を読んで，どうも桃氏や筆者の説は外れているような気がしてきました。というのも，前年の閏12月1日に，儀鳳暦では日食が起こるからです（峰崎綾一氏の計算では食分0.24で実現）。この閏12月は，計算では30日甲辰に正月中があるので，ほんらいは翌年正月で

す。つまり改暦は朔旦雨水が目的ではなく，元日の日食を避けるため，30日甲辰を正月1日甲辰とし，ほんらいの正月1日を閏12月1日にしたと考えた方が，合理性があるようです。

＊　　　　　＊　　　　　＊

コラム

冬至の観測

　冬至は，太陽が黄道を進んで，黄経270度になった時を指します。もし太陽が真南の空に昇った時に冬至になれば，太陽は南の空でもっとも低い位置にあり，棒を立てれば，その影は1年でもっとも長く伸びます。

　ただし，必ずしも太陽の南中時に冬至になるとは限りません。冬至とは，あくまで太陽が黄道の270度を通過する時刻を指すのであって，昼夜は関係ないからです。真夜中に冬至になることも全然珍しくはありません。よって，実際に冬至を観測で確認するのは，実はかなり難しい話でした。春分・秋分を確認する方が，よほど簡単だそうです。

　圭表を立てて太陽南中時の影を測ると，冬至に近づくにつれてだんだん影が長くなります。そして，冬至を過ぎるとだんだん短くなります。ただし冬至のころの影の変化は，極めて小さいため，冬至の日を定めることも難しいとされます。

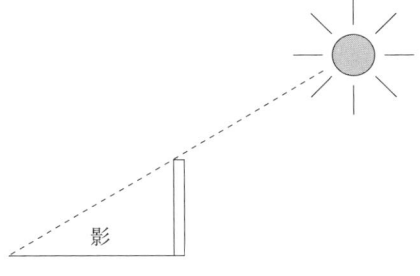

図75　圭表による冬至の計測

　そこで，中国古代の天文学者・祖沖之（そちゅうし）の考えた方法は，次のようでした。冬至前後に，数十日の間を空けて，正午の影の長さを測ります。そして，その中点を冬至時刻とするのです。図76のグラフを見て下さい。aの時点で影を計ると長さがp，bの時点では長さq，cの時点ではrだったとします。

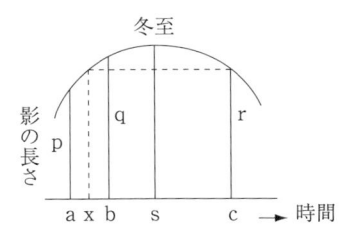

図76　冬至時刻の求め方
（5世紀の祖沖之の方法，中山2000による）

第4章　暦と天体現象　　223

影の長さは時間とともに，一様に増減するとします。すると，次のふたつの計算式を使って，冬至の時刻sが求められます。

$$\frac{(q-r)}{(r-p)} = \frac{(b-x)}{(x-a)}$$

$$s\ (冬至の時刻) = \frac{c-x}{2}$$

つまり，第1式で未知数xを求めて第2式に代入すれば，冬至の時刻sがわかるのです。

なお，実際には太陽の運行に遅速があるため，影の長さの変化は完全には一様ではありません。だから，影の長さの変化を示す図76（前頁）のグラフも，厳密には冬至を境にして対称にはなりません。だから，祖沖之の方法も，近似的な数値なのです。また，太陽に，大きさがあることも厄介です。大きさがあるために，圭表の影の先端がぼやけて，いつの影が一番長いのか，わかりにくいのです。加えて，冬至前後の影の長さの変化はわずかなので，それを計測するのも神経を使ったでしょう。

もっとも，斉藤国治氏によると，祖沖之の方法で測った冬至の時刻でも，それほど間違った結果にはなりません。現代の「分」単位では不正確なものの，「時間」単位では合っています（斉藤1996）。

それでも，この「分」単位の長さが決定しないためなのか，中国では暦法の変更ごとにしばしば1年の長さが変わりました。表30では，主な中国暦法の1年と，平均の1朔望月の数値を示しています。この中の四分暦は，365日と4分の1を1年の長さだとするのでこの名前があり，ユリウス暦の1年と同じ数値です。

もし，太陽の（見かけの）運動が一番早くなる近日点が冬至と一致していれば，その速度の変化は冬至を境に対称となります。モンゴル帝国の元王朝の時代に編纂された授時暦（じゅじれき）は，中国天文学の最高傑作とされています。この授時暦の1年の長さは，今日のグレゴリオ暦と同じ365.2425日で，非常に正確でした。これは，観測装置の発達だけではなく，歳差（さいさ）運動のせいでたまたま近日点と冬至点が一致する時期だったことが背景にあったようです。

1朔望月の数値は，景初暦の段階でだいたい現在と同じものになっています。なお，この1朔望月は平均であって，麟徳暦以降の暦法では朔望月の長さ

表30　主な中国暦法の基本定数

名称	施行期間	1年（日）	1朔望月（日）
太初暦 （三統暦）	漢 B.C.104～後漢 A.D.84	365.2502	29.53086
四分暦	後漢 85～蜀 263	365.2500	29.53085
景初暦	魏 237～北魏 451	365.2469	29.53060
＊元嘉暦	宋 445～梁 509	365.2467	29.53058
＊麟徳暦 （儀鳳暦）	唐 665～728	365.2448	29.53060
＊大衍暦	唐 729～761	365.2444	29.53059
＊五紀暦	唐 762～783	365.2446	29.53060
＊宣明暦	唐 822～892	365.2446	29.53060
授時暦 （大統暦）	元 1281～明 1644	365.2425	29.530593
時憲暦	清 1645～1911	365.2422 (365.2423)	29.53059
（実際）		365.2422	29.53059

＊は日本でも使われた暦。藪内1990による。

を補正していました。実際の朔望月の長さが時により違うことは何度も述べたとおりです。

織田信長と暦

　この本では，地域ごとに暦が違うと困るという話をしました。そこで遙かに時代は下りますが，その実例をお話ししたいと思います。

　天正10年（1582）6月2日未明，織田信長は中国地方の大名毛利氏を攻める途中，京都の本能寺に宿泊していました。そこを腹心で中国攻めの先鋒であった明智光秀に急襲され，自殺して果てます。天下統一を目前としての，無念の最期でありました。事件の真相は未だに謎で，光秀謀反の原因については諸説が入り乱れています。

　そのなかに，光秀の背後には朝廷がいたとの説（朝廷陰謀説）があります。支持する研究者は多くはないようですが，事件当時の朝廷が信長の要求に困っていたのは事実でした。それは改暦問題です。

　木場明志氏によると，信長はこの年の1月末に安土城で，閏月を12月に置くべきか翌年正月かをめぐって，造暦者に論争をさせました。そして尾張暦に従

うよう，京暦を造った安倍久脩・賀茂在昌に要求しました。その後もこの問題は蒸し返され，変の直前に本能寺で催された6月1日夕の大茶会でも，信長はこの話題をもち出しています。ちなみにこの日には，不吉な日食が予報されていますが（同年の具注暦によると15分の12半），信長は構わず出陣しています。

問題は次の点です。天正10年12月の次の暦月を大月（30日）とすれば，晦日に正月中雨水を含むので正月となり，その翌月は中気を含まないので閏正月となります。当時，久脩・在昌が造った京暦は，この通りでした。一方12月の翌月を小月（29日）とすれば，この暦月は中気を含まないので，閏12月となります。これが信長の故郷・尾張国の陰陽師（唱門師）が造った，尾張暦の記載です。

この問題は，桃裕行「京暦と三島暦との日の食違いについて」（桃1990）で，計算が取り上げられています。

つまり宣明暦での計算では，天正11年閏正月朔の大余は20（甲申），小余6352。ただし小余が，宣明暦統法の8400の4分の3（6300）以上なので，通例通り進朔（暦月1日を真の朔の翌日にする）して，この月の1日は，大余21の乙酉日となります。これが京暦の計算です。

ところが，小余6352は6300のちょっとしか上でないので，あえて進朔しなければ甲申日がそのまま暦月1日となります。計算表の数値が少し違っていたり誤算があったりで，6300以下になれば当然進朔はしないわけです。これが尾張暦です。

甲申日はちょうど正月中雨水の日でもあるので，尾張暦では進朔をしないことにより，京暦の閏正月が雨水を含んで正月となります。また前月（京暦の正月）は，雨水を含まなくなるので，閏12月となります。実はこの日の雨水の時刻（6750分＝19:17）は，朔の時刻（6352分＝18:09）より遅くなので，桃氏はこういう場合はあえて進朔をしない考え方もありうるとしています。もしかしたら，尾張暦にはこうした約束事があるのかもしれません。

なお，これを図77に示しました。左右に並んでいるのは同じ暦月です。本来の単純な計算では，右の尾張暦のようになります。しかし，下の暦月の1日を上の暦月の30日として，下の暦月の2日を1日に変更すると（＝進朔），左の京暦になるのです。

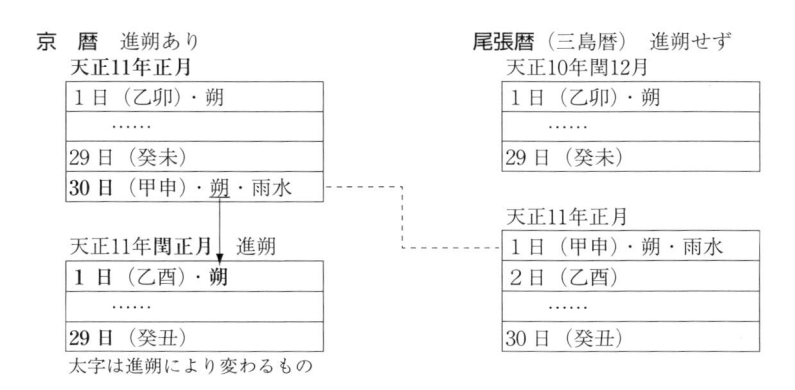

```
京　暦　進朔あり                     尾張暦（三島暦）　進朔せず
天正11年正月                          天正10年閏12月
┌─────────────────┐              ┌─────────────────┐
│ 1日（乙卯）・朔      │              │ 1日（乙卯）・朔      │
│ ……              │              │ ……              │
│ 29日（癸未）        │              │ 29日（癸未）        │
│ 30日（甲申）・朔・雨水 │─ ─ ─ ─ ┐    └─────────────────┘
└─────────────────┘         │
天正11年閏正月 ↓ 進朔           │    天正11年正月
┌─────────────────┐         │    ┌─────────────────┐
│ 1日（乙酉）・**朔**     │         └ ─ │ 1日（甲申）・朔・雨水 │
│ ……              │              │ 2日（乙酉）        │
│ 29日（癸丑）        │              │ ……              │
└─────────────────┘              │ 30日（癸丑）        │
太字は進朔により変わるもの                └─────────────────┘
```

図77　京暦と尾張暦

　とすると信長は，二つの暦のうち，自分の領国尾張の陰陽師が造った方を，朝廷陰陽師が造った暦に優越させようとしたわけです。これは，独裁者信長だけに，自分が朝廷を超越している姿を天下に示そうとしたのだ，という理由が頭にすぐ浮かびます。

　しかし信長が，なぜ突然これを言い出したのかという疑問もわきます。天正10年暦が造られた前年の内に命令すれば，騒ぎは大きくならなかったはずです。それには，以下のような理由がありました。

　桃氏によると，尾張暦は三島暦と同じものです。そしてこの年3月に信長は，東国の有力大名であった武田勝頼を滅ぼして，信濃・甲斐・上野などの東国を支配下に置きました。東国は，三島暦の流通する場所です。その三島暦（尾張暦）による天正10年暦には，閏12月がありました。この結果，信長が日付を指定した命令を出すうえで，かなり面倒な問題が持ち上がりました。たとえば元日が，地域により1ヶ月違うわけです。

　勝頼だけではなく，関東の戦国大名北条氏政との対決も，視野に入れていた信長です。北条攻めの召集を東国の大名・豪族にかける際に，暦が混在するこの状況は頭の痛い話でした。たとえば正月10日（京暦）に出陣せよと命じても，期日の1ヶ月後（三島暦）に，のこのこやってくる大名がいることは明らかです。

　そこで信長は考えたはずです。自分の支配が十分確立していない東国の暦を

第4章　暦と天体現象　　227

変更するのは，かなりの困難が予想されます。ましてや三島暦（尾張暦）が間違っているとまでは言えません。ならば，京暦の方を変えてやろう，と。信長は「暦は天下人の証」といった抽象的な理念や，あるいは朝廷に圧力をかけるために，改暦を要求したわけではないのでしょう。

　もっとも，すでに出回っているカレンダーを変更されて困るのは，朝廷や京都周辺の人びとも同じです。よって信長が改暦を強行したら，京暦を使う西日本はかなり混乱したはずです。毛利攻めにも支障はないかと心配になりますが，当時の毛利氏は，信長の部将であった羽柴秀吉の攻撃を防ぐのに手一杯でした。信長は自らが出陣すれば，秋までには，毛利氏を降伏させる自信があったのでしょう。とすると，秋以降の次の標的は，北条氏です。武田氏を滅ぼした後も改暦にこだわった理由が，わかるというものです。

　改暦だけを本能寺の変の理由とするのは，さすがに飛躍だとは思います。が，もともと朝廷や旧室町幕府と親しく，京畿内との関係が強かったのが明智光秀です。光秀もきっと「信長は無茶なことを言うなあ」とは思ったはずです。

＊　　　　＊　　　　＊

おわりに―古代の暦の特徴―

　本書では，日本古代の暦について概観しました。ここで簡単にその展開を振り返りたいと思います。

　日本列島に住む人びとにとって，日々の生活は，それぞれの地域の自然暦によっていました。しかし社会の発達と交流の広域化により，また国が誕生したことで状況が変わります。つまり期限を指定しての約束や，日時を示しての命令を守らせるために，地域を越えた普遍的な暦が必要となりました。そこで原始的な暦法が生まれ，ある範囲で共有された可能性があります。

　日本の場合は，近くに文明国中国があったことが，暦の歴史にとっても重要です。一足先に中国の影響を受けた百済から，倭の大王は，中国暦法（元嘉暦）による暦の使用を受け入れました。倭・日本における暦法の導入と計算水準の向上は，日本列島における国家の発達と深く関わっています。大王による支配の手段として暦が使われたのです。

　7世紀後半に日本に律令国家が成立すると，陰陽寮で暦が造られ，日本中に頒布されました。これは律令国家が，日本列島を「日本」として支配するためです。少なくとも地域の支配者層には，天皇の定めた時間を強制して，この時間通りに納税や命令を守らせなければならないからです。

　同時にこの時代には，中国流の暦法観，つまり観象授時の考え方も日本にもたらされました。天下の支配者が，天体に忠実な時間（暦）を定めて，民に授けるという思想です。

　確かに現代のわれわれでも，正月を迎えたり，新年度になったり，あるいは年号が昭和から平成に変わった時，世の中の空気が変わったように感じます。観象授時思想の受容によって，暦法の改定や暦の頒布，改元（年号の変更）などといった時間のリセットに政治的効用があることを，権力者たちは認識したことでしょう。

　またこの時期に新羅から儀鳳暦がもたらされ，日食計算が行われるようになります。これは天下の支配者としての日本の天皇が，天の示す失政の象徴であ

る日食を恐懼し，謹慎するためです。

しかし元嘉暦で暦は造られ続けました。これは儀鳳暦が唐で使われている麟徳暦（りんとくれき）であり，唐皇帝の暦を使うことは，その正朔（せいさく）を奉ずることを意味したからだと思われます。白村江の戦いで唐と戦って以後，日本は唐と対等な国としてのポーズをとり続けることが必要だったのでしょう。観象授時の思想に基づくならば，唐皇帝が国立天文台に編纂させた暦を日本の天皇が使えば，天皇は唐皇帝の臣下になってしまいます。

8世紀になって大宝律令が施行され，日本の律令国家が完成します。そのころから，日本は，唐で使っている最新の暦法を輸入して使うようになりました。遣唐使が20年に一度の割合で派遣され，国内向けには対等の相手，唐に行けば朝貢使節として振る舞う外交上の使い分けが定着します。唐の最新暦法を使うようになったのも，こうした姿勢と関係があると思います。

新しい暦算を習得するのはなかなか難しく，新暦法の導入には，それなりの苦労がありました。また仏教僧が仏教の補助学として，暦や関係する学術を学んでいた7世紀以前とは違い，大宝律令ではこうした僧侶の兼学が禁止されます。僧侶という「つぶしのきく」職業とは異なり，陰陽寮で暦を学んでも難しいばかりで，あまりよい就職は期待できませんでした。このため陰陽寮での暦算教育は滞ります。暦算家の後継者育成が思うようにいかないことに焦った政府は，奨学金制度を導入するなど，いろいろな手を打ちました。その結果として，8〜9世紀の間に，暦道の世襲制が徐々にできあがります。

暦は陰陽道にとっては重要です。その陰陽道の重要な構成要素として，暦道は親から子（もしくは一族の年長者から若い者）に伝授されるようになりました。世襲というと「停滞」というイメージがありますが，日本の場合は，世襲制によって，確実な暦術の伝承が保証されたわけです。

なお現代の天文学者の中には，7世紀初めの推古朝に，倭国が独立国としての立場を示すために独自の暦法を造ろうと，天体観測を始めたと主張する研究者もいます（谷川・相馬2008など）。しかし，仮にも中国的な暦法を造ろうとするなら，多数の観測官を備えて恒常的な観測を行い，データを基に暦法を研究する研究者が必要です。律令国家時代でさえ以上のような状況から考えて，筆者には，今のところ，推古朝に恒常的な天体観測が行われたとは思えないので

す。

　9世紀になると，唐の国際社会における影響力が低下します。このこともあって，唐の最新暦法を導入しようという意識は薄れていきました。桓武天皇は，当時の最新暦法である五紀暦(ごきれき)への改定を拒否します。これは，唐からの日本の自立を表明したものと言えます。渡来人系の母をもつ桓武天皇は，かえって唐からは独立した日本の君主という意識を強く持っていたようにも見えます。人間は，こうした逆説的な行動をしばしばとるものです。一方，摂関政治の祖である藤原良房は，五紀暦の採用により，太政大臣就任による自分の治世の到来を，アピールする意図があったとみられます。

　ところで遣唐使の中絶により，日本は海外との君主レベルでの国交はもたなくなります。このことと，宣明暦(せんみょうれき)という優れた暦法を採用したことで，日本では暦法の改定が行われなくなりました。実は，中国の暦法改定自体が，王朝交替や皇帝の新治世を印象づけるだけであまり意味のない場合が多かったからです。逆に王朝の交替のなかった日本では，暦法改定によって政権交代を印象づけるのが，好ましくなかったのかもしれません。

　10世紀に賀茂保憲(かものやすのり)の依頼で，天台僧日延(にちえん)により符天暦(ふてんれき)が輸入されました。これは陰陽道・暦道では新興勢力であった賀茂氏が，新技術を導入することで自らの地位を確実にしようとしたことが動機の一つでした。ただしその後も，具注暦は宣明暦で造られ続けました。これは，符天暦が仏教に関わる暦法であり，暦元も太古の昔にとらないなど，今までの中国暦法とは全然違っていたことが理由かもしれません。この符天暦は，宿曜師(すくようじ)の暦法とされる一方，暦道でも，具注(ぐちゅう)暦を造る際の参考として利用されました。

　平安時代になると，宿曜道や算道が暦道の暦計算に異論を唱える動きが目立ってきます。暦道の技術水準は，決して低下したわけではなく，むしろ保憲に見られるように，新技術にも目配りがなされていました。こうした暦をめぐる論争は，暦が貴族社会に浸透して，貴族たちの関心の的となったことが背景にあったのです。これには，暦日を重視する密教の流行も関わっていました。

　また貴族たちは都市平安京で，具注暦の指し示す様々な禁忌を気にするようになりました。都市信仰として，暦注は貴族の心理に根付いたのです。また貴族たちは，年中行事に深い関心を持ち，暦の季節観の影響を受けました。ま

た，彼らは日記に儀式の記録をこまめにつけていました。日記は，まずは具注暦に記すものです。暦注の示す禁忌の日に，「この儀式をしてもよいのか」の判断は，当然貴族たちにとって重要でした。暦日や日月食の間違いは，使っている具注暦の信用度に関わるので，貴族たちにとって由々しい問題となったのです。このようにして，平安貴族の精神世界が出来上がります。

ところが，陰陽寮が翌年の暦を造って毎年11月1日の御暦奏で天皇に献上し，天皇がそれを臣下にわかつ頒暦制度は，平安時代になると律令国家の変質によって形骸化しました。そこで貴族たちは，知り合いの陰陽師に依頼して，翌年の暦を求めました。暦は，公的に頒布されるのではなく，公私のネットワークで転写され，貴族官人や僧侶に供されました。天皇が人民に正しい時を授けるという観象授時の理念も，曖昧になってしまったわけです（細井2002b）。もっとも，頒暦が行われていた奈良時代でも，頒暦原本だけでは役所のカレンダーとしても数が足りなくて，おびただしい数の転写暦が造られていました。頒暦の制度は，天皇が時を定めるという律令国家の理念の衰退とともに，一面では，公共性のある暦を普及させるという使命を終えて，衰退したのでしょう。

12世紀の終わりに鎌倉幕府が成立します。これによって，京都以外にも政治の中心となる都市鎌倉が登場しました。京都の朝廷で志を得なかった陰陽師たちが，鎌倉に下って幕府陰陽師になったことは，赤澤春彦氏が指摘する通りです。時とともに鎌倉将軍の貴族化が進み，将軍はあたかも東国の天皇のように振る舞い始めます。

日食・月食の時には，天皇と同様に将軍御所が蓆で包まれました。当然，日食・月食を予報する，暦算家（暦道の陰陽師や宿曜師）が必要になります。また，将軍のために天皇同様の特製具注暦を造る人も必要でしょう。

また，平安時代後期からの経済の発達で，地域社会にも経済的取引のために暦を必要とする人びとが増えたと思われます。彼らにとって，京都から新年の暦が届き，書写されて人びとの手に渡るのを待つのでは，不便だったのでしょう。鎌倉時代になって，東国で独自に三島暦が計算され，流通するようになったのは，こうした政治的・経済的理由があったからです。

逆に，古代の日本では，朝廷以外に独自に暦算をする人はいませんでした。

暦博士・暦道が計算した暦が，九州から東北地方南部まで，転写され流通するのを待っても，問題がない段階でした。地域社会にも暦はある程度浸透しますが，恐らく少々の期日の遅れなどは，問題にならなかったと思われます。また都市とは対照的に，生活の大部分は，自然暦でも問題がなかったでしょう。また中国とは違い，誰かが勝手に暦を造って流通させ，それをもって日本国から独立する危険がある段階ではなかったのです。

　天慶2年（939）に，平将門が反乱を起こします。彼は，朝廷の任じた受領(ずりょう)を追い出し，新皇を名乗り，坂東に独立王国を造ろうとしました。ところが，この将門政権は，「但し孤疑すらくは，暦日博士のみ」（『将門記』）と，暦博士が存在しなかったようです。この当時，受領が暦算のできる陰陽師を連れて，任国に行くことはありえました。ただ受領を追い出してしまった以上，暦を造れる人材が地方にはいなかったわけです。しかしこの天慶の乱に，新しい時代を見いだすことは可能です。あとは暦さえあれば，東国の王は，天子としての体面を保ち，日時を指定して命令を下すことができる段階に到りつつあったのかもしれません。

　このように，暦の普及を見ることで，その国や地域の政治的・経済的な発達段階を推測することも可能なのです。そして，本書で述べた内容は，平安時代以前の地域の人びとが，まだ暦という人工的な時間に，完全には支配されていなかったことを意味しているように思われます。ただし，整備された税制により，大きな経済力を手に入れた中央の支配者層は，暦日と暦注という時間観念に深くとらわれていました。そして，人びとをカレンダーで支配するという方法を知り，後世の，時に縛られる社会の出発点となりました。それが，古代という時代なのです。

あとがき

　筆者は今まで，天文学・暦学史分野の研究成果を使って，日本古代史の研究に携わってきました。そこで本書では非力を省まず，暦に関わる学問と日本史学との橋渡しをしようと，思い切って暦の天文学的な説明にも踏み込み，一方で歴史学的な成果も盛り込むように努めました。成功したかどうかはさておき，若干の特色は出せたのではないかと思っています。本書は，多くの研究書・論文・概説書に負っていますが，概説書という性格上，すべての出典は明記していません。また最後の参考文献も，本書執筆の際に直接参考としたものに限られています。ご諒解ください。

　本書での執筆内容は，活水女子大学での教養教育科目「歴史」，福岡大学での総合系列科目「科学・技術と社会」（オムニバス授業），琉球大学法文学部での集中講義「東洋史研究」，さらには長崎県教員免許状更新講習「古代史の研究」等で，一部を話しました。お付き合いくださった受講生，関係各位に御礼を申し上げます。また筆者が暦を学ぶにあたっては，大谷光男先生，岡田芳朗先生，山下克明氏，小沢賢二氏に，何かとご高配を賜っております。ここに，御礼を申し上げます。

　このほか，本書に関わる史料調査や研究会などで，国立天文台に種々お世話になりました。同台の谷川清隆氏，相馬充氏とは，古代の天文記録をめぐる意見がまだ一致しないため，本書ではそこでの議論に十分ふれることはできませんでした。これもご海容いただき，学術的な論点については，別の機会にあらためて論じたいと思います。また大東文化大学東洋研究所での小林春樹准教授主催による暦学班研究会では，中国の天文思想について種々ご教示をいただいております。暦の調査では，国立公文書館，岩瀬文庫（愛知県西尾市），天理大学附属天理図書館，暦会館（福井県おおい町），天社土御門神道本庁（同）の藤田義仁庁長にもお世話になりました。各位に御礼を申し上げます。

　本書の文責は，一切が筆者である私にありますが，古在由秀先生，竹迫忍氏，峰崎綾一氏からは助言をいただき，いくつもの誤りを正すことができまし

2009年7月22日の日食（長崎の
活水女子大学校庭にて筆者撮影）

た。記して感謝申し上げます。また本書は，科学研究費補助金（課題番号22520700）の成果の一部でもあります。

　ところで2009年は，ガリレオ＝ガリレイが望遠鏡で天体観測を行った400周年（世界天文年）でした。同年7月22日には，日本国内では数十年ぶりに，トカラ列島などで皆既日食の観測が期待されましたが，残念ながら多くの地域では天候不良でした。しかし，筆者は長崎で，学生たちと一緒に，90％を越える部分日食を観察できました。周りは急に暗くなり，『日本書紀』推古天皇36年3月2日（西暦628年4月10日）条に見える，日本最初の日食記録（一般に食分90％程度とされる）は，このような具合だったのかと感慨を覚えました。本書はこの年に執筆依頼があり，今年，ようやく刊行に漕ぎつけたわけです。最後に，いつまでも出来ない原稿の完成を待っていただいた，吉川弘文館の一寸木紀夫氏，校正でお世話になった若山嘉秀氏に感謝します。

　　2014年5月　長崎の自宅にて

細　井　浩　志

主 な 参 考 文 献

　本書を執筆するにあたって，筆者が主に参照および引用した文献に限っています．他にも，日本古代の暦を知るのに適当なものがあることを，念のため付け加えておきます．なお，暦に限定されない一般的な辞書は省いています．

〈事　典〉
内田正男1986『暦と時の事典』雄山閣出版
岡田芳朗・伊東和彦・佐藤晶男2006『暦を知る辞典』東京堂出版
加藤友康・高埜利彦他2009『年中行事大辞典』吉川弘文館
広瀬秀雄1978『日本史小百科　暦』近藤出版社
暦の会編1999『暦の百科事典2000年版』本の友社

〈暦日データ（暦法の解説を含む）〉
内田正男1978『日本書紀暦日原典』雄山閣出版
内田正男1994『日本暦日原典　第4版（第2刷）』雄山閣出版
大谷光男・岡田芳朗・古川麒一郎他1992〜95『日本暦日総覧』本の友社
国立天文台2000『理科年表　2001年版』丸善
平岡武夫1985『唐代の暦』同朋舎出版
細井浩志・竹迫忍2013『唐・日本における進朔に関する研究』2010〜12年度科学研究費補助金成果報告書
湯浅吉美1988『日本暦日便覧』汲古書院
渡邊敏夫1979『日本・朝鮮・中国—日食月食宝典』雄山閣出版

〈概説書〉
青木信仰1982『時と暦』東京大学出版会
荒井章三1997『ユダヤ教の誕生』講談社選書メチエ
市大樹2012『飛鳥の木簡』中公新書
上野誠2000『万葉びとの生活空間』はなわ新書
岡田芳朗1982『暦ものがたり』角川選書
岡田芳朗1996『日本の暦』新人物往来社
岡田芳朗2002『アジアの暦』大修館書店あじあブックス
川原秀城1996『中国の科学思想』創文社
木本好信2011『藤原仲麻呂』ミネルヴァ書房
クーデール，ポール（有田忠郎・菅原孝雄訳）1973『占星術』白水社文庫クセジュ
佐伯有清1978『最後の遣唐使』講談社現代新書
繁田信一2006『陰陽師』中公新書
鈴木一馨2002『陰陽道』講談社選書メチエ

伊達宗行2007『「数」の日本史』日経ビジネス人文庫
東京大学公開講座1999『こよみ』東京大学出版会
東野治之1999『遣唐使船』朝日選書
永田久1982『暦と占いの科学』新潮選書
永田久1989『NHK市民大学　時と暦の科学』日本放送出版会
永藤靖1979『時間の思想』教育社歴史新書
中山茂2000『日本の天文学』朝日文庫
橋本万平1982『計測の文化史』朝日選書
長谷川一郎1996『新装改訂版　天文計算入門』恒星社厚生閣
平川南1994『よみがえる古代文書』岩波新書
広瀬秀雄編1974『暦』ダイヤモンド社
藤井一二1997『古代日本の四季ごよみ』中公新書
ブルゴワン，ジャクリーヌ・ド（池上俊一監修・南條郁子訳）2001『暦の歴史』創元社
細井浩志2012『宣明暦の定朔計算法』自家版
宮田俊彦1961『吉備真備』吉川弘文館
矢野道雄1986『密教占星術』東京美術（2013年に東洋書院より増補改訂版刊行）
藪内清1968『一般天文学　増補版』恒星社
藪内清1980『歴史はいつ始まったか』中公新書
山崎昭・久保良雄1984『暦の科学』講談社ブルーバックス
山中裕1972『平安朝の年中行事』塙書房
力武常次・永田豊・小川勇二郎1987『新地学　改訂新版』数研出版

〈専門書〉
赤澤春彦2011『鎌倉期官人陰陽師の研究』吉川弘文館
厚谷和代代表2008『具注暦を中心とする暦史料の集成とその史料学的研究』2006～07年度科
　　学研究費補助金成果報告書
有坂隆道1999『古代史を解く鍵』講談社学術文庫
植野加代子2010『秦氏と妙見信仰』岩田書院
遠藤珠紀2011『中世朝廷の官司制度』吉川弘文館
大崎正次1987『中国の星座の歴史』雄山閣出版
大谷光男1976『古代の暦日』雄山閣出版
大谷光男1999『東アジアの古代史を探る』大東文化大学東洋研究所
大林組編著・加藤秀俊他監修1986『復元と構想』東京書籍
岡田芳朗1994『明治改暦』大修館書店
小川清彦（斉藤国治編著）1997『小川清彦著作集　古天文・暦日の研究』皓星社
小沢賢二2010『中国天文学史研究』汲古書院
大日方克己1993『古代国家と年中行事』吉川弘文館
河上麻由子2011『古代アジア世界の対外交渉と仏教』山川出版社
神田茂1934『日本天文史料総覧』神田茂
神田茂1935『日本天文史料』神田茂

岸俊男1973『日本古代籍帳の研究』塙書房
金久金主編2008『中国古代天文学家』中国科学出版社
黒田日出男1993『王の身体　王の肖像』平凡社
斉藤国治1986『国史国文に現れる星の記録の検証』雄山閣出版
斉藤国治1996『日本・中国・朝鮮古代の時刻制度』雄山閣出版
斎藤励（水口幹記解説）2007『王朝時代の陰陽道』名著刊行会
佐藤政次1977『暦学史大全　改訂増補版』駿河台出版社
島邦男1971『五行思想と礼記月令の研究』汲古書院
大東文化大学東洋研究所編1997『宣明暦注定付之事の研究』同研究所
大東文化大学東洋研究所編1998『『高麗史』暦志宣明暦の研究』同研究所
詫間直樹・高田義人2001『陰陽道関係史料』汲古書院
武田時昌編2011『陰陽五行のサイエンス　思想編』京都大学人文科学研究所
東野治之1977『正倉院文書と木簡の研究』塙書房
東野治之2004『日本古代金石文の研究』岩波書店
中村裕一2009～11『中国古代の年中行事』1～4，汲古書院
年代学研究会編1995『天文・暦・陰陽道』岩田書店
能田忠亮1933『周髀算経の研究』東方文化学院京都研究所
林淳・小池淳一編2002『陰陽道の講義』嵯峨野書院
速水侑1975『平安貴族社会と仏教』吉川弘文館
平川南1989『漆紙文書の研究』吉川弘文館
平川南2003『古代地方木簡の研究』吉川弘文館
平勢隆郎1996『中国古代紀年の研究』汲古書院
藤本孝一2009『中世史料学叢論』思文閣出版
フランク，ベルナール（斉藤広信訳）1989『方忌みと方違え』岩波書店
細井浩志2007『古代の天文異変と史書』吉川弘文館
宮本常一1985『民間暦』講談社学術文庫
村山修一1981『日本陰陽道史総説』塙書房
村山修一1987『陰陽道基礎史料集成』東京美術
村山修一他編1991～93『陰陽道叢書』1～4，名著出版
桃裕行1990『暦法の研究』上下，思文閣出版
森公章2008『遣唐使と古代日本の対外政策』吉川弘文館
森田龍僊1941『密教占星法』高野山大学出版部
森本角蔵1933『日本年号大観』目黒書店
諸戸立雄1990『中国仏教制度史の研究』平河出版社
藪内清1989『増訂隋唐暦法史之研究』臨川書店
藪内清1990『増補改訂中国の天文暦法』平凡社
山下克明1996『平安時代の宗教文化と陰陽道』岩田書店
湯浅吉美2009『暦と天文の古代中世史』吉川弘文館
吉川真司1998『律令官僚制の研究』塙書房
和田萃1995『日本古代の儀礼と祭祀・信仰』中，塙書房

渡邊敏夫1984『日本の暦 第二版』雄山閣出版

〈論　文〉
厚谷和雄1993「平安時代古記録と時刻について」『日本歴史』543
安藤重和1998「道長使用暦の七十二候をめぐって」『日本文化論叢』6
太田陽介2005「夕顔巻の「月」」『文化継承学論集』2
大谷光男2001「麟徳具注暦（正倉院）と宣明具注暦（敦煌）」『二松学舎大学東洋学研究所集刊』31
大橋由紀夫1999「中国における日月食予測法の成立過程」『一橋論叢』122-2
大橋由紀夫2005「日本暦法史への招待」『数学史研究』185
岡田芳朗1981「奈良時代の頒暦について」日本史攷究会編『日本史攷究』文献出版
岡田芳朗2003「日本最古の暦」『歴史研究』503
大日方克己2003「宣明暦と日本・渤海・唐をめぐる諸相」佐藤信編『日本と渤海の古代史』山川出版社
大日方克己2005「暦と生活」平川南他編『文字と日本古代』4，吉川弘文館
加地哲定1955〜56「大衍暦考」『密教文化』33〜35
金谷匡人1994「山口県から見た北辰信仰の諸相」佐野賢治編『星の信仰』渓水社
加納重文1973「方忌考」『秋田大学教育学部紀要　人文科学・社会科学』23
加納重文1979「方違考」『中古文学』24
木場明志1993「本能寺の変と天正10年の暦」『MuseumKyushu』45
酒井芳司2007「観世音寺出土文字資料について」九州歴史資料館『観世音寺―考察編―』九州歴史資料館
坂上康俊2013「庚寅銘鉄刀の背景となる暦について」『元岡・桑原遺跡群』22，福岡市教育委員会
篠川賢2010「隅田八幡宮人物画像鏡銘小考」『日本常民文化紀要』28
白石太一郎1999「装飾古墳にみる他界観」『国立歴史民俗博物館研究報告』80
菅江真澄1969「発掘の家居」内田武志編『菅江真澄随筆集』平凡社東洋文庫
鈴木一馨1998「『符天暦日躔差立成』とその周辺」『駒沢史学』51
高島英之2007「群馬県内出土の漆紙文書について」『群馬県埋蔵文化財調査事業団研究紀要』25
高田義人1992「暦家賀茂氏の形成」『国史学』147
高田義人1996「官職家業化の進展と下級技能官人」林陸朗・鈴木靖民編『日本古代の国家と祭儀』雄山閣出版
高田義人2008「平安期技能官人における家業の継承」『國學院雑誌』109-11
高田義人2012「九・十世紀における技能官人の門流形成とその特質」鈴木靖民編『日本古代の王権と東アジア』吉川弘文館
竹内亮2004「木に記された暦」『木簡研究』26
竹迫忍2009「元嘉暦法による7世紀の日食計算とその検証」『数学史研究』203
竹迫忍2010「儀鳳暦法による日食計算と日記記録の検証」『数学史研究』205
竹迫忍2011「大衍暦法による日食計算と進朔の検証」『数学史研究』208

竹迫忍2012「宣明暦法による日食月食計算とその検証」『数学史研究』212
田畑豪一2009「律令国家と七曜暦」『古代史の研究』15
谷川清隆・相馬充2008「七世紀の日本天文学」『国立天文台報』11-3・4
長島光一1991「年中行事と農事暦」『民衆史研究』42
中山茂1964「符天暦の天文学史的位置」『科学史研究』71
中山茂1964「日本のホロスコープの形について」『科学史研究』71
那珂通世1897「上世年紀考」『史学雑誌』8-8〜10，12
成家徹郎2012「二十八宿起源」『大東文化大学人文科学』17
成家徹郎2013「王国維「二重証拠法」と商代の暦」『大東文化大学人文科学』18
橋本利光2009「『日本書紀』の月神」『國學院雑誌』110-9
原秀三郎1981「静岡県城山遺跡出土の具注暦木簡について」『木簡研究』3
平川南1994「米沢市大浦B遺跡出土の漆紙文書について」『大浦B遺跡発掘調査報告書』米沢市教育委員会
広瀬秀雄・内田正男1969〜71「宣明暦に関する研究1〜4」『東京天文台報』14-3・4，15-2・4
藤井一二1998「古代の農事と季節構造」吉田晶編『日本古代の国家と村落』塙書房
細井浩志1992「古代・中世における技能の継承について」『九州史学』104
細井浩志1995「古代・中世における暦道の技術水準について」『史淵』132
細井浩志2002ａ「奈良時代の暦に関する覚書」『朱』45
細井浩志2002ｂ「時間・暦と天皇」『岩波講座 天皇と王権を考える』8
細井浩志2002ｃ「天文道と暦道」林淳・小池淳一編著『陰陽道の講義』嵯峨野書院
細井浩志2004「奈良時代の暦算教育制度」『日本歴史』677
細井浩志2005「書評 繁田信一著『陰陽師と貴族社会』」『日本史研究』514
細井浩志2008ａ「日本古代の宇宙構造論と初期陰陽寮技術の起源」『東アジア文化環流』1-2
細井浩志2008ｂ「陰陽寮と天文暦学教育」『「第2回天文学史研究会」集録』
細井浩志2008ｃ「中国天文思想導入以前の天体観に関する覚書」『桃山学院大学総合研究所紀要』34-2
細井浩志・峰崎綾一2000「六国史未収録の日食と国史」『活水論文集 一般教育・人間関係学科・音楽学部編』43
細井浩志・峰崎綾一2002「『日本天文史料』未収録の日食と記録」『活水論文集 文学部人間関係学科・音楽学部編』45
堀江潔2012「継体朝の対外交渉と壱岐島」細井浩志編『古代壱岐島の世界』高志書院
三上喜孝2001「古代地方社会における暦」『日本歴史』633
山口健2008「暦頒布体制の成立過程と亡命百済人」『古代史の研究』14
山下克明2001「『大唐陰陽書』の考察」小林春樹編『東アジアの天文・暦学に関する多角的研究』大東文化大学東洋研究所
横塚啓之2008「宣明暦の日食計算における陽暦と陰暦について」『数学史研究』198

〈引用史料〉（引用に際しては漢文は書き下すなど，適宜手を加えています）
　　国内史料
『日本書紀』『続日本後紀』『日本文徳天皇実録』『日本三代実録』『日本紀略』『本朝世紀』『扶桑略記』『延喜式』『類聚三代格』『別聚符宣抄』『朝野群載』：新訂増補国史大系（吉川弘文館）
『日本後紀』『延喜式』：訳注日本史料（集英社）
『日本書紀』『懐風藻』『栄花物語』：日本古典文学大系，『続日本紀』『風土記』『日本霊異記』『万葉集』『古今和歌集』『千載和歌集』『後撰和歌集』『枕草子』『紫式部日記』『更級日記』『中外抄』『竹取物語』『宇治拾遺物語』：新日本古典文学大系，『古事記』『律令』『古代政治社会思想』（『九条右丞相遺誡』『革命勘文』）：日本思想大系，『御堂関白記』『貞信公記』『小右記』『中右記』：大日本古記録（岩波書店）
『権記』：史料纂集，『年中行事秘抄』『師遠年中行事』：正続群書類従（続群書類従完成会），『御堂関白記』：陽明叢書（思文閣出版），『中右記』『台記』：増補史料大成（臨川書店），『玉葉』（名著刊行会），天皇日記：所功編『三代御記逸文集成』（国書刊行会，1983年），木本好信校訂『朔旦冬至部類』（大進社，1985年）
正倉院文書：正倉院古文書影印集成（八木書店），『儀式』：神道大系（神道大系編纂会）
『日本国見在書目録』：矢島玄亮『日本国見在書目録集証』（汲古書院，1984年），『西宮記』：新訂増補故実叢書，『北山抄』『禁秘抄』（『禁秘抄考註』）：増訂故実叢書（明治図書出版），『簠簋内伝』『暦林問答集』『吉日考秘伝』：中村璋八『増補版日本陰陽道書の研究』（汲古書院，2000年），村上春樹『真福寺本・楊守敬本　将門記新解』（汲古書院，2004年），『簾中抄』：増補古辞書叢刊（雄松堂書店）
東野治之校注『上宮聖徳法王帝説』（岩波文庫，2013年），『訳注日本律令』（東京堂出版），平安遺文（東京堂出版），『明治年間法令全書』明治31年-2（原書房，1981年），国文学研究資料館古典選集本文データベースhttp://base1.nijl.ac.jp/~anthologyfulltext/
金石文：埼玉県教育委員会編『埼玉稲荷山古墳辛亥銘鉄剣修理報告書』（同教育委員会，1983年），東京国立博物館編『江田船山古墳出土　国宝銀象嵌銘大刀』（吉川弘文館，1993年），奈良博物館HP・収蔵品データベース（山代真作墓誌，http://www.narahaku.go.jp/collection/d-640-0-1.html）
木簡：沖森卓也・佐藤信『上代木簡資料集成』（おうふう，1994年），木簡学会『日本古代木簡集成』（東京大学出版会，2003年），長野県埋蔵文化財センター編『長野県屋代遺跡群出土木簡』（1996年），奈良国立文化財研究所『評制下荷札木簡集成』（東京大学出版会，2006年），奈良市文化財課埋蔵文化財調査センター『奈良市埋蔵文化財調査概要報告書　平成16年度』（奈良市教育委員会，2007年），奈良文化財研究所木簡データベースhttp://www.nabunken.go.jp/japanese/database.html

　　海外史料
中国正史：中華書局標点本，石原道博他編訳『新訂魏志倭人伝・後漢書倭伝・宋書倭国伝・隋書倭国伝』（岩波文庫，1985年新訂版），『歴代天文律暦等志彙編』（鼎文書局），藪内清編『中国の天文学』（中央公論社，1975年）
唐令：仁井田陞（池田温他編）『唐令拾遺補』（東京大学出版会，1997年），廣池千九郎校註・

内田智雄補訂『大唐六典』(三秦出版社, 1996年),『尚書』:全釈漢文大系
その他:守屋美都雄訳注(布目潮渢・中村裕一補訂)『荊楚歳時記』(平凡社, 1978年), 中村璋八他『五行大義』(明治書院, 1998年), SAT大正新脩大蔵経テキストデータベース2012版(http://21dzk.l.u-tokyo.ac.jp/SAT/), ヘロドトス(松平千秋訳)『歴史』(岩波文庫, 2008年)

〈その他〉
自然科学研究機構国立天文台ホームページ　www.nao.ac.jp
農林水産省統計部『グラフと絵で見る食料・農業』　http://www.toukei.maff.go.jp/dijest/kome/kome05/kome05.html

索　引

あ　行

会津農書　20
白馬節会　165,167
秋田城跡出土84号木簡　86
遊　日　208
安倍久脩　226
天照大神（アマテラス）　56,64,66,217
危（あやぶ）　191
踏歌（あらればしり）　→とうか
有明の月　31
安息日（土曜日）　25,208
アンタレス　45
家原郷好　129
壱伎県主先祖押見宿祢　65
イスラム暦　24,32
一　行　113,115,117,120,146
1週間　→週日
稲荷山古墳出土鉄剣　59,182
芋名月　37,68
陰　気　22
陰陽五行説　22,218
陰陽説　22
『宇治拾遺物語』　160
雨　水　18,20
歌荒樔田　65
宇多天皇　37,203
『宇多天皇日記』　6
厩戸王　70
ウマル1世　32
「浦島子伝」　57
盂蘭盆　6
閏　月　36,39,72
閏年に関する件　28
漆紙文書暦　81
　──観世音寺遺跡出土　73,192
『栄花物語』　29
『易緯萌気枢』　151
エジプト暦　15

江田船山古墳出土大刀　59
干支（えと）　→かんし
『延喜式』　56,75,167,171
　──陰陽寮　72,146,213
　──式部省上　73
遠日点　94
厭　対　200
厭　日　169,171,200
王相方　206
黄　幡　168
往亡日　88,169
大春日弘範　152,214
大春日船主　152
大春日益満　154
大春日真野麻呂　124,127,131,152
大春日栄種　155
大隈重信　28
大　潮　8,12
大津海成　149
大津大浦　149
大津首　147,149
大中臣栄親　157
おおみそか　29
収（納）　191
織田信長　225
変若水　65
跳　190
小野篁　131
折　暦　172
尾張暦　225
陰陽師　143,152,226,232
陰陽道　140,201,230
陰陽博士　143,148
『陰陽略書』　124
陰陽寮　90,91,121,140〜142,149,158,229

か　行

皆既日食　210
『会昌革』　152,154

244　索　引

蓋天説	116	『儀式』	61,167
『懐風藻』	148	『魏志』倭人伝	54
改暦	222	『吉日考秘伝』	173
カエサル	23	起潮力	7
革命	183	キトラ古墳	55
『革命勘文』	183	吉備真備	117,122
革令	183	儀鳳暦	79,92,99,107,112,141,221,225,229
下弦	8,30,68,166	逆行	18
何承天	58,95	九坎	→坎日
方違え	201	九執暦	113
月殺	169,171,200	牛宿	47〜49,138
甲子夜半朔旦冬至	133	旧暦(現代における)	42
葛木茂経	153,214	虚	47,49,144
葛木宗公	152	驚蟄	18,21
仮名暦	69,160,167,190	『玉葉』	115,207
神吉	171	『魏略』	54
賀茂在憲	207	金環日食	210
賀茂在昌	226	近日点	94,108
賀茂家栄	219	近地点	94
賀茂忠行	154	近点月	95
賀茂道平	157	『禁秘抄』	215
賀茂光国	156	空海	138
賀茂光栄	155	凶会日(くゑ日)	89,169,171,174,198
賀茂守道	156	九月十三夜	38,68
賀茂保憲	134,154,184,204	虞喜	109
賀茂行義	156	『九条右丞相遺誡』	176
カリポス周期	44	百済	62,67,70,140,229
閏月	76	「百済本紀」	186
干支	168,180	具注御暦	72
干支紀日法	181	具注暦	167
干支紀年法	181	『旧唐書』	106,123,217
観象授時	44,45,103,229,232	九曜	138,184
干潮	7	クリスマス	18
観天文生	144	グレゴリオ13世	26
神嘗祭	56	グレゴリオ暦	26
坎日	89,169,197	卦位	195
桓武天皇	126,221	奎	47,49,145
堪輿雑志	176	熒惑	144
寒露	18	景初暦	210,225
観勒	70,140	『荊楚歳時記』	165
危	47,49,144	啓蟄	18,20
紀伊国海部郡	58	計都星	139
伎楽面	83	圭表	119,223
季月	36	血忌(けこ)	→ちいみ
帰忌(帰忌日)	89,169	夏至	17,18
気差	116	下段	168,171,172

索引　245

月　空	171
月　建	168,187
月行遅速	94
月食（月蝕）	170,216,219,232
月　徳	168,171,200
月徳合	168,171,200
月　齢	6
ケプラーの第2法則	94
元嘉暦	58,62,70,99,140,186,220,225,229
玄　枵	46
見行草	97
建国記念日	28
『元史』	111
玄始暦	221
元辰星	184
玄　武	48
庚寅年銘大刀	185
皇　紀	28
恒　気　→平気	
皇極暦	107
高句麗	60,64,72
黄経度数	18
孝謙天皇（上皇）	118,121
降交点	210
告　朔	61,64,74,75,101
行　心	148
庚申待	184
昴　星	47,49,57
恒星月	31,38,48
黄　道	15
黄道座標	137
黄道十二宮	137
光仁天皇	125
興福寺	156
光明皇后（皇太后）	118,120
降　婁	46
呉越国	132,133
五行説	22
五行相克説	22
五行相勝説	22
五行相生説	22
『五行大義』	185
五紀暦	124,225,231
『古今和歌集』	20,166,178
穀　雨	18,20
国立天文台（中国前近代の）	90,141

小　潮	8,12
『古事記』	56,64
小正月	68
こぞのこよみ	81
五島列島	11
五宝日	171
駒　牽	167
巨門星	184
御暦奏	75,158,221,232
御暦所	158
『権記』	155
金　神	207
コンスタンティヌス1世	26
渾天説	57,116

さ　行

歳　位	169,176,197
『西宮記』	152,158,166,186
歳　刑	168,202
歳　後	169,197
歳　差	107,128,137,146,224
歳　周	109
歳　星	46,50,144
歳　殺	168,202
歳　前	169,197
歳　対	169,176,197
歳　破	168,202
嵯峨天皇（上皇）	131,176
朔	8,166
朔旦雨水	133,222
朔旦冬至	113,159,220
朔望月	6,29,94
定	191
雑　注	168
『更級日記』	63
算　科	149
三月尽日の歌	178
三　鏡	170,171
三合厄	183
算　生	149
算　道	231
算博士	154,219
三伏日	170
時角差	116
時間どろぼう	4

支干六十字六角柱　　86
式　占　　20, 90, 141, 154
『史記』天官書　　110
時憲暦　225
次　候　　192
視　差　　115, 214
時　差　　128
四　神　　48
自然暦　　5, 54, 67, 229
四大三小　　112
七十二候　　120, 168, 171, 174, 192
七　曜　　184
七曜御暦　　164
『七曜攘災決』　　139
七曜暦　　144, 147, 149, 150, 157
室　　47, 49, 145
十　干　　181
十干十二支　　180
実　沈　　46
志斐氏　　149
四分暦　　220, 225
社　日　　170
ジャラリー暦　　34
週　日　　24
十二支　　47, 50, 181
十二次　　46
十二獣　　181
十二節　　19
重　日　　88, 169, 171, 200
十二中気　　19
十二直　　88, 167, 168, 171, 174, 190
『周髀算経』　　149
秋　分　　17, 18
娵　訾　　46
授時暦　　108, 133, 224
守辰丁　　143, 167
寿　星　　46
出　差　　96
須弥山説　　116
順　　145
鶉　火　　46
順　行　　18
鶉　首　　46
旬　政　　167
春　節　　35
淳仁天皇　　121

鶉　尾　　46
春　分　　17, 18, 108
章　　43
小　寒　　18
常　気　→平気　41
貞享暦　　93, 109, 180
『上宮聖徳法王帝説』　　71
将　軍　　176
上　元　　97, 133
上　弦　　8, 30, 68, 87, 166
昇交点　　210
小　歳　　197
小歳位　　197
小歳後　　197
小歳前　　197
小歳対　　171, 197
『尚書』　　44
小　暑　　18
証　昭　　157
小　雪　　18
乗船型　　124
正倉院文書暦　　79, 197
　──天平18年暦　　79, 173
　──天平21年暦　　79
　──天平勝宝8歳暦　　79
上　段　　168, 171, 172
聖徳太子　→厩戸王
章　法　　220
小　満　　18
聖武天皇（上皇）　　10, 118, 120
『将門記』　　233
縄文のカレンダー　　5
『小右記』　　30, 156, 157, 160, 178
小　余　　97
承和の遣唐使　　130
食周期　　115
『続日本紀』　　103, 217
『続日本後紀』　　130, 150
初　月　　29
初　侯　　192
処　暑　　18
新　羅　　92, 142, 229
シリウス　　14, 51
四　立　　19, 23, 206
時令思想　　165
司　暦　　143

索　引　　247

白馬岳　　5
讖緯思想　　45
神祇令　　182
新　月　　8
『新五代史』　　132
進　朔　　45, 111
『晋書』　　46, 107, 110, 211, 216
『新書写請来法門等目録』　　138
辰　星　　144
『新撰陰陽書』　　203
『新唐書』　　99, 110, 117, 123, 146, 196
神武天皇　　93
神武天皇即位紀元　　28
推古天皇　　70
『隋書』
　　――百済伝　　62
　　――律暦志　　116
　　――倭国伝　　61, 66, 70, 101
裏　日　　186
数理占星術　　136
菅原是善　　222
『宿曜経』　　25, 138
宿曜師　　156, 219, 231
宿曜道　　160, 219, 231
朱　雀　　48
スサノヲ　　64
隅田八幡宮人物画像鏡　　182
摺　暦　　167
星　紀　　46, 50
正光暦　　192
正　朔　　101
星　宿　　46
清　明　　18, 20
青　龍　　48
赤緯差　　116
赤　道　　21
赤道座標　　48
析　木　　46
節　　19
節切り　　180
赤　経　　21
節　月　　19
節　分　　23, 184, 206
『千載集』　　31
占星術　　50, 90
占星台　　141

宣明暦　　42, 108, 112, 127, 130, 135, 196, 214, 225, 231
霜　降　　18
曹士蔿　　132
総　法　　92, 97
造暦宣旨　　152
蘇我馬子　　70
属　星　　176
属星祭　　184
祖冲之　　110, 223

た　行

退　　145
大　陰　　210
太陰太陽暦　　34, 39
太陰潮　　7
太陰暦　　29, 34
大衍暦　　112, 113, 116, 117, 120, 146, 152, 221, 225
大陰（だいおん）　　168, 202
大　火　　46
大　禍　　171, 200
大学寮　　149
大火暦　　45
大　寒　　18
『台記』　　159
大業暦　　116
『醍醐天皇日記』　　152, 203
大　歳　　47, 168, 181, 186, 197, 202
大歳位　　197
大歳紀年法　　181
大歳後　　197
大歳前　　197
大歳対　　171, 197
太史局（日本の）　　121, 149
大　暑　　18
大将軍　　168, 171, 202, 204
太初暦　　220, 225
大　雪　　18
大山古墳　　60
『大唐陰陽書』　　123
太　白　　144
太白神　　204, 207
大宝の遣唐使　　103
大　余　　97

大　陽	210	月生○日	29
太陽潮	7	月切り	180
太陽の日周運動	16	月の位相	6
太陽の年周運動	15	月の運動	30
太陽暦	13	月読壮士	65
平	191	月読命（月読尊）	6,63
平将門	233	つごもり	29
大　梁	46	綴　暦	172
高天原	56	定　気	41
高松塚古墳	55	定朔法	92,97,112
高皇産霊	65	定時法	50
『竹取物語』	63	『貞信公記』	152,153
大宰府政所牒案	134	天一神	57,204,207
他州食	115	天　恩	168,171,176,200
建	191	天　球	17
七　夕	6	天　赦	168,200
旅　所	204	転写暦	232
『為房卿記』	159	天　周	109
『丹後国風土記』	57	天寿国繡帳	70,182
断食月　→ラマダン		天人相関説	166
耽　羅	11	填　星	144
血忌（血忌日）	88,169	天正冬至	97
済州島　→耽羅		天体観測（日本古代の）	144
地中の策　→卦位		天　道	171
地動説	16	天動説	16
『中外抄』	179	天　徳	171
中間朔旦冬至	222	天保暦	28,42
中　気	19	天　文	141
仲　月	36	天文生	143,144
中国度	48	天文道	137,146
中国暦法	19,36,128,210,229	天文博士	143,146,148
中心差	96,132,136	天文留学生	130
中星暦	146	踏　歌	61
中　段	168,171	冬　至	17,18,48,108,220,223
——下	172	冬至日躔	58,135
——上	172	当年星	184
『中右記』	37,219	当年属星	184
調元暦	132	統　法	97
朓朒数	98	唐令開元七年儀制令10大陽虧条	217
張子信	41	土　旺　→土用	
長徳4年7月具注暦	171	土　公	171
『朝野群載』	155	得業生	148
鎮　星　→填星		常夜国	64
ついたち	29	歳　徳	168,202
追　儺	166,167	歳徳合	168,202
通　法	97	斗　宿	48

索　引　249

都　城　　201
閉　　191
土　府　　171
土　用　　23
土用丑の日　　23
『都利聿斯経』　　138
執　　191
曇　徴　　72
貪狼星　　184

な　行

長岡京　　221
中臣氏　　149
中臣義昌　　156
長野県千曲市屋代遺跡出土木簡　　78
納　音　　168,171,189
奈良県明日香村石神遺跡出土荷札木簡　　77
成　　191
南　中　　7
南部絵暦　　69
新潟県八幡林遺跡出土郡符木簡　　75
新潟県発久遺跡出土月朔干支木簡　　87
二十四気　　166
二十四節気　　18,36,166,168,171,174
二十七宿　　48,50,138,171
二十八宿　　47,50
日　延　　134
日遊神　　169
日照時間　　20,21
日　食（日　蝕）　　100,113,115,128,170,210,219,
　　　　　　　　226,229,232
日食予報　　152
日潮不等　　10
日　法　　98
『日本紀略』　　153,212
『日本後紀』　　176,213
『日本国見在書目録』　　99,136
『日本三代実録』　　151
『日本書紀』　　59,70,93,100,103,182,217
『日本文徳天皇実録』　　124,167
『日本霊異記』　　58,84,183,218
仁　宗　　156
仁　統　　157
年中行事　　164
年内立春　　19

農事暦　　5
除　　191

は　行

廃　務　　151
白　道　　21,48,95
羽栗翼　　125
白　露　　18
破軍星　　184
破章法　　221
八将神　　201
発斂術　　120
速星神社　　56
頗梨采女　　202
『播磨国風土記』　　56
半夏生　　192
頒　暦　　72,77,141,147,149,150,158,232
畢　星　　47,49,57
ヒッパルコス周期　　44
人　神　　169,171
人給暦　　72
日次記　　81
卑弥呼　　55
白　虎　　48
兵庫県氷上郡山垣遺跡出土木簡　　182
豹　尾　　168
開　　191
武曲星　　184
伏　　145
復（復日）　　169,171,200
不　空　　138
福島県いわき市荒田目条里遺構出土郡符木簡
　　　　　76
藤原宮11号木簡　　75
藤原京跡右京九条四坊出土木簡　　173
藤原実資　　178
藤原仲麻呂　　120,149
藤原広嗣　　10
藤原道長　　30,168
藤原基経　　151
藤原師輔　　176
藤原良房　　126
藤原頼長　　159
傅仁均　　110
『扶桑略記』　　152,153

不　断　180
復活祭　26
仏教と陰陽寮　147
不定時法　50
符天暦　132, 139, 155, 231
『符天暦日躔差立成』　156
プトレマイオス　96, 139
文道光　204
文曲星　184
平　気　41
平城京　48
平城天皇　175
別聚符宣抄　155
ヘロドトス　13, 50
変異占星術　137
反　閇　206
戊寅暦　112
蔀　44, 183
芒　種　18
法蔵法師　184
法隆寺金堂釈迦三尊像光背銘　182
補間法　115
『簠簋内伝』　199, 202
『北山抄』　154
北辰社　58
北斗七星　58, 184, 187
北斗法　187
星川神社　56
保章正　143
母　倉　168, 200
渤　海　127
本　所　204
『本朝世紀』　153, 158, 214, 219
本命星　184
本命日　184
本命曜　184

ま　行

間　明　172
『枕草子』　198
末　侯　192
真名暦　167
豆名月　37
マリク＝シャー　34
満　　8, 30, 61, 68, 88

満　潮　7
万分暦　133
『万葉集』　56, 65, 174, 201
三日月　29
三島暦　227, 232
晦日（みそか，三十日）　29, 68, 111, 166
満　191
蜜　25
『御堂関白記』　155, 168
妙見菩薩　58
三善清行　183
三善行康　219
麦秋至　6
無翹日　170, 200
『村上天皇日記』　204
『紫式部日記』　197
明治天皇勅令第90号　28
珍敷塚古墳　64
滅　日　170, 196
滅　門　200
メトン周期　43
孟　月　36
望　29, 88, 166
望月の歌　30
木簡具注暦　81, 83
　──静岡県浜松市城山遺跡出土　83
　──奈良県明日香村石神遺跡出土（元嘉暦木簡）　82, 87
没　日　23, 170, 171, 196
『師遠年中行事』　159

や　行

陽胡史祖玉陳　140
破　191
山代真作墓誌　183
邪馬台国　54
ヤマト政権　59, 67, 70
やまとだましひ　179
雄略天皇　→ワカタケル
ユリウス暦　23, 26～28
楊　偉　210
陽　気　22
要　月　76
用　時　171
陽成天皇　151

索　引　251

曜　日　　24, 171
陽暦法　　214
養老律
　　──職制律20玄象器物条　　146
養老令
　　──儀制令7大陽虧条　　213
　　──公式令82案成条　　91
　　──仮寧令1給休暇条　　174
　　──雑令6造暦条　　75
　　──雑令7取諸生条　　146
　　──雑令8秘書玄象条　　144
　　──僧尼令1観玄象条　　142
　　──田令2田租条　　76
　　──賦役令3調庸物条　　76, 91
　　──賦役令22雇役丁条　　76
夜日食　　151

ら　行

『礼記月令』　　192
羅睺星　　139
ラマダン　　33
李淳風　　107, 112
離心率　　96
立　夏　　18, 19
六国史　　92
立　秋　　18, 19, 21
立　春　　18, 19, 21
立　成　　97, 120, 129, 135
立　冬　　18, 19
律令国家　　73, 229
隆　観　　142, 148

竜　集　　185
『令義解』　　144, 146
『令集解』　　149
臨時朔旦冬至　　222
麟徳甲子元暦　　92
麟徳暦　　→儀鳳暦
『類聚三代格』　　121, 124, 127, 129
暦　元　　133
暦日博士　　233
暦請益生　　130
暦　注　　20, 161, 167, 180, 201
暦　道　　134, 137, 140, 158, 219, 230
暦博士　　67, 124, 129, 144, 148, 149, 152, 153,
　　　　　158, 160, 214, 219
暦　跋　　160, 172
暦留学生　　130
『暦林問答集』　　197, 202, 207
廉貞星　　184
朧　日　　170
狼　藉　　200
六十卦　　120, 171, 195
禄存星　　184
禄命師　　134
呂　才　　123
ロビンソン＝クルーソー　　67

わ　行

倭王武　　→ワカタケル
倭王武の上表文　　60
ワカタケル　　59
倭五王　　60

〔著者略歴〕
1963年　千葉県に生まれる
1994年　九州大学大学院文学研究科博士後期課程単位取得退学
現在　活水女子大学文学部教授　博士（文学）

〔主要編著書〕
『古代の天文異変と史書』（吉川弘文館，2007年）
『コスモロジーと身体』〈共著〉（岩波講座 天皇と王権を考える8，岩波書店，2002年）
『古代壱岐島の世界』〈編〉（高志書院，2012年）

日本史を学ぶための〈古代の暦〉入門

2014年（平成26）7月10日　第1刷発行
2015年（平成27）4月1日　第2刷発行

著　者　細　井　浩　志
　　　　ほそ　い　ひろ　し

発行者　吉　川　道　郎

発行所　株式会社　吉川弘文館
〒113-0033　東京都文京区本郷7丁目2番8号
電話　03-3813-9151〈代〉
振替口座　00100-5-244
http://www.yoshikawa-k.co.jp/

印刷＝株式会社 ディグ
製本＝誠製本株式会社
装幀＝河村　誠

©Hiroshi Hosoi 2014. Printed in Japan
ISBN978-4-642-08255-6

JCOPY　〈(社)出版者著作権管理機構　委託出版物〉
本書の無断複写は著作権法上での例外を除き禁じられています．複写される場合は，そのつど事前に，(社)出版者著作権管理機構（電話 03-3513-6969，FAX03-3513-6979, e-mail：info@jcopy.or.jp)の許諾を得てください．

暦の語る日本の歴史
（読みなおす日本史）
内田正男著　　四六判・198頁／2,100円

国家支配の基本となる暦。6世紀に中国から伝来するが、天体運動との差が生じやすく、太陰暦は改暦を必要とした。やがて日本独自の暦が作られるなど、〝暦〟に携わった天文研究者たちの活躍を辿り、歴史の真実に迫る。

暦と天文の古代中世史
湯浅吉美著　　Ａ５判・336頁／9,500円

暦とは何か。暦面の日記や紙背の典籍は、貴重な史・資料である。暦の年次比定を行い、記主を推定。その史料的意義を問う。また暦法の復元的検討や、実際の天体現象と合致しない記事の分析を通じて、人びとの心性を探る。

古代の天文異変と史書
細井浩志著　　Ａ５判・382頁／11,500円

天文異変の記事や暦学を使って国史の年代を復原し、その信憑性と性格を解き明かす。併せて記録保存の実態を追究し、国家にとっての国史編纂の意義を考察。年代学・国史編纂史・文書管理の研究成果を総合した労作。

年中行事大辞典
加藤友康・高埜利彦・長沢利明・山田邦明編
四六倍判・840頁・原色別刷32頁／28,000円

古代から現代までくり返されてきた年中行事。宮中・公家・武家・寺社や民衆から生まれた多彩な3100の行事を、歴史・美術・民俗学の最新成果と豊富な図版で平易に解説。日本文化を読み解く〈年中行事〉百科の決定版。

吉川弘文館　　価格は税別